钢坯高温涂层防护技术

陈运法　叶树峰　著

北　京
冶 金 工 业 出 版 社
2016

内 容 提 要

本书汇集了作者的研究团队在高温钢坯防护涂层技术领域十多年的研究成果和取得的最新进展；介绍了在普碳钢、低合金钢、中高碳钢、不锈钢等各类品种钢上的涂层防护技术，阐述了系列防护涂层产品研发过程的设计原则；总结归纳了防护涂层组元的选择和功能设计规律，揭示了系列防护涂层产品与钢坯相互作用的机理；以及高温防护涂层系列产品在钢铁企业现场应用过程中的工艺匹配和装备设计，并对高温钢坯防护涂层技术未来的研究与发展及市场前景作了评估。

图书在版编目(CIP)数据

钢坯高温涂层防护技术/陈运法，叶树峰著．—北京：冶金工业出版社，2016.1

ISBN 978-7-5024-7026-5

Ⅰ.①钢…　Ⅱ.①陈…　②叶…　Ⅲ.①钢坯—高温—涂层保护　Ⅳ.①TF777

中国版本图书馆 CIP 数据核字(2015) 第 212979 号

出 版 人　谭学余
地　　址　北京市东城区嵩祝院北巷 39 号　邮编　100009　电话　(010)64027926
网　　址　www.cnmip.com.cn　电子信箱　yjcbs@cnmip.com.cn
责任编辑　姜晓辉　美术编辑　彭子赫　版式设计　孙跃红
责任校对　郑　娟　责任印制　李玉山
ISBN 978-7-5024-7026-5
冶金工业出版社出版发行；各地新华书店经销；固安华明印业有限公司印刷
2016 年 1 月第 1 版，2016 年 1 月第 1 次印刷
169mm×239mm；12.5 印张；242 千字；191 页
47.00 元

冶金工业出版社　投稿电话　(010)64027932　投稿信箱　tougao@cnmip.com.cn
冶金工业出版社营销中心　电话　(010)64044283　传真　(010)64027893
冶金书店　地址　北京市东四西大街 46 号(100010)　电话　(010)65289081(兼传真)
冶金工业出版社天猫旗舰店　yjgycbs.tmall.com

目　录

绪　论

钢铁材料是应用最广、用量最大的金属材料。近年来，我国粗钢产量一直呈增长趋势，2014 年粗钢产量达 8.23 亿吨。粗钢在制成各种规格的板材、管材、条钢、线材、铸件之前，大多采用热轧工艺，即经历再加热、热轧等过程。粗钢在加热过程中，由于受到高温作用，易产生表面氧化，氧化烧损率达 0.5% ~ 2.5%之多，由此导致资源、能源的巨大浪费。而粗钢的高温表面氧化来自于粗钢自身组成元素与氧化性气氛发生的化学反应，依据钢种的不同，铁、碳、硅、铬、镍、钼、锰、钨、钴、钒等多种元素氧化形成不同的氧化物。因此，粗钢在加热过程中，表面反应不只是形成氧化皮的烧损，而且还会产生诸如合金元素的贫化、脱碳、铁皮难以清除等一系列问题，带来严重后果。比如：一些合金钢表面的金属化学成分的贫化会引起合金钢力学性能和抗蚀能力的下降；一些中高碳钢表面脱碳现象会造成产品表面性能下降，降低产品质量级别甚至出现废品；高温氧化产生的氧化铁皮若未及时清除干净，在轧钢工序会压入坯料表面，造成产品表面缺陷，甚至导致产品报废。此外，氧化铁皮若掉落在加热炉内，将会侵蚀炉体，影响加热炉寿命。为了减少钢坯在加热炉内氧化烧损产生的不利影响，钢厂一般会在加热过程中采取某些措施来防止或减少钢坯在高温下的反应，如通过控制加热工艺，最大限度缩短在炉内加热时间和降低出炉温度，对某些特殊工艺还可以采用真空法、气氛保护法以及表面包衣等方法。

在 20 世纪四五十年代，钢坯的高温防氧化问题就引起了业界的关注和重视。在钢铁冶金企业的生产中，常常采用快速加热方法、调整燃烧气体成分、提高加热控制水平，以便降低钢铁加热时的氧化烧损。但是要完全避免氧化、合金元素迁移以及解决含镍、硅等钢种的铁皮除鳞问题，目前还难以找到很好的技术方法。随着航空、汽车、石化、重机、电力、运输等工业的快速发展，在金属热处理和热加工过程中采用防护涂层技术的研究已成为冶金工作者关注的焦点。20 世纪六七十年代由取向硅钢表面防氧化和降低钢坯轧制过程的边裂纹问题，引发了一股在钢坯表面喷涂防护涂料的研究热潮。研究和应用结果表明，氧化镁基涂层可有效降低取向硅钢的高温烧损并能控制热轧边裂现象，对其磁性和表面性能有着重要的影响。因此，对取向硅钢表面防护用氧化镁及其添加剂的研究至今仍是取向硅钢表面防护涂层研制开发的一个重要方向。国内对防护涂层的研究也是从取向硅钢用涂料起步，20 世纪 80 年代，武汉钢铁公司制备了适合在烧重油并以水蒸气作雾化介质的加热炉中使用的硅钢板坯防氧化涂料，缓解了硅钢热轧过程烧损和表面边裂的缺陷。此后，攀钢、包钢、大冶特钢、西宁特钢、鞍钢等单位先后对合金钢氧化烧损、中高碳钢的表面脱碳以及低镍钢种的除鳞效果等进行了相应的防护涂料的研发，取得了一定的进展，但最终都还没有真正实现产业化和工业化规模的连续应用。

尽管防护涂层技术的研究由来已久，可多年来更多的防护涂料产品仅局限于针对特殊钢种而进行的小规模防护应用，在国内外虽然有一定的影响，却还没有得到普及和推广。对于中国品种繁杂的钢铁生产规模而言，进行对系列品种钢坯的高温防护涂层的研发并推广应用，具有重大的现实意义。

本书共分七章，汇集了作者的研究团队在高温钢坯防护涂层技术领域十多年的研究结果和取得的最新进展，介绍了普碳钢、低合金钢、中高碳钢、不锈钢等各类品种钢涂层防护技术，涉及减少氧化烧损、缓解元素高温迁移以及改善特种钢的难除鳞等问题；阐述了系列防护涂层产品研发过程的设计原则；总结归纳了防护涂层组元的选择和功能设计规律；揭示了系列防护涂层产品与钢坯相互作用的机理。此外，还介绍了高温防护涂层系列产品在钢铁企业现场应用过程中的工艺匹配和装备设计，并对高温钢坯防护涂层技术未来的研究与发展及市场前景作了评估。

1 钢坯高温加热过程及其防护

1.1 钢坯的生产与高温烧损

1.1.1 钢的生产过程及特性

钢是一种碳含量质量分数较低（一般小于2.11%），同时还含有Si、Mn、P、S等杂质元素的合金，是常用的金属材料。钢的生产流程主要有烧结、炼铁、炼钢、连铸、轧钢。炼钢的实质是通过氧化降低生铁中的碳与杂质元素的含量，使之达到标准规定的成分和性能。炼铁实质是将铁从矿石中还原的过程，主要是高炉炼铁。炼钢是通过氧化降低生铁中的碳与杂质元素的含量，使之达到标准规定的成分和性能；炼钢原料有生铁、废钢、熔剂（石灰石等）、脱氧剂（硅铁、锰铁、铝等）、合金料等。炼钢的过程包括氧化、造渣、脱氧等，目前的炼钢方法主要有氧气顶吹转炉炼钢和电炉炼钢等。氧气顶吹转炉炼钢主要以生铁液为原料，加适量的废钢，其特点是生产率高、节省能源、成本低，适合于大型钢铁联合企业，主要生产各类普通用途的非合金钢（碳钢），而电炉炼钢是以转炉钢和废钢作原料，以铁矿石和纯氧作氧化剂，以电极与金属炉料间的电炉热提供冶炼热源。电弧炉冶炼温度高，可达2000℃，能冶炼含有高熔点合金元素的合金钢，由于采用的炉料较纯净，冶炼过程容易调节，化学成分容易控制，能冶炼高级优质钢和合金钢，但耗电量大、成本高。

钢材种类有钢板、型钢、钢管、钢丝等，主要的生产方法有轧制、拉拔、挤压、锻造等方法。其中，轧制又分为冷轧和热轧。冷轧是在再结晶温度以下进行的轧制，热轧是在再结晶温度以上进行的轧制。热轧能有效降低能耗，降低成本，能改善金属及合金的加工工艺性能，热轧通常采用大铸锭，大压下量轧制，不仅能提高生产效率，还能提高轧制速度。热轧存在的缺点如下：经过热轧之后，钢材内部的非金属夹杂物被压成薄片，出现分层现象；不均匀冷却造成了钢件存在残余应力；热轧不能非常精确地控制产品所需的力学性能及尺寸，故热轧产品一般多作为冷轧加工的坯料。由于热轧是在再结晶温度以上进行的，往往需要在1100～1300℃的均热炉内加热。在此过程中，钢坯中的Fe、C及合金元素均会发生一定程度的氧化，Fe的大量氧化造成了氧化烧损，C的氧化造成了钢坯的脱碳，合金元素的氧化造成了元素贫化。

20世纪80年代，世界冶金工业在传统的钢铁生产工艺基础上出现了一个缩短钢水到轧材生产过程的连铸连轧短流程新工艺，它大大简化了生产过程，改善了劳动条件、增加了金属收得率、提高了连铸坯质量、降低了成本、节约了能源、提高了经济效益。连铸连轧工艺现今只在轧制板材、带材中应用。工艺流程如图 1-1 所示。

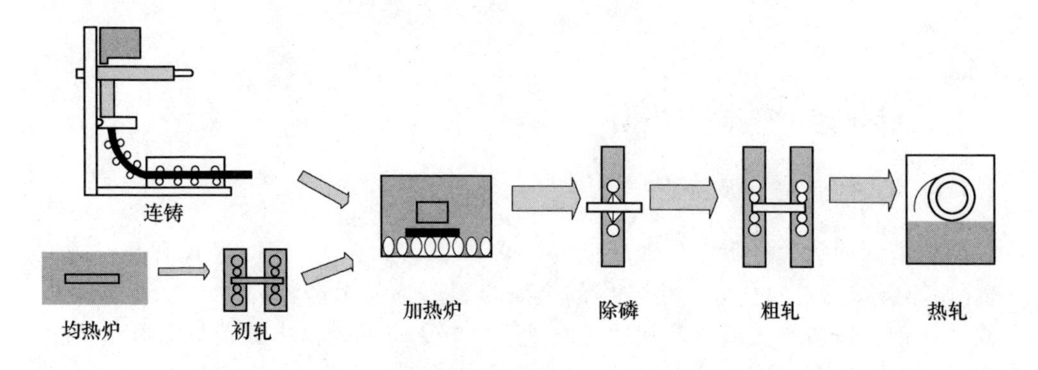

图 1-1 连铸连轧工艺示意图

1.1.2 钢坯的高温烧损

钢坯在连铸输送、加热及热轧过程中的氧化烧损平均约 1.5% ~5%，2014 年我国粗钢产量达 8.23 亿吨，加热过程的烧损量超过 1300 万吨，这样的烧损量相当于大型钢厂的年产值，造成了资源、能源的严重浪费。因此，减少钢坯高温过程中的氧化烧损意义重大。

常规的平板热轧工艺包括板坯再热、热轧和卷曲等几个主要过程。在加热过程中，钢坯在再热炉中用燃烧的天然气加热到必要的温度。由于环境气氛具有很强的氧化性，在加热过程中板坯表面形成很厚的氧化皮（一般可达数毫米厚）。这种氧化皮称作“一次氧化皮”，可用液压除鳞机在再热炉出口附近清除。

钢铁表面在初轧过程中的传送台上会形成更多的氧化皮[1]，这时形成的氧化皮一般用高压水在每一道次或部分道次中清除。通常情况下，完成整个初轧过程需要 7 个或更多道次。热轧之后形成“中间坯”厚度为 19 ~ 45mm（大部分在 20 ~30mm 之间），然后进行精轧处理。在初轧过程和初轧完成后形成的氧化皮称为“二次氧化皮”，在精轧机入口处用另一台液压除鳞机清除，中间坯随后经精轧机轧成厚度为 1.2 ~12mm（大多为 2.0 ~4.5mm）薄板。在精轧过程中和精轧后，钢材表面还会形成“三次氧化皮”。“三次氧化皮”随带钢一同卷曲并保留到室温状态。在卷取后的冷却过程中，由于环境中存在氧气，氧化皮会继续生长，其结构也随之发生变化。

钢材在高温加热炉内加热表面产生大量的氧化皮，如图 1-2 所示。在加热过程中，当炉气或炉温控制不当，或坯料在高温段长时间停留，特别是发生轧制故障时炉加热调整不及时，将致使钢的氧化铁皮增厚，一般情况为1～5mm，严重时可达10mm，如图1-3所示。

图1-2 钢坯在均热炉内的氧化烧损

图1-3 钢坯在高温加热过程中表面产生的氧化铁皮

1.1.3 Fe元素高温氧化过程

氧化是自然界中最基本的反应之一。几乎所有金属都会发生氧化过程，只是在室温条件下的金属氧化缓慢。描述金属和氧气反应生成氧化物的一般方程如下：

$$aM + \left(\frac{b}{2}\right)O_2 = M_aO_b \tag{1-1}$$

式中，M代表金属元素，可以是纯金属、合金、金属间化合物基合金等；O代表氧；a是金属的摩尔数；b是氧气的摩尔数。

金属的高温氧化是一个非常复杂的过程，一般可分为5个阶段[2]。前3个阶段为气-固反应阶段，从气相氧分子碰撞金属材料表面，氧分子以范德华力与金属形成物理吸附，到氧分子分解为氧原子并与基体金属的自由电子相互作用形成化学吸附。随后的第四阶段是氧化膜的初始形成阶段，氧化膜的初始形态由金属材料的组织结构、特性、环境温度与氧分压所决定；氧化膜形成后，就在金属基体和反应气氛间形成了一个阻挡层。这样，反应气体（如 O_2、N_2 和 CO_2 等）只有通过氧化膜的扩散传质才能对金属基体进一步氧化。显然，氧化膜的保护性取决于其致密完整性、热力学稳定性和动力学生长速度等基本属性。氧化膜可能由多层或者单层氧化层构成，其中的氧化层可能是孔状的或致密的，这取决于氧化环境和基体。致密氧化膜往往具有保护性功能，它可作为反应物种之间的扩散屏障从而限制反应过程。在更高温度下，氧化膜可能会空洞化或熔化，这会导致灾难性氧化。

抗氧化性能优异的金属，其表面必定形成稳定的氧化膜，这种氧化膜一般在扩散控制步骤下生长，从而可以保证在扩散路程（氧化膜厚度）增加的情况下，氧化膜的生长速率依然保持很低，这种扩散控制的氧化物生长动力学称为抛物线规律。扩散控制过程包括金属阳离子通过氧化膜的向外扩散在氧化物/气体界面与环境气体反应，以及氧离子通过氧化膜的向内扩散在氧化物/金属界面与金属基体发生反应，或是内外扩散反应的综合作用[3,4]。

金属材料在高温气体环境中能否自发地进行化学反应，反应产物的稳定性如何，首先应该从热力学的角度来考虑。氧气和金属基体之间的氧化反应总驱动力是氧气和金属基体之间反应生成的氧化产物的标准吉布斯生成自由能变化。由热力学第二定律，任何化学反应向自由能降低的方向自发进行。从热力学角度看，在给定温度下，氧化物只会在平衡分解压小于环境中的氧气分压时生成。从氧化自由能的热力学稳定性来看，在金属表面形成 CaO、BeO、ThO_2、ZrO_2 和 Al_2O_3 都是稳定的氧化物。但 ThO_2 有放射性，BeO 有毒性，CaO 有吸潮性，ZrO_2 有多相转变体积变化大及氧离子扩散快等性质。因此，以上几种材料都不宜作为抗高温氧化保护膜。根据热力学理论，除 Al_2O_3 是抗高温氧化的最佳选择外，1000℃以下的 Cr_2O_3 和高氧分压环境下的 SiO_2 都是比较理想的稳定氧化物[5]。

对于金属及合金的氧化，热力学知识与相图的结合只能作为理解氧化行为的一种指导。如前所述，总驱动力是与氧化行为相关的 $\Delta G^{\ominus}$ 的变化，它仅说明不同金属元素对氧的亲和力大小，与反应速率无关。氧化反应速率是一个动力学问题，它取决于反应机理和控速步骤。

金属的氧化程度通常用单位面积上的重量变化或者单位面积上的氧吸收率（ΔW）来表示。测定氧化过程的恒温动力学曲线（$\Delta W-t$）是研究氧化机理最基本的方法，它可以提许多关于氧化机理的信息，如氧化过程的速度限制性环节、氧化膜的保护性、反应的速率常数以及过程的能量变化等。典型的金属氧化动力学规律有直线规律、抛物线规律、立方规律、对数及反对数规律[6]。

（1）直线规律。在直线动力学规律中，氧化速率不随时间变化，并且不依赖于空气或金属基体的消耗量。表面和/或相界面过程是限速环节。这种行为在无保护性的多孔氧化膜、氧化物蒸发、氧化膜破裂和掉落、氧化物溶解并和基体形成共晶相等情况中可以观察到。线性动力学的方程表示如下：

$$X = k_1 t + C \tag{1-2}$$

式中，X 是氧化物的厚度或质量，或单位表面积消耗的氧气等；k_1 是线性速率常数；t 是时间；C 是常数。

（2）抛物线规律。在高温氧化过程中，大部分金属和金属合金的氧化动力学遵循抛物线规律，其限速步是离子物种通过致密氧化膜的扩散，驱动力是膜两侧产生的化学势梯度，扩散过程可能涉及阳离子的向外扩散或阴离子的向内扩散或者两者都有，还可能包括氧化膜两侧电子的传输。氧化膜厚度随着时间而增长，反应速率也随着扩散距离的增加而下降。描述抛物线动力学的方程是：

$$X^2 = k_{\mathrm{p}} t + C \tag{1-3}$$

式中，X 是氧化物的厚度或质量，或者单位表面积消耗的氧气等；k_{p} 是抛物线速率常数；t 是时间；C 是常数。

（3）立方氧化规律。即氧化速率与氧化增重或膜厚的平方成反比。和抛物线规律相比，符合立方规律的金属氧化速率随膜厚增加以更快的速度降低。此类金属具有更好的抗氧化性。但实际上，这种规律比较少见，进出线在中温范围和氧化膜较薄（5～20nm）的情况下。立方氧化行为可表示如下：

$$X^3 = k_3 t + C_3 \tag{1-4}$$

式中，X 是氧化物的厚度或质量，单位表面积消耗的氧气等；k_3 是立方抛物线速率；t 是时间；C_3 是常数。

（4）对数/反对数规律。当金属在低温（一般低于 300～400℃）氧化时，或在氧化的最初阶段氧化膜很薄（小于 5nm）时，离子和/或电子在氧化膜内的传输过程是限速环节，其驱动力是膜内电场，此时氧化动力学有可能遵从对数规律或反对数规律，即

$$X = k_{\log}(t + t_0) + A \tag{1-5}$$

$$\frac{1}{X} = B - k_{\mathrm{inv}} \log(t) \tag{1-6}$$

式中，X 是氧化物的厚度或质量，单位表面积消耗的氧气等；$k_{\log}$ 和 k_{inv} 分别是对数和反对数速率常数；t 和 t_0 是时间；A 和 B 为常数。

钢坯高温氧化过程可以分为两部分，首先是表面的铁和环境中的氧化性物质（O_2、CO_2、H_2O）接触，发生氧化反应，其化学反应式如下：

O_2：

$$2Fe + O_2 = 2FeO$$

$$6FeO + O_2 = 2Fe_3O_4$$

$$4Fe_3O_4 + O_2 = 6Fe_2O_3$$

CO_2：

$$Fe + CO_2 = FeO + CO$$

$$3Fe + 4CO_2 = Fe_3O_4 + CO$$

$$3FeO + CO_2 = Fe_3O_4 + CO$$

$$2Fe_3O_4 + CO_2 = 3Fe_2O_3 + CO$$

H_2O：

$$Fe + H_2O = FeO + H_2$$

$$3Fe + 4H_2O = Fe_3O_4 + 4H_2$$

$$3FeO + H_2O = Fe_3O_4 + H_2$$

$$2Fe_3O_4 + H_2O = 3Fe_2O_3 + H_2$$

钢坯表面一旦形成薄氧化膜后，氧化过程的继续进行将取决于以下两个因素[7]：

（1）界面反应速度，包括铁与氧化铁层和氧化铁层与氧两个界面上的反应速度。

（2）参加反应的物质通过氧化膜的扩散和迁移速度，包括浓度梯度作用下的扩散等引起的迁移。

实际上，这两个因素控制了继续氧化的整个过程，也就是决定了进一步氧化的速度。从钢材氧化过程的分析可知，当表面的铁与氧开始反应，生成极薄的氧化膜时，起主导作用的是界面反应，即界面反应是氧化的控制因素。但是，随着氧化膜增厚，扩散过程的作用变得越来越重要，并成为继续氧化的主要控制因素。

钢坯基体内部的铁和环境中的氧通过氧化铁层发生的扩散主要有以下三种形式：

(1) 钢坯内部的铁通过疏松的氧化铁层向外表面扩散，如图 1-4a 所示。这种形式的扩散以锈层外表面为界面，基体中的铁通过疏松的氧化锈层向外表面扩散，与环境中的氧接触并反应；

(2) 环境中的氧通过疏松的氧化锈层向钢坯内部扩散，如图 1-4b 所示。这种形式的扩散以基体表面为界面，环境中的氧通过疏松的氧化锈层向内扩散，与基体中的铁接触并反应；

(3) 钢坯基体内部的铁和环境中的氧之间的互扩散，如图 1-4c 所示。这种形式的扩散与前两者不同，它的扩散和反应界面是在锈层的某处，基体中的铁以及环境中的氧通过疏松的氧化锈层以相向的方向扩散，在锈层的某处接触、反应。

通过以上三种形式的扩散，铁-氧接触的几率增大，氧化进一步加剧，氧化锈层在钢坯表面逐渐形成并增厚。从氧化锈层的组成来看，越靠近钢坯表面，含铁越高，越靠近锈层外表面则含氧越高[8]。

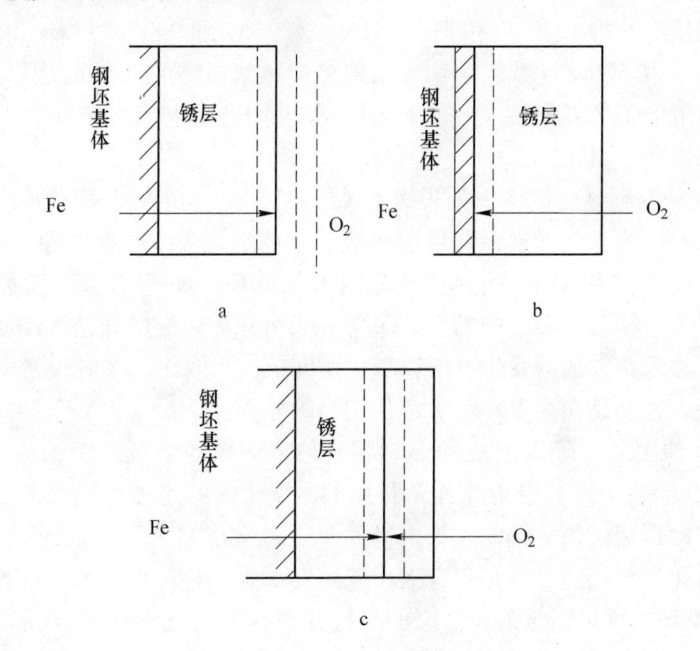

图 1-4 铁-氧扩散示意图

钢坯在轧制之前，在加热炉内加热需用 2 ~ 4 小时，在炉气的作用下坯材在炉内逐步从预热段、加热段、均热段输送。随着基体温度的升高，钢坯的氧化烧损也越来越严重。通常情况下，钢坯 Fe 元素的氧化受加热温度、加热时间及钢种等因素影响。具体如下：

(1) 加热温度。在室温下，钢坯就可以氧化为 FeO，但氧化速度非常缓慢，进一步提高温度，则生成 Fe_2O_3 和 Fe_3O_4。钢坯的氧化速度随着加热温度的升高而加快，在200℃以下氧化是非常缓慢的；200 ~ 500℃时钢坯表面仅能形成一层氧化铁薄膜；加热温度在700℃以下时，氧化进行得并不明显；850 ~ 900℃时，氧化速度才开始明显加快；当温度达到1000℃时，则开始剧烈氧化；1300 ~ 1350℃时，氧化铁皮开始熔化，烧损直线上升。在正常情况下，如果设900℃时的烧损为1，则1000℃的烧损要增加1倍，1100℃就增加到4倍，1200℃时则增加到8 ~ 9倍，1300℃时可增加到十几倍，可见加热温度对烧损的影响之大[9~11]。

（2）加热时间。钢坯加热时间越长，氧化越严重，生成的氧化铁皮量越多，特别是在高温下，氧化烧损率更高。在实际生产中，这往往是影响钢坯烧损的一个重要原因。由于轧线故障及检修等原因，钢坯在加热炉经常会处于保温待轧状态。在此期间，钢坯在炉内停留时间较长，有的多达4h，因而对氧化烧损量有很大的影响。一般的三段式加热炉在保温待轧期间，其均热段、加热段和预热段的炉温范围依次约为1250 ~ 1300℃、1150 ~ 1200℃和900 ~ 950℃，时间分别为60min、30min和50min（武汉钢铁集团加热炉车间提供的参数）。因此，这个期间位于预热段的钢坯氧化较少，位于加热段的钢坯有较显著的氧化，而位于均热段的钢坯则被剧烈氧化。

（3）钢种的影响。钢坯中如果含有Cr、Ni、Si、Mn、Al等元素，则氧化量会明显降低。因为这些元素氧化后能生成致密的氧化膜，阻碍铁原子向外扩散，使氧化速度降低。不锈钢、耐热钢就是因为含有Cr、Ni等合金元素而具有一定的抗氧化能力。相反，钢坯中的C、Fe等元素氧化后生成的却是气体或是疏松的氧化层，无法阻止扩散的发生，所以氧化速度较快。因此，一般碳素钢的抗氧化能力都较差，特别是在高温环境下氧化尤为明显。

（4）其他因素。除以上几种影响因素外，钢坯的微观组织结构（如单晶、多晶、晶粒度等），外界应力的有无和大小，氧化膜的连续性、致密性、完整性以及钢坯表面形貌，氧化膜的生长机制（单层或多层），氧化膜的体积和力学性能，同时氧化膜与环境之间是否有液相或挥发现象、是否有沉积、是否有催化或氧化-还原循环，氧化膜与钢坯之间的界面几何状态及化学状态（元素偏聚、空位凝聚等）、氧化过程中界面的迁移变化和界面的结合强度等都会影响钢坯的高温氧化程度。

在以上诸多影响因素中，比较重要的是温度和时间。对于加热炉中的钢坯而言，由于钢种的不同，高温的界定也就有所不同，一般认为当加热温度高于760℃时，就属于高温的范畴。钢铁的氧化物成分在570℃时会产生变化，即：低于570℃氧化层成分为 Fe_2O_3、Fe_3O_4；高于570℃，氧化层成分为 Fe_2O_3、Fe_3O_4 和 FeO，如图1-5所示。

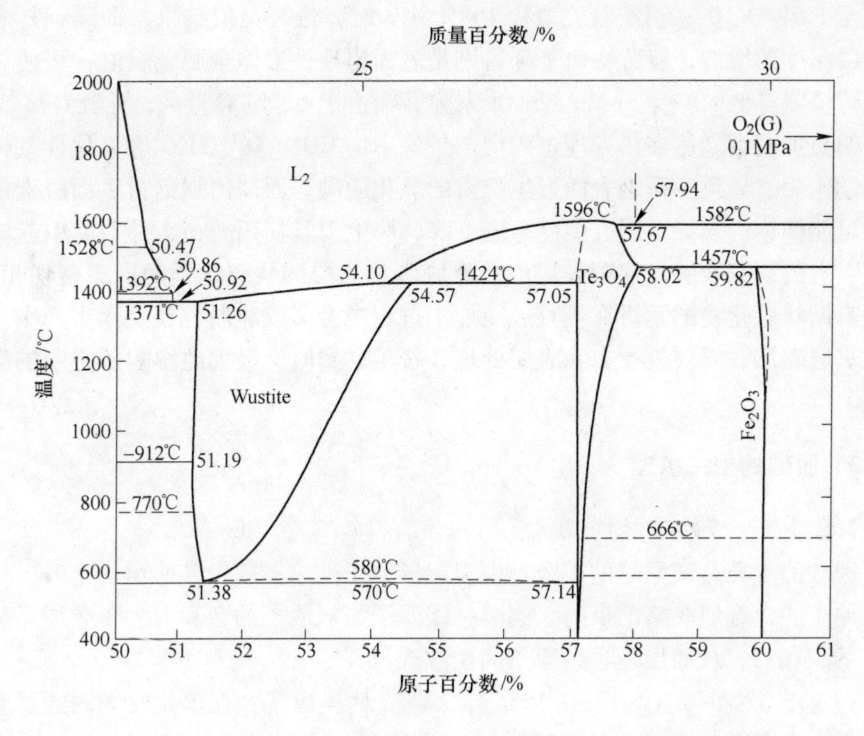

图 1-5　Fe-O 相图[12]

1.2　C 元素氧化导致的高温脱碳过程

1.2.1　脱碳现象

钢在炉内加热氧化时，炉内的氧化性气氛不仅造成金属的氧化损耗，同时氧化性气氛还不断地与金属基体表层的碳相互作用，形成碳的氧化物而弥散在炉气中，引起钢表层的脱碳[13]。具体来讲，脱碳是指钢在热加工或热处理时，钢材表面在炉内气氛作用下失去了全部或部分碳，造成钢材表面的碳含量比内部减少的现象。

1.2.2　脱碳的危害

由于脱碳，钢的表面硬度下降，在交变应力作用下容易产生裂纹，使钢材过早疲劳失效。另外，表层不同部位淬火时线膨胀系数不同而产生的应力，致使钢材表面的脱碳层与部分脱碳层之间的过渡区产生微裂纹。这些可见的或不可见的裂纹在应力作用下迅速发展，引起钢件的失效或断裂。钢材表面脱碳 0.1mm 就会使其疲劳强度明显下降，例如：60Si2Mn 弹簧钢在 650MPa 的弯曲应力幅作用下，当脱碳层为 0.089mm，断裂为 2.45×10^5，当脱碳层增加到 0.197mm，其断

裂降至 1.296×10^5；当实验应力幅为 850MPa 时，也有类似结果，即随钢材表面脱碳层深度的增加，疲劳寿命下降特别是表面出现铁素体全脱碳层时，可使弹簧的疲劳极限降低 50%。Si-Mn、Si-Cr 系弹簧钢由于 C、Si 含量高，尤其是高 Si 含量会明显加剧钢基体在热处理过程中与炉气中的 CO_2、O_2、H_2O 等氧化性气体发生化学作用，导致弹簧钢表面发生严重的氧化脱碳。而高速钢钢材表面脱碳层严重时可能使钢的淬火、回火硬度急剧下降，影响刀具使用寿命，并可能引起淬火裂纹。有的研究表明高速钢表层的严重脱碳与表层网状碳化物的形成密切相关，表面有网状碳化物的钢材在校直或冷加工过程中会形成脆断。在实际生产中，为了除去脱碳层，需要进行去除表层处理，费工、费时，极大地影响了企业的经济效益。

1.2.3　脱碳的相关机理

1.2.3.1　碳的扩散机理

脱碳的本质是碳原子的扩散。钢表层碳原子受热振动，其逸出功上升，增大了碳原子脱离金属晶格的束缚。同时，碳原子与氧原子的亲和力大于碳原子和铁原子的亲和力，从而出现了碳原子的扩散现象[14]。

（1）扩散第一定律。早在 1955 年，菲克就提出了：在单位时间内通过垂直于扩散方向的单位截面积的物质量（扩散通量）与该物质在该面积处的浓度梯度成正比。也就是说，浓度梯度越大，扩散通量越大，这就是第一定律，数学表达式为：

$$J = -D(\partial C/\partial x) \tag{1-7}$$

式中，J 为扩散通量，表示扩散物质通过单位截面的流量，单位为 mol/m^2s；x 为扩散组元的体积浓度，单位为 mol/m^3；D 为原子的扩散系数，单位为 m^2/s；负号表示扩散由高浓度向低浓度方向进行。

菲克第一定律只适应于稳态扩散。

（2）扩散第二定律。稳态扩散的情况很少，实际上大部分扩散属于非稳态扩散，这时系统中的浓度不仅与扩散距离有关，也与时间有关，即

$$\frac{\partial C}{\partial t} = -\frac{\partial J}{\partial x} \tag{1-8}$$

将扩散第一方程代入，得

$$\frac{\partial C}{\partial t} = \frac{\partial J}{\partial x}\left(D\frac{\partial C}{\partial x}\right) \tag{1-9}$$

这就是菲克第二定律的数学表达式。如果扩散系数与浓度无关，则上式可简化为

$$\frac{\partial C}{\partial t} = \left(D\frac{\partial^2 C}{\partial x^2}\right) \tag{1-10}$$

对于碳在固体中的扩散，应该属于三维系统中的扩散，根据具体问题采取不同的坐标系，在直角坐标系下的扩散第二定律可拓展得到

$$\frac{\partial C}{\partial t} = \frac{\partial}{\partial x}\left(D_x\frac{\partial C}{\partial x}\right) + \frac{\partial}{\partial y}\left(D_y\frac{\partial C}{\partial y}\right) + \frac{\partial}{\partial z}\left(D_z\frac{\partial C}{\partial x}\right) \tag{1-11}$$

扩散同为同向同性时候，如立方晶体，有 $D_x = D_y = D_z$，若扩散系数与浓度无关，则转变为

$$\frac{\partial C}{\partial t} = D\left(\frac{\partial^2 C}{\partial x^2} + \frac{\partial^2 C}{\partial y^2} + \frac{\partial^2 C}{\partial z^2}\right) \tag{1-12}$$

1.2.3.2 影响扩散的因素

由扩散第一定律，在浓度梯度一定时，原子扩散仅取决于扩散系数 D。对于典型的原子扩散过程，D 符合 Arrhenius 公式，$D = D_0\exp(-Q/kT)$。因此，D 仅取决于 D_0、Q 和 T，凡是能改变这 3 个参数的因素都将影响扩散过程。

（1）温度。由扩散系数的表达式看出，温度越高，原子动能越大，扩散系数呈指数增加。一般来讲，在固相线附近的温度范围，置换固溶体的 $D = 10^{-8} \sim 10^{-9}\mathrm{cm^2/s}$，扩散只有在高温下才能发生，特别是置换溶体更是如此，见表 1-1。

表 1-1 不同温度时碳在铁相中的扩散系数

元素名称	扩散温度/℃	$10^5 D/\mathrm{cm^3 \cdot d^{-1}}$
C	925	1205
	1000	3100
	1100	8640

（2）成分。组元性质：原子在晶体结构中跳动时必需挣脱周围原子对它的束缚才能实现迁跃，这就要部分地破坏原子结合键。因此，扩散激活能 Q 和扩散系数 D 必然与表征原子结合键大小的宏观或者微观参量有关。同时，原子结合键越弱，Q 越小，D 越大。

（3）组元浓度。在二元合金中，组元的扩散系数是浓度的函数，只有当浓度很低，或者浓度变化不大时，才能将扩散系数看作是与浓度无关的常数。组元的浓度对扩散系数的影响比较复杂，若增加浓度使原子的 Q 减小，而 D_0 增加，则 D 增大。但是，通常的情况是 Q 减小，D_0 也减小；Q 增加，D 也增加。这种对扩散系数的影响呈相反作用的结果，使浓度对扩散系数的影响也并不是很剧烈，实际上浓度变化引起的扩散系数的变化程度一般不超过 2 ~6 倍。

第三组元的影响：在二元合金中加入第三组元对原有组元的扩散系数的影响更为复杂，根本原因是加入第三组元改变了原有的化学位，从而改变了组元的扩

散系数。

（4）晶体结构。晶体结构反映了原子在空间排列的紧密程度。晶体的致密度越高，原子扩散时的路径越窄，产生的晶格畸变越大。同时，原子结合能也越大，使得扩散激活能越大，扩散系数减少。面心立方晶体比体心立方晶体致密度高，实验测定的 γ-Fe 的自扩散系数与 α-Fe 的自扩散系数 910℃时相差了两个数量级，$D_{\alpha\text{-Fe}} \approx 280D_{\gamma\text{-Fe}}$。溶质原子在不同固溶体中的扩散系数也不同。910℃时，C 在 α-Fe 中的扩散系数比 γ-Fe 的扩散系数大了 100 倍。

在 900～930℃时，这个温度范围是奥氏体单相区。奥氏体是面心立方体结构，C 在奥氏体中的扩散速度较慢。但是，由于温度升高，加速了 C 的扩散，同时 C 在奥氏体中的溶解度远比在铁素体中大也是一个基本原因。

1.2.3.3 C 参与的反应过程

碳元素的反应过程交叉在 Fe 元素的反应过程中，碳元素参与 Fe-O 扩散过程，碳和氧发生氧化反应使基体产生了脱碳，不仅生成气体造成基体和锈层结合不紧密，还会导致钢坯表面疏松以及成分不均匀，加剧氧化。其化学方程式如下：

$$2Fe_3C + O_2 \rightleftharpoons 6Fe + 2CO$$

$$Fe_3C + 2H_2 \rightleftharpoons 3Fe + CH_4$$

$$Fe_3C + H_2O \rightleftharpoons 3Fe + CO + H_2$$

$$Fe_3C + CO_2 \rightleftharpoons 3Fe + 2CO$$

在钢坯温度达到 800℃以上时，钢坯表面脱碳反应速度加快。温度越高，加热时间越长，钢坯表面脱碳越严重。在炉内气氛为氧化气氛下，易脱碳钢在高温区加热时间过长，是导致钢坯表面脱碳的主要原因。脱碳层的深度与钢的成分、炉气的成分、温度和在此温度下的保温时间也有很大关系。具有脱碳作用的气体除氧之外，二氧化碳和水蒸气在高温下同样能使钢坯表层产生脱碳。脱碳的过程就是钢坯表面中碳在高温下与氢或氧发生作用生成甲烷或一氧化碳的过程。脱碳是扩散作用的结果，脱碳时一方面是氧向钢内扩散；另一方面钢中的碳向外扩散。从最后的结果看，脱碳层只在脱碳速度超过氧化速度时才能形成。当氧化速度很大时，可以不发生明显的脱碳现象，即脱碳层产生后铁即被氧化而成氧化铁皮。而在氧化作用相对较弱的气氛中，可以形成较深的脱碳层。

钢坯的高温加热过程还会带来合金元素的贫化问题。由于基体中的不同元素的扩散性能差别，少量的合金元素如不锈钢中的铬、镍等虽然会首先与氧在界面上发生氧化反应生成相对致密的氧化层，对基体形成保护，而因为这些元素在基体中的扩散渗透速度比铁元素快，也导致氧化过程中基体表层中的元素损失，形成了许多疏松的孔道，不同程度上改变了基体表面质量。

1.3 元素高温迁移对表面质量的影响

1.3.1 元素高温迁移的现象

对于普通碳钢而言，其主要元素包括 Fe 和 C，一般不添加大量的合金元素，其力学性能主要取决于碳的含量。而合金钢中除含 Fe、C 和少量不可避免的 Si、Mn、S、P 元素以外，还含有一定量的合金元素，钢中的合金元素有 Si、Cr、Ni、Mn、Mo、V、Ti、Nb、B、Pb 稀土等其中的一种或几种。各国依自己的资源不同，主要发展的合金钢种类也不同，国外主要是发展 Ni、Cr 合金钢。而国内主要发展 Si、Mn、Nb、V、Ti 为主的合金钢。

普通碳钢虽然性价比高，但是在硬度、强度和弹性等方面性能较为局限，而不同种类的合金钢则能满足此类要求，不同种类的合金钢物理性能、机械性能各有所长，在各行业中得到广泛应用。比如：当在钢中添加 Cr 时，可以显著提高钢的强度、硬度和耐磨性；加入 Ni 可以提高钢的强度，又保持良好的塑性和韧性；Si 可以提高钢的弹性极限、屈服点和抗拉强度；Ti 可以细化晶粒，使内部组织致密，降低时效敏感性和冷脆性，提高钢材的焊接性能等。

合金元素的添加在很大程度上改善了钢的性能，但是由于各种添加的合金元素高温下的氧化反应热力学行为和氧化反应动力学行为存在差异。因此，在合金钢的生产过程中会存在元素在钢的表层和内部分布不均的现象。

对于大部分中低合金钢而言，在高温氧化性条件下，Fe 的外扩散和 O 的内扩散始终是控制氧化速率的关键步骤。而在近些年的研究中发现，大部分情况下，控制氧化速率的是 Fe 的外扩散。合金元素的存在会在一定程度上影响 Fe 的外扩散速率，当合金元素含量足够低，其影响是有限的，但是当合金元素较高时，影响明显。特别是 Si 和 Cr 等常见的添加元素，对 Fe 的扩散速率影响显著。

合金元素在氧化过程中一般有两种存在形式，一种是富集在氧化层和基体的界面处，另一种是弥散在氧化层中。对于在元素周期表中与 Fe 紧邻的，也就是其结构、原子量以及生成物的结构、分子式等与 Fe 类似的元素，如 Mn，Co，Ni 等，认为是弥散在氧化层中，可能的原因的是相似相融原理。

由于结构和 Fe 氧化物有差别，Si、Cr、Al 等元素一般不会弥散在 Fe 氧化层中。因为，异相沉积所需活化能较小，其高温氧化产物都富集在基体和氧化层的界面处。如图 1-6 所示，将 20Cr2Ni4A 合金钢 1250℃恒温 1 小时，观察其断面元素分布，发现 Si 富集在在紧邻基体的表面，而 Cr 富集在富 Si 层和氧化层的界面处。而 Ni，Mn 等元素则没有明显富集现象，弥散在氧化层中[15]。

1.3.2 元素迁移对表面质量的影响

元素分布不均对钢材的影响一般表现在：降低产品的表面质量和力学性能，

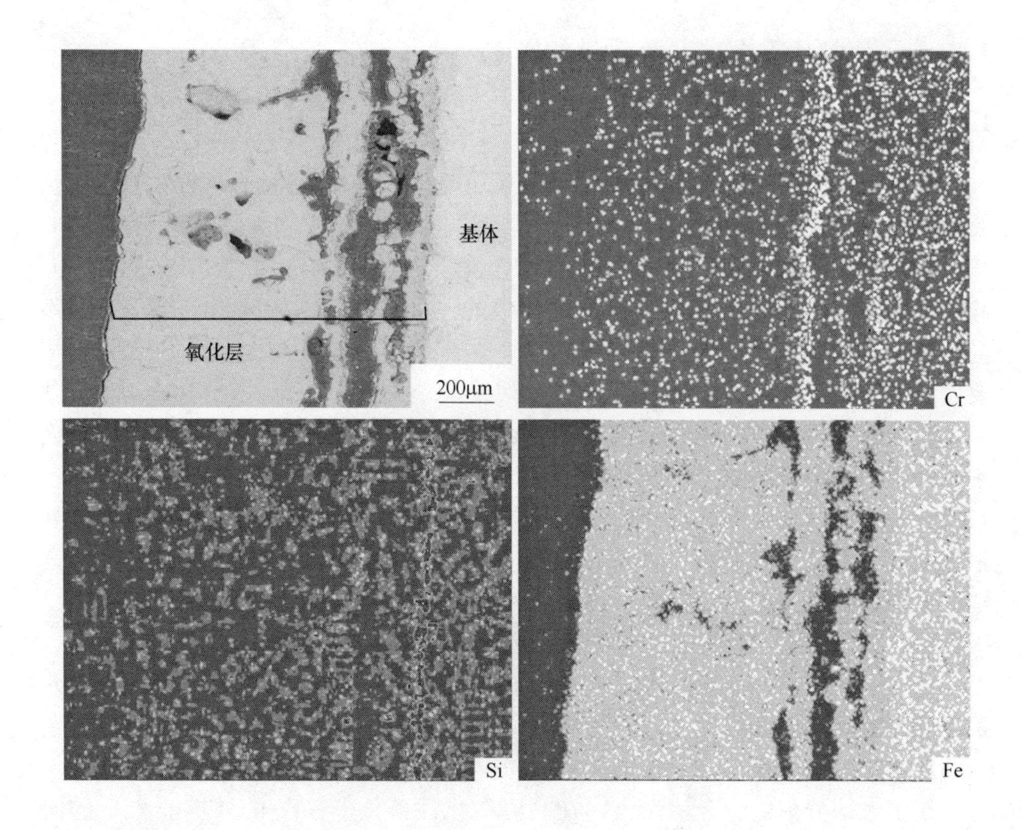

图 1-6 20Cr2Ni4A 断面元素分布图

降低后期产品等级，严重时可能导致整炉产品报废。一些多元素合金钢问题尤为突出。特别是含 Ni、Si、Cr 等元素的合金钢，表面氧化皮很难清除干净，导致轧制前即使用高压水也很难全部清除。残留的氧化皮在后期轧制过程中被压入钢材表面，形成氧化皮压入和麻点缺陷，降低产品表面质量。对于某些高合金钢而言，残留氧化皮冷却后的硬度极高，从而增加了后期修磨工序的难度。

1.3.2.1 Ni 元素的影响

Ni 为奥氏体稳定元素，回转奥氏体作为组织中的软相，能吸收部分应变能；当变形达到一定程度后，还能通过形变诱导相变转化为 α 相，可提高钢材韧性；Ni 还能促进低温交滑移，提高塑性。高温氧化过程中，Ni 集中的部分会凸起，使得界面形状凹凸不平，这些凹凸不平是由氧化过程中形成富 Ni 的金属氧化物网丝和颗粒造成的，这些网丝和颗粒作为骨架，而 Fe 的氧化物填充在内部，形成复杂的网络构架。当钢中的 Ni 的质量分数达到 0.2% 以上时，基体表面凹凸严重，把金属基体和氧化皮紧密连接到一起，使得氧化层很难被除掉。

1.3.2.2　Si 元素的影响

Si 在高温下易被氧化，其反应活化能小于 Fe，在高温下和 Fe 反应生成 FeO ~ Fe_2SiO_4 共晶产物。而 FeO ~ Fe_2SiO_4 共晶产物存在于钢坯基体和氧化层的界面处，紧邻基体，熔点为 1173℃。即当温度高于 1173℃时，在界面处出现高温流态物相。该物相向下形成熔融状态后便会以楔形侵入鳞与钢基体中；向上侵入 FeO 晶界，把 FeO 层紧紧黏附在基体表面，极大提高了高温下氧化皮的黏附性，并在鳞与钢基体界面形成错综复杂的特殊结构鳞层。Si 主要通过改变高温氧化过程中氧化铁皮与钢基体的界面结构影响除鳞效果和钢带表面质量。Si 含量较高的钢表面残留红锈的根源在于这类钢在长时间高温加热过程中，钢中的 Si 为选择性氧化，在 FeO（方铁石）与钢基体的界面上形成 2FeO · SiO_2（铁橄榄石）。因为，铁橄榄石熔点低（1170℃），形成熔融状态后便会以楔形侵入鳞与钢基体中，这样鳞与钢基体界面就形成了错综复杂的特殊结构的鳞层。FeO 与钢基体之间形成 Fe_2SiO_4-FeO 共析产物，FeO 与共析产物之间存在较大的空洞。当温度低于 1170℃时，硅酸亚铁凝固并与基体紧密结合在一起，很难在除鳞中完全被除掉[16]。

1.3.2.3　Cr 元素的影响

Cr 元素初期会发生选择性氧化反应，钢中的 Cr 优先氧化，形成致密的 Cr_2O_3 保护性氧化层。随着时间延长，Cr 元素向表面扩散加剧，造成氧化层内侧 Fe 元素相对含量增加，从而导致基体表面贫铬层的出现及生长。此后，由于 Fe 元素扩散速度较 Cr 快，以及 Cr 元素向基体表面扩散供应不足，氧化层中的 Fe 含量越来越高，并逐渐改变原来的保护性 Cr_2O_3 层，形成 Fe、Cr 混合氧化物，最后形成外侧几乎全为氧化铁，内侧为 Fe、Cr 混合氧化物的氧化层[17,18]。这种氧化层对氧的扩散阻力远小于单纯性的 Cr_2O_3 层，从而导致氧化加剧。Cr 元素发生失稳氧化，进而 Fe 进入 Cr_2O_3 的晶格，从开始生成的尖晶石 $FeCr_2O_4$ 到最后的 Fe_2O_3；Cr_2O_3 与 Fe_2O_3 具有相同的晶体结构，且阳离子半径相近，它们可以完全互溶[19]，从而在表面形成 Cr 富集层，Cr 富集会导致表层氧化物难以剥落。

钢中合金元素对除鳞率有明显影响。钢中 Cu 和 S 的存在会降低高温状态下氧化铁皮和基体的黏附性，提高氧化铁皮的去除率，而 Si，Ni，Co，B 等元素作用相反，Cr 的存在对氧化皮黏附性的影响不明确。

1.3.3　元素高温迁移的原因

1.3.3.1　热力学因素

在同一温度下，不同元素的氧化反应对应着不同的 ΔG。ΔG 越小，意味着反应越容易进行。在 1000 ~ 1300℃范围内，同样足够的氧分压条件下，Al 的 ΔG 最小，其次是 Ti、Si、Mn、Cr，随后才是 Fe、Co、Ni。实验也一再证明，当合金中同时含有 Al 和 Fe、Ti、Si 等元素时，Al 通常先于其他元素氧化。

比如：将一块 Fe-Al 合金从常温加热到 1000℃以上，Al 会先于 Fe 发生氧化，在合金表面生成一层 Al_2O_3 致密层。这层氧化层致密且高温惰性强，可以有效抑制后期的氧化速率。但是，这种选择性氧化必然导致在氧化层和金属界面处会存在一层富 Fe 贫 Al 层，此层中的 Al 通过外扩散将会扩散到金属外部，和氧发生反应。因此，内部出现了 Al 的贫化。

1.3.3.2　*动力学因素*

动力学的差异在高温段显得更为重要。因为，在高温条件下，高温可以让大部分金属克服反应能垒，发生氧化反应。此时，决定元素在金属内部和氧化层中分布的主要因素就变为反应速率。反应速率慢的元素容易在氧化层和金属界面处富集，反应快的元素则大都分布在外层氧化层中。实验证明，当温度超过 1000℃时，动力学反应速率是决定元素分布和氧化层结构的主要因素。此时，反应速率快的元素易在氧化层和金属界面处的层中发生元素贫化现象。

合金钢的氧化热力学包括：（1）主体 Fe 的高温氧化热力学；（2）合金元素的选择性氧化热力学。以 X80 为例，Fe 的氧化相对简单，但是当考虑添加的 Si、Mn、Ni 等含量较高的元素，非铁元素的选择性氧化使得合金钢氧化的研究变得相对困难。如果简单考虑，可作如下解释：对于所有的金属氧化，以氧化物为二价为例，如下式：

$$Me + \frac{1}{2}O_2 = MeO \tag{1-13}$$

反应的 ΔG 决定了反应能否自发反应。当 $\Delta G<0$ 时，反应可自左向右自发进行；当 $\Delta G=0$ 时，反应达到动态平衡；当 $\Delta G>0$ 时，反应不可自发。ΔG 计算如下，由 Van't Hoff 等温方程式可得：

$$\Delta G = \Delta G^{\ominus} + RT\ln\frac{1}{P_{O_2}} \tag{1-14}$$

$$\Delta G^{\ominus} = -RT\ln\frac{1}{P_{O_2}^{\ominus}} \tag{1-15}$$

$$\Delta G = RT\ln\frac{P_{O_2}^{\ominus}}{P_{O_2}} \tag{1-16}$$

式中，ΔG 为反应的吉布斯自由能；$\Delta G^{\ominus}$ 为标态下反应吉布斯自由能；R 为通用气体常数；T 为绝对热力学温度；P_{O_2} 为氧化物的分解压；$P_{O_2}^{\ominus}$ 为氧化物的标准分解压。

当 P_{O_2} 大于该温度下的标准分解压 $P_{O_2}^{\ominus}$ 时，$\Delta G<0$，反应可自发进行。ΔG 值越小，反应越易于发生。

由表 1-2 可见，SiO_2 的分解压低于 FeO、Fe_3O_4、Fe_2O_3 和 MnO。氧化反应

ΔG 最小，反应最易发生；其次是 MnO，NiO，Fe 的氧化所耗活化能是最大的。因此，在钢的氧化反应过程中，Si 优先氧化，也就是当在 1250℃ 氧化 1 分钟时，当总体氧含量很少的时候，在钢中含量只有 0.24% 的 Si 在氧化层中的含量甚至和 Fe 含量相当，Mn，Ni 的氧化反应活化能都低于 Fe。因此，在初始氧化层中都可以在含量上有所体现。

表 1-2 1000℃标准的分解压

平衡式	分解压/Pa	平衡式	分解压/Pa
$FeO = Fe + 1/2O_2$	1.7×10^{-13}	$SiO_2 = Si + O_2$	1.1×10^{-26}
$Fe_3O_4 = 3FeO + 1/2O_2$	2.8×10^{-11}	$MnO = Mn + 1/2O_2$	1.1×10^{-22}
$Fe_2O_3 = 2FeO + 1/2O_2$	1.7×10^{-4}	$NiO = Ni + 1/2O_2$	8.4×10^{-20}

1.4 炉内气氛对钢坯加热过程的影响

加热炉炉内气氛决定于燃料成分、空气消耗系数及燃烧完全程度。加热的气体成分一般包 括 CO_2、CO、H_2O、N_2、O_2、H_2、CH_4 等，其中 H_2O、O_2、CO_2 属于氧化性气体，对钢坯均具有一定的氧化能力。加热炉内的氧化能力取决于加热气氛中氧化性气体和还原性气体的比例。氧化性气体含量越高，氧化能力就越强，钢坯的氧化程度就会越严重。在现行加热炉的条件下，一般以适当的空燃比燃烧，可以提高火焰温度和增加向被加热物体的传热。为了使燃料能够完全燃烧，加热气氛大多属于氧化性气氛，烧损是必然的。其中，SO_2 对烧损的影响最大，其次是水蒸气，O_2 和 CO_2。显然，低硫燃料对降低烧损是有利的。

1.4.1 CO_2 和 CO 的影响

CO_2 和 CO，CO_2 对高温加热的板坯起氧化作用，CO 则起还原作用。其反应式为：

$$Fe + CO_2 = FeO + CO$$

$$3FeO + CO_2 = Fe_3O_4 + CO$$

上述反应决定于 CO 及 CO_2 的化学浓度。若增大 CO 的浓度，在一定条件下可使反应向左进行，即能避免钢的氧化；但在高温的情况下，一般 CO 的含量会很低。

1.4.2 H_2O 和 H_2 的影响

H_2O 和 H_2，H_2O 对高温加热的板坯起氧化作用，而 H_2 则起还原作用。其反应如下：

$$Fe + H_2O = FeO + H_2$$

$$3FeO + H_2O = Fe_3O_4 + H_2$$

$$2Fe_3O_4 + H_2O = 3Fe_2O_3 + H_2$$

$$3Fe + 4H_2O = Fe_3O_4 + 4H_2$$

可见水蒸气对钢有氧化作用。当炉内的 H_2 含量足够大时，可在一定程度上阻止反应的正向进行，减弱水蒸气对钢的氧化。

1.4.3 SO_2 的影响

SO_2，SO_2 与钢的反应如下：

$$3Fe + SO_2 = FeS + 2FeO$$

$$5/2Fe + SO_2 = FeS + 1/2Fe_3O_4$$

高温下，SO_2 对钢有很强的腐蚀性，不仅可生成金属硫化物，还伴随大量铁氧化物的生成，进一步加速了钢坯的氧化。

高温下，SO_2 会对金属基体产生严重腐蚀。从 20 世纪 30 年代起，国外研究人员便开始对 Fe 和 SO_2 在高温下的反应进行试验研究。Baukloh[20] 研究了 Fe 在 SO_2 分压为 101kPa（纯 SO_2）时腐蚀反应，试验发现 Fe 与 SO_2 在 473K 下即开始发生反应，在 673～1273K 区间内反应符合抛物线规律。然而，随后 Chretien 和 Broglin 的研究发现[21]，在 Fe 与 SO_2 反应的初始阶段，尤其是温度在 773～1073K 之间并不遵循抛物线规律。在 773～1273K 温度下，SO_2 分压为 0.25～20kPa 条件下的反应机理。实验表明，反应在初始阶段遵循线型规律，后期遵循抛物线规律。后来，Kurokawa 在 1073K 的研究也进一步验证了同样的规律[22]。反应速率常数在 1073K，SO_2 分压为 2kPa 时达到最大值；当 SO_2 分压超过 2kPa 时，反应速率常数逐渐降低，直到接近铁在纯氧中的氧化反应速率[23]。

在上述的研究结果中，普遍发现 Fe 与 SO_2 反应后生成的氧化铁皮层中存在三种不同的组分：FeS、FeO 和 Fe_3O_4。而 FeS 总是存在于金属和氧化物的界面处，而且由于 FeS 的存在加速了热循环试验过程中氧化铁皮的剥落。因此，分析氧化铁皮中 FeS 的形成机理很有必要。在此方面国外也有一些学者进行了初步研究，Rahmel 的研究结果表明[24]，FeS 形成的机理是由于 SO_2 穿过氧化层中的微孔，同时 S 元素从气体/氧化层界面扩散到内层的氧化物/金属界面从而与铁发生反应生成 FeS。Ross 等[25,26]通过研究碳钢和硫的反应，提出 FeS 的生成是在反应的初始阶段，而且反应速度很快。然而，他们并没有提供支持该结论的试验结果。Gilewicz-Wolter 通过跟踪 S 放射性同位素研究了温度为 1073K、压力 101kPa 下 SO_2 对 Fe 的腐蚀反应。结果发现，FeS 是沿着氧化皮内部的裂纹形成的，而且主要是在反应初始阶段[27]。

当 SO_2 分压小于20265Pa时，铁表面的氧化层结构比较复杂。通常在金属-氧化物界面处会生成很薄的Wustite层，该层中包含少量不规则的FeS岛状物；在Wustite层上面的氧化层区域中包含FeO和片状的FeS，在这层外面是Magnetite和FeS晶粒，在氧化物-气体界面处，形成 Fe_3O_4 和游离的硫化物。

1.5　钢坯高温过程防护

1.5.1　钢坯高温过程的氧化防护技术

钢坯在均热过程中产生的氧化铁皮不仅造成了资源、能源的巨大浪费，若未及时清除干净，在轧制时会压入坯料表面，还会造成产品表面缺陷，甚至导致产品报废。此外，氧化铁皮若落在加热炉内，将会侵蚀炉体，影响加热炉寿命。为了减少钢坯高温氧化的不利影响、提高收率、降低吨钢能耗、方便后续处理、保证最终钢产品质量，钢铁企业一般会采取某些措施来防止或减少钢坯在高温下的氧化。目前，采用的方法有真空法、气氛保护法、涂层防护法等[28]。

1.5.1.1　*真空法*

真空法是指在生产钢材的过程中，将钢坯置于真空状态下受热的方法。这种方法之所以可行是因为真空下氧气等氧化性物质的含量极少甚至没有，从根本上阻止了氧化反应的进行，因而也就阻止了钢坯的氧化烧损。图1-7是该方法设备的示意图。

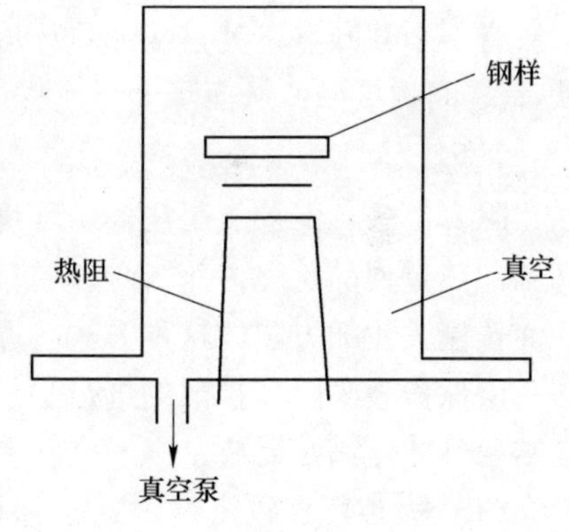

图1-7　真空法设备示意图

在使用真空法时，先应使用真空泵将真空室内的空气抽掉，使真空度达到要求，一般是 $133\times10^{-5}\sim133\times10^{-4}$Pa。抽真空的目的主要是确保真空室内的氧化性物质的含量为最低，从而保证无氧化或少氧化受热的进行。一旦真空度达到要求，就可将钢坯放入其中进行正常的加热。

目前，在钢材的生产过程中，真空法的应用范围并不十分广泛，这与设备昂贵、操作复杂、影响生产流程增加成本等限制是分不开的。但是，采用这种方法的效果非常明显，氧化烧损微乎其微。因此，真空法目前较多的应用于理论研究、科学实验，在实际生产中却很少采用。

1.5.1.2　*保护气氛法*

真空法是在无氧真空环境下进行的，而保护气氛法则是在少氧非真空环境中进行的。它的原理是通过充入保护气体隔绝铁-氧接触，阻止氧化反应进行，从而达到减少氧化烧损的目的。图 1-8 是保护气氛法设备的示意图。

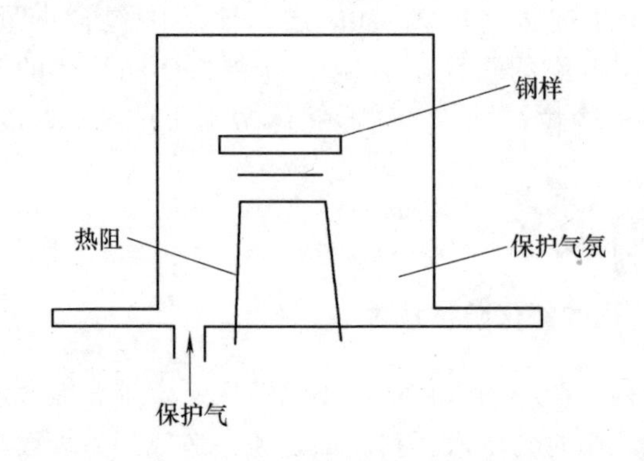

图 1-8　保护气氛法设备示意图

保护气体可分为两大类：一类是非氧化性气体（包括如 N_2、CH_4 等），这类保护气不参与氧化反应，可以很好地起到隔离作用；另一类是铁氧化的产物气体（如 H_2、CO 等），这类气体可以阻止氧化反应向正向进行，从而保护钢材不被氧化。在实际应用中并不仅仅单纯使用一种保护气体，更多的是使用多种混合气体。在解决了保护气体的制备和储运以及使用过程中的安全与环保等问题的基础上，保护气氛法有一定的应用前景。

除了以上两种方法外，还有诸如辐射间接加热法、浴炉加热法等措施。这些方法有一个共同点，就是从加热环境着手，尽量减少加热环境中氧的含量，减少铁-氧之间的接触，从而降低反应程度。

1.5.1.3　高温涂层防护法

除真空法、保护气氛法等从环境着手之外，还可以从其他方面入手减少钢坯高温加热过程的氧化[29~31]，控制扩散过程就是其中之一。成膜抗高温氧化法是目前普遍关注的方法。这种方法的原理是在基体表面通过物理的或化学的方法制备一层保护膜来阻断扩散的进行，从而减少铁的氧化。这层保护膜必须具备两个基本条件才能满足需要：

（1）完整性和致密性。这是保护膜之所以起作用的关键。因为，完整而又致密的保护膜可以有效地减少铁扩散、氧扩散和铁氧相互扩散。铝既是很好的例子，众所周知，铝易氧化，但是一旦氧化生成致密的 Al_2O_3 后，铝就不会继续氧化了。正是因为致密的 Al_2O_3 层隔绝铝与氧的接触，降低了扩散速度。

（2）良好的黏附性。良好的黏附性可以保证在使用过程中保护膜不会从基体上剥落进而失效。要满足这一点就应考虑在高温、急热急冷、外力作用等条件下，保护膜的线膨胀系数是否与基体一致、强度是否足够、应力是否过大等问题。

在成膜抗高温氧化法中，最具代表性、发展最快、应用最广的就是高温涂层防护法。钢坯表面采用防氧化涂层的目的是为了减少钢坯在加热炉内的氧化及元素贫化，改善钢坯的表面质量和下游除鳞效果，降低钢坯轧制过程的压入缺陷。料浆涂覆法制备的无机高温防氧化涂层以制备方便、成本低廉而得到广泛应用。在室温下将不同粒度的原料（涂层基料和黏结剂）和溶剂混合均匀成糊状浆料物质，然后采用喷涂、刷涂、浸涂等方法，在基体表面形成一定厚度的保护层，大约在0.1～0.5mm之间。涂层在低温下一般是多孔的，随着温度的升高，涂层中的某些原料的熔化或反应形成致密的结构，这种致密结构可以阻隔氧化性气氛，起到保护钢坯基体的目的。特定的某种涂层对不同钢坯的防护性能是有区别的，这主要是由于钢坯中的合金元素存在差异，进而导致了钢坯表面生成的氧化层的组成及结构不同。涂料在不同组成的氧化层界面的润湿能力、黏结温度、反应产物等有着很大的区别。以普碳钢和不锈钢为例，在1250℃以上的加热防护中，普碳钢多采用陶瓷基反应涂层；不锈钢多采用玻璃基防护涂层。

涂层的性能主要包括：涂层的黏度、润湿能力、熔度、软化温度、表面张力、线膨胀系数、机械强度、涂层与基体的结合力、热稳定性、导热性等。在某些情况下，还需要考察涂层的绝热能力及润滑性能等。近些年，大部分钢厂逐渐采取了连铸连轧工艺，连铸出的钢坯未经冷却，表面的温度还在600～800℃左右，就直接放入加热炉中加热。可以将具有600～800℃温度的热态钢坯称为“红热高温钢坯”。目前，钢坯防护涂层一般是在冷态钢坯表面涂覆涂料，不适合在连铸连轧的红热高温钢坯表面实施。这主要是由于涂料与红热高温钢坯的结合能力很差。

防氧化涂料大多采用矿粉、冶金废弃物、新型无机黏结剂及无机试剂等原料。涂料成本低廉，它们具有如下特点：涂层在钢坯表面形成一层致密的行之有效的化学转移膜，隔绝了钢坯表面与炉内气体的接触，进而起到了保护钢坯的作用，能有效地降低高温炉中待轧钢坯表面的氧化和脱碳；涂层和基体之间以及涂层的层与层之间具有良好的化学相容性、机械相容性、线膨胀系数匹配性；涂层在钢坯传送过程中与基材结合紧密，机械动作不会导致涂层高温脱落；涂层与钢坯基体表面已有氧化层作用形成新的致密共熔体，改变了氧化层结构，提高了氧化皮脱落性能；涂料用量少，且以主体成分为四氧化三铁为主的氧化层共熔体形式作用于钢坯表面，不影响钢坯正常的加热速度；涂层可自动愈合高温过程中自身产生的裂纹，保证了涂层的致密性和完整性；涂层自身具有抗氧化性能，防护寿命长。

1.5.2 钢坯高温过程的脱碳防护技术

目前在各种避免或减少脱碳的措施中，常用的技术有：

（1）连铸连轧。用连铸小方坯生产钢材，可缩短炉内加热时间而减少脱碳。但对于个别钢种，连铸连轧的脱碳层深度与模铸工艺生产相比，反而加深。因此，连铸工艺不一定能解决所有钢种的脱碳问题。

（2）保护气氛加热。其保护效果好。但因设备复杂、投资大、操作管理严格，在中小型企业中的应用受到限制。

（3）真空热处理。该方式对减少脱碳层深度十分有效。钢表面光亮、无脱碳、增碳等不良现象，基本上无变形。但是，由于真空热处理费用高，生产条件苛刻对于目前的生产并不适用。

（4）盐浴热处理。该方法污染严重，耗能大。

（5）快速加热。对于某些中、高合金高碳钢而言，还必须走多火成材的工艺路线，保护气氛加热和快速加热对特钢厂的热加工不是可行的技术方案。

（6）装箱加热。该方法的不足是耗时费力、劳动条件差、保护效果不满意。

（7）感应加热。该技术能有效减少脱碳层，感应加热回火，由于加热速度快，使析出的碳化物细小弥散，减小应力集中，从而改善塑性；减小晶界碳化物的析出量和使细小碳化物均匀分布，可使韧性提高，降低加热时间，减少了脱碳层深度。由于感应加热速度快，加热时间很短，弹簧钢表面几乎不脱碳。但是，脱碳与否还与生产的弹簧种类有关。

（8）涂层保护加热。该方法具有保护效果好、投资少、不需要复杂设备、操作方法简单、成本低、适应性较强、无污染等特点，是降低钢材氧化损耗的一种行之有效的方法，尤其适合于中小型企业热处理时应用。

1.5.3 钢坯高温过程中合金元素分布的控制

目前，控制钢坯高温过程中元素分布不均现象主要从内部和外部两个方面着手。即通过控制整体氧化速率的方式，按比例抑制偏析元素的贫化量或者是富集量。包括以下方式：

（1）提高加热速度。加热时间越长，氧化相对越严重，发生元素偏析和贫化的现象就越明显。因此，在不影响后期轧制工序的前提下，尽可能快地提高加热速度，采用低温轧制，可以有效降低氧化烧损，又能节约能耗。但是，需要考虑钢坯的尺寸和热导率，对于断面大的钢坯，需要降低氧化速率，使得表面和内部温差保持在一定范围内；对于断面小的钢坯，可以快速加热。同时，对于某些低热导的合金钢而言，加热速率不宜过快。否则，会产生应力，造成缺陷。

（2）控制加热炉内空气燃气比。当空气过剩，富余的氧气会加剧氧化，必然导致合金元素的过量氧化。同时，燃烧产物的体积增加，将降低火焰温度，火焰温度的高低直接决定着传热的多少，从而影响到燃料消耗。而且空气过剩将增加废气量，废气的热损失将增加，导致燃耗升高，增加炉膛废气的热损失。

但是，控制空燃比原理虽然简单，但实施困难。这源于加热炉内的热过程比较复杂，属于非线性，多参数分布式控制，影响空燃比的因素很多，难以用简单的因素确定空燃比的动态过程。

(3) 保护气氛法。充入惰性气体（N_2、Ar），隔绝氧化性气氛与钢坯的接触，以便减少氧化反应进行，从而达到降低氧化烧损的目的。维持惰性气氛，对加热炉的密封性提出了很高的要求，并且成本高，不适合连续化生产。

(4) 真空加热法。在钢坯的加热过程中，将钢坯置于真空状态下，采用热辐射的方式对钢坯进行加热。这种方法之所以可行是因为真空下氧气等氧化性物质的含量极少，从根本上阻止了氧化反应的进行，因而也就阻止了钢坯的氧化烧损。但此法成本高昂，不适合大规模生产条件下使用。

(5) 涂层防护技术。一种方式是在钢坯表面制备涂层，通过隔绝氧化性气氛与基材的直接接触，控制铁氧互相扩散速率，从而降低钢坯的氧化速率[32~36]。

另一种方式是通过调节合金内部元素的种类和比例，在不影响合金性能的前提下，尽量通过工艺的优化减少合金元素的添加量，通过加入微量的 Nb、V 等稀土元素生产新型钢材。在可以选择的条件下，可以优先选择加入 Mn、Ni 等富集和贫化能力较差的合金元素，而不是优先选择 Al、Si、Cr 等贫化富集能力强的合金元素。

1.5.4 钢坯高温过程的防护涂层技术

钢坯高温防护涂层的功能组分主要包括涂料基料、特殊功能组分、黏结剂等，还可以细分成膜助剂、黏结剂、润湿剂和抗热震剂等。其中，成膜助剂、润湿剂和抗热震剂主要为固体氧化物或矿物类粉体，而统称为粉料。粉料是涂层材料的主要组成物，含量（质量分数）通常高于 50%。所以，防护涂层的性能主要由粉料的性质决定。其中，包括成膜温度、涂层高温黏结性和防氧化防脱碳特性等[37]，如表 1-3 所示。

表 1-3 防氧化涂料功能组分一览表

涂层功能组分	代表性材料
成膜助剂	二氧化硅、氧化铝、氧化镁、氧化硼等或者硅酸盐黏土、高岭土、长石等
黏结剂	硼砂、硅酸钾、氟化钠、天然钾长石、氧化硼、水玻璃、硅溶胶、磷酸二氢铝、硅藻土、玻璃粉、酚醛树脂等
分散剂	聚乙烯醇、羧甲基纤维素钠等
润湿剂	氧化钡、氧化钙、氧化锆、氧化钛、氧化镍以及氧化铬等
抗热震剂	碳化硅、勃姆石、石墨等

粉料是涂料的主要组成物，因为粉料在涂料中的含量通常高于50%（按重量计），所以粉料的性质决定涂料的性能。

涂层形成后，要求涂层中的液相含量控制在尽可能低的水平，但又能使涂层完全处于致密的状态。为了保证液相在钢坯表面的铺展性，关键是控制液相的收缩和聚集。氧化钡、氧化钙、氧化锆、氧化钛、氧化镍以及氧化铬都可以作为润湿剂，在体系中调节熔融涂层对基体的润湿性能。作为涂料的功能组分，采用多种性能不同、成本不同的原料和组分才能满足涂层与基体成高温化学惰性，提高涂层的致密性和高温下涂层对基体的润湿铺展性能。

参考文献

[1] 索采夫，图曼诺夫. 金属加热用保护涂层[M]. 北京：机械工业出版社，1979.

[2] 朱日彰，何业东，齐慧滨，等. 高温腐蚀及耐高温腐蚀材料[M]. 上海：上海科学技术出版社，1995.

[3] 杨德钧，沈卓身. 金属腐蚀学（第二版）[M]. 北京：冶金工业出版社，2003.

[4] 李铁藩. 金属高温氧化和热腐蚀[M]. 北京：化学工业出版社，2003.

[5] Birks N, Meier G H, Pettit F S. Introduction to the High Temperature Oxidation of Metals (2nd Edition) [M]. Cambridge: Cambridge University Press, 2006.

[6] 李美栓. 金属的高温腐蚀[M]. 北京：冶金工业出版社，2001.

[7] 梁成浩. 金属腐蚀学导论[M]. 北京：机械工业出版社，1998.

[8] 朱日彰. 金属腐蚀学[M]. 北京：冶金工业出版社，1989.

[9] E. 马特松，黄健中，钟积礼，等译. 腐蚀基础[M]. 北京：冶金工业出版社，1988.

[10] Fontana M G, Green D N. 左景伊，译. 腐蚀工程[M]. 北京：化学工业出版社，1982.

[11] 杨德钧，沈卓良. 金属腐蚀学[M]. 北京：冶金工业出版社，1999.

[12] 刘秀晨，安成强. 金属腐蚀学[M]. 北京：国防工业出版社，2002.

[13] 欧阳德刚，周明石，张奇光，等. 高温金属抗氧化无机涂层的作用机理与设计原则[J]. 钢铁研究，1999，4：52~54.

[14] 陈文辉. 弹簧钢脱碳研究[D]. 北京交通大学硕士学位论文，2009.

[15] 周旬. 难除鳞合金钢坯高温多功能防护涂层及其作用机制研究[D]. 中国科学院大学博士学位论文，2012.

[16] 王松涛，李敏，朱立新，等. Si含量对热轧板卷表面红色氧化铁皮的影响[J]. 材料热处理技术，2011，8：50~52.

[17] Wilkstrom P, Weihong Y, Blasiak W, et al. The Influence of Oxide Scale on Heat Transfer during Reheating of Steel[J]. Steel Research International, 2008, 79(10): 765~775.

[18] Han S H, Baek S W, Kang S H, et al. Numerical Analysis of Heating Characteristics of a Slab in a Bench Scale Reheating Furnace[J]. International Journal of Heat and Mass Transfer, 2007, 50(9~10): 2019~2023.

[19] 李铁藩. 金属高温氧化和热腐蚀[M]. 北京：化学工业出版社，2003.

[20] Baukloh W. Reflective Fusion Reaction, a New Method of Steel Production[J]. Zeitschrift Des

Vereines Deutscher Ingenieure, 1939, 83: 1125 ~ 1125.

[21] Chretien A, Broglin J. Chimie Minerale-Surlattaque Duplomb Parlegaz Sulfureux[J]. Comptes Rendus Hebdomadaires Des Seances De Lacademie Des Sciences, 1947, 225(25): 1315 ~ 1317.

[22] Kurokawa K, Kawashima H, Torikai S, et al. Sites of Production of 1,25(OH)2D3 and 24,25(OH)2D3 along the Rat Nephron[J]. Kidney International, 1981, 19(1): 224 ~ 224.

[23] Chattopadhyay A, Chanda T. Role of Silicon on Oxide Morphology and Pickling Behaviour of Automotive Steels[J]. Scripta Materialia 2008, 58(10): 882 ~ 885.

[24] Rahmel A. Kinetic Conditions for Simultaneous Formation of Oxide and Sulfide in reactions of Iron with Gases Containing Sulfur and Oxygen or Their Compounds[J]. Corrosion Science, 1973, 13(2): 125 ~ 136.

[25] Ross T K, Callagha B G. Seasonal Distribution of Ferrous Sulphate Formed during Atmospheric Rusting of Mild Steel[J]. Corrosion Science, 1966, 6(7): 373 ~ 378.

[26] Ross T K. Corrosion Engineering in Chemical Industry[J]. Chemistry in Britain, 1967, 3(4): 167 ~ 171.

[27] Gilewicz-Wolter J, Zurek Z. Mechanism of Chromium Oxidation in SO_2 at 3×10^4 Pa and 10^5 Pa [J]. Oxidation of Metals, 2002, 58(1-2): 217 ~ 233.

[28] 刘宝俊. 材料的腐蚀及其控制[M]. 北京: 北京航空航天大学出版社, 1989.

[29] 李国莱, 张慰盛, 管从胜等. 重防腐涂料[M]. 北京: 化学工业出版社, 1999.

[30] 科洛梅采夫, 马志春, 译. 耐热扩散涂层[M]. 北京: 国防工业出版社, 1988.

[31] 捷米金科, 马志春, 译. 高级耐火复合涂层[M]. 北京: 冶金工业出版社, 1984.

[32] 符长璞. 金属加热保护涂料保护原理及应用[J]. 热处理, 1998, (3): 28 ~ 29.

[33] 魏连启, 刘朋, 王建昌, 等. 钢坯防氧化涂料中高温喷涂用无机复合粘结剂的研制[J]. 涂料工业, 2007, 1(11): 4 ~ 6.

[34] Wei L Q, Liu P, Chen Y F, et al. Preparation and Properties of Anti oxidation Inorganic Nano-coating for Low Carbon Steel at an Elevated Temperature[J]. Journal of Wuhan University of Technology Material Science, 2006, 21(4): 48 ~ 52.

[35] 魏连启, 刘朋, 武晓峰, 等. 新型纳米磷酸铝致密陶瓷薄膜的制备与表征[J]. 稀有金属材料与工程, 2007, 36(2): 516 ~ 518.

[36] 魏连启, 刘朋, 王建昌, 等. 动态过程钢坯高温抗氧化涂料的研究[J]. 涂料工业, 2008, 38(7): 7 ~ 11.

[37] 王晓婧, 叶树峰, 徐海卫, 等. 钢坯热轧高温防护功能涂层研究及应用进展[J]. 过程工程学报, 2010, 10(5): 1030 ~ 1039.

2 钢坯高温防护涂层技术的现状与发展

2.1 涂层的基本概念

涂层是涂料一次施涂所得到的固态连续膜，是为了防护、绝缘、装饰等目的，而涂布于金属、织物、塑料等基体上的薄层覆盖物。涂料可以分为气态、液态、固态，通常根据需要喷涂的基质来决定涂料的种类和状态。

有关涂层的基本概念涉及以下几个关键要素[1]：

（1）涂层应有“一定的厚度”；

（2）涂层是“不同于基体材料”的一个覆盖层；

（3）涂层是如何形成的，涂层的形成机制是什么；

（4）涂层是如何“附着”在基体上面的；

（5）涂层要有“一定的功能”；

（6）涂层与表面改性是何关系。

对于钢坯防护涂层而言，就是在研究涂层制备、应用及分析过程中，明晰上面几个关键因素之间的有机联系，进行技术集成，形成钢坯防护涂层的独有特点。即它是附着在钢坯基体表面，厚度 0.1 ~ 2mm，主要以无机矿物为组成相，通过高温过程的物理化学作用形成并附着在基体表面，可以达到减少钢坯氧化、调控微量元素分布及改善基体表面质量目的一层钢坯表面覆盖物。

2.2 涂层的评价指标

涂层的评价指标包括涂层的组成和涂层的评价指标两个部分。

2.2.1 涂层的组成

2.2.1.1 涂层基料组分

涂层的基础成分主要为高熔点物质（如 SiO_2、Al_2O_3、MgO）和低熔点物质（如 TiO_2、CaO）。金属氧化物中的 SiO_2 和 Al_2O_3 具有资源丰富、价格低廉的优点，同时其熔渣的黏度随温度变化缓慢，在钢坯表面上成膜性较好，且不与钢坯发生有害的化学反应，是无机高温防氧化涂层常用的涂层基料组分。涂层基料组分有：

（1）SiO_2：作为涂层材料的主要成分，SiO_2 一般占 40% ~70%（质量分数），是形成玻璃的主要物质，用于提高涂层的机械强度，决定了涂层的致密性、熔点及稳定性。对普碳钢而言，氧化硅组分涂刷在钢板表面1250℃加热处理后，形成的以 SiO_2 为主体的涂层大部分不能自行剥落，并且氧化皮过厚，对钢板腐蚀严重。高含硅量的涂层经过高温加热过程后，表面可形成一层光亮氧化皮层，且涂层在高温下对基体腐蚀严重，致使氧化皮层更加增厚，而且剥离更加困难。剥离掉氧化皮的基体因腐蚀而残留明显的凹痕，破坏了钢坯表面的平整性。当涂层中含大量 SiO_2 时，钢在加热过程中，1000℃以上极易形成铁橄榄石 Fe_2SiO_4，在温度低时成为氧化保护层，当温度在1170℃ 时与FeO形成共晶，产生熔化层。因此，离子的迁移率上升，加剧氧化。尤其是在1300℃左右的温度下，这种加剧氧化的作用更加明显，同时使后期钢坯除鳞性变差。

（2）Al_2O_3：涂层材料中常使用 Al_2O_3 为基料，含量一般在10%（质量分数）以下。作为两性氧化物，Al_2O_3 具有良好的高温稳定性，能提高涂层软化温度和黏度，降低线膨胀系数，且 Al_2O_3 能夺取游离氧形成四配位而进入硅氧网络，可起到加强玻璃网络结构的作用，提高涂层的玻璃化能力，防止涂层龟裂。Al_2O_3 的化学稳定性还可在钢基体表面形成一层热扩散防护层，钢铁高温防氧化脱碳涂料的配方设计通常混合使用 SiO_2 和 Al_2O_3。其原因，一是 Al_2O_3 熔点高（2050℃），与基体呈化学惰性，单独存在于基体表面时不能熔融铺展，无助剂作用时不会成膜，只有当其与低熔点的粉料形成混合物时，熔点显著降低，才能实现熔融成膜。在 Al_2O_3 成膜过程中，加入 SiO_2 可起填补涂层空隙的作用，并可形成莫来石结构，有效地阻碍氧的侵入，使试样的防氧化性能得到提高。二是近些年的研究多立足于降低成本，尝试以天然矿物替代化学试剂。其中，西安建筑科技大学、中国地质大学、江苏大学分别采用高铝矾土、高岭土、凹凸棒为基料制备的涂料对碳钢进行实验，证实能达到较好的防氧化甚至防脱碳效果，而这些天然矿物的主要成分就是 SiO_2 及 Al_2O_3。采用天然矿物研制涂层不但可降低成本，同时还能使涂层材料具有一定的悬浮性与稳定性，将成为研制开发钢铁高温防氧化脱碳涂层的选料趋势。

（3）MgO：MgO也是常用的涂层成分，其最大的优势是能使玻璃珐琅的熔化温度提高，还能使涂层对某些钢呈惰性，使涂层自行剥落。资料显示[2]，MgO热导率也较高，可改善涂层对基体高温加热速度的影响。另外，Mg的存在能使涂层材料在高温段生成 $MgAl_{0.6}Fe_{1.4}O_4$ 和 $MgFe_2O_4$ 等尖晶石结构，增强了氧化层的致密性，使氧化皮厚度减薄。同时，有效抑制了高温Fe元素在氧化层中的扩散速率，减少氧化烧损[3]。SiO_2、Al_2O_3 和MgO等高熔点氧化物常被用于制造各种功能性耐火材料，其三元相图也成为制备钢铁高温防护涂料的参考基础。这三种物质制成的涂料能作为钢基体表面黏态膜的支撑网络，对熔融涂料起“钉扎”作用，防止高温下涂料流淌。因此，涂料的基料选择主要是从这些物质中选取。

有文献[4,5]介绍采用这三种基料为主的涂层能在1250℃下减少X80管线钢高温烧损40.15%，同时降低氧化铁皮脱除难度。

（4）CaO：高温加热时易熔物质的质点比难熔物质软化得早，并将难熔质点黏结在涂层的致密层中。另外，易熔物质凭借较高的化学活性，能在高温下与钢样表面物质发生化学反应而形成涂层与基体的过渡层，从而使涂层更好地黏结在基体表面。一般情况下，涂料中易熔物质含量较低，不至腐蚀基体表面，且钢样冷却后，由于线膨胀系数不同，有助于将黏结表面铁锈一同从基体表面剥落。CaO的加入还可促进玻璃粉体的烧结致密化，改善高温下玻璃液体的流动性和湿润性，能使涂层均匀地覆盖在工件表面。理想的涂层在高温下液相含量要尽可能低，但过低又不能使涂层均匀致密。所以，保证少量液相有效铺展的关键是控制液相的收缩和聚集，因而润湿剂对于调节熔融涂层的润湿性非常重要。

2.2.1.2 涂层特殊功能组分

涂层对钢坯基体的保护不仅依靠基料组分，一些针对不同钢种和加热条件的功能组分也起到不可或缺的特殊作用。具体功能组分为：

（1）SiC：为有效提高涂层的防氧化脱碳性能，可选择添加SiC作为主要成分之一。根据SiC与氧反应的标准自由能与温度的关系可知，SiC很易被氧化而转变为SiO_2，其反应为：

$$SiC(s) + O_2(g) = SiO_2(s) + [C]$$

若此反应在钢与涂层界面形成，在钢表面形成的SiO_2膜有利于防氧化，生成的C可能被钢表面吸附而渗入钢表层，也可能与进入涂层的氧离子结合形成CO或CO_2，消耗掉部分进入涂层的氧。所以，SiC有减轻钢氧化和脱碳的作用。

（2）B_2O_3：B_2O_3能改进玻璃体性能，减少高温腐蚀性，降低由碱性氧化物Na_2O和K_2O（涂料中常作为黏结剂使用）等而导致的化学活性及腐蚀活性，使涂层在高温下熔化成釉状黏性液体覆盖于工件表面，与氧化性介质隔离，其含量对涂层的线膨胀系数也有影响。研究发现B_2O_3的保护效果不如H_3BO_3，后者也是一种传统的保护涂层材料，在加热温度较低或加热时间较短时，可起到极好的保护效果。该涂层在高温下将发生如下反应：

$$2H_3BO_3(l) = 3H_2O(g) + B_2O_3(s)$$

生成的B_2O_3形成致密的黏态膜，使工件与空气隔绝，从而产生良好的保护效果。直接选用B_2O_3而不用H_3BO_3的原因，不是热处理过程中反应生成的B_2O_3活性低，而是反应生成的高活性B_2O_3膜的致密性优于直接使用B_2O_3。因此，保护效果更佳。不过H_3BO_3保护涂层的不足之处在于极易流淌，经长时间高温加热后保护涂层材料易流失，工件表面只局部剩有保护涂料，涂料流失的区域得不到保护，从而发生氧化脱碳。因此，选择高熔点的物质作为支撑网络，将H_3BO_3生成的B_2O_3致密黏态膜融封在高熔点物质粉粒的间隙，以求得性能更优越的保护涂层。实验证明，以高熔点物质为底层、H_3BO_3 为面层的双层保护涂层，或是两者混匀的保护涂层，都有很好的保护作用，且该类保护涂层的涂覆性能及热处理后的可剥落性相当好。

（3）ZrO_2：ZrO_2 在涂料中不仅可以起高温填料的作用，而且它在1000℃左右时可由单斜晶体转变成正方晶体。同时，伴随体积的变化，其导热性低。这些性能使涂层在冷却过程中产生较大的内应力，易从钢材表面脱落，可用于制备自剥性涂层。

（4）Cr_2O_3：Cr_2O_3 单独使用，在高温下基本不与基体反应。但是，作为复合涂层的组成，以适当的比例加入时，可提高涂层的润湿性能和遮盖性能，在高温下有利于提高涂层的致密性。但由于后期可能会转变为六价铬，产生剧毒，会对环境造成污染。因此，须慎重使用。

（5）碳粉：在涂料中添加碳粉能起到夺氧的作用，使加热炉内的氧含量明显降低，减少脱碳。且随加热温度升高，其减少脱碳的作用更大。但在温度过高或时间过长时易快速反应消耗。

（6）石墨：石墨粉在消耗氧、提供持续还原性气氛方面与碳粉的作用相似。随加热进行和温度升高会形成一层极薄的气体层，称之为高温气膜，这层气膜会持续向外部扩散和向内部与涂层中的氧化物发生反应，但由于熔体对石墨的包裹降低了石墨的氧化速度，所以气体的产生存在也是持续的。不论CO还是CO_2都会对外界氧的入侵形成一定阻隔，稀释氧浓度或与氧直接发生反应消耗部分氧，缓和了氧对基体的氧化。但与碳粉的不同之处在于石墨具有层状结构，有耐高温特性，线膨胀系数很小，且抗热震性能良好，可以减少裂纹的产生。

2.2.1.3 涂层黏结剂

单纯的粉料并不能使涂层致密成膜，这就需要具有高温黏结性的物质，简称为黏结剂。目前使用的无机黏结剂主要包括水玻璃、硼酸盐和磷酸铝类。黏结剂用量可视不同配方而定。一般情况下，黏结剂用量越多，附着力越强，涂膜力学性能越好，干燥速度也越慢。但随黏合结剂用量增多，高温下的保护成分相应减少，对保护效果不利。

钠钾硅酸盐是常用的黏结剂，其中的Na_2O和K_2O起关键作用，能提高涂层的线膨胀系数，使涂层在冷却过程中自行剥落。加入Na_2O和K_2O的质量比遵循双碱效应，即摩尔比为1∶1，用量过多会增加玻璃熔体的化学活性和腐蚀性，故加入量应予以控制。

（1）硅酸钾：硅酸钾在粉粒表面包覆一层薄的黏结膜，使相邻粉粒连接起来，降低涂层的空隙率。其含量对干燥时间和涂层的剥落性也有较大影响。此外，硅酸钾本身会随温度变化而逐步软化和融化，起到助熔作用。硅酸钾同时具有防氧化作用，原因是以硅酸钾水溶液作黏结剂的防氧化涂层在常温干燥或加热过程中水分蒸发，硅酸胶粒会逐步形成网状立体结构的硅酸凝胶，将固体粉粒联结为整体而形成牢固的涂层。温度略高于650℃ 时，硅酸凝胶完全脱水而变成玻璃状固体，随温度升高又逐渐软化，使涂层能较好地适应金属的膨胀而不开裂。当超过976℃ 时，熔化成液体，硅酸钾黏结力变小，此时涂层不受力，液体的硅酸钾及硅酸凝胶仍能包覆粉粒，还可能因适当流动而填充部分孔隙。加上粉粒与 K_2O-SiO_2 产生的吸附与烧结作用，使涂层保持致密，产生高温防氧化作用。

(2) 硅酸钠：硅酸钠俗称水玻璃，作为黏结剂特别适用于高碳钢这样本身不抗氧化、要求涂层熔点较低的情况。选用模数比为 2 左右的水玻璃可在 800℃ 左右出现液相，使钢坯在入炉后就能受到保护。水玻璃溶液在低温下具有一定的黏度，有利于改善涂层材料的涂覆性能及悬浮性能。高温下涂层中 Na_2O-SiO_2 体系逐渐熔化形成液态黏膜，作为黏结剂将耐火粉料连接起来。其加入量影响涂层的强度和致密度，加入量低时，不能形成足够的黏态膜，涂层疏松而多孔；加入量过高时，涂层易起泡形成不致密的蜂窝状气孔，影响保护效果。涂层的脱落性与涂层加热时形成的化合物及其线膨胀系数相关，当形成的低熔点玻璃相与试样表面黏结强度较大时，涂层冷却时不易脱落；当玻璃相与试样表面结合力适当且线膨胀系数相差大时，涂层冷却时易脱落。值得注意的是，水玻璃中含 Na^+，高温下易腐蚀钢样，不适于在高温下使用。

(3) 磷酸盐：磷酸盐黏结剂晶体呈层状堆积，具有高熔点、缩聚和高结合强度的特点，作为一种无机高分子材料在高温领域具有独特而广阔的应用前景。

(4) 无机复合黏结剂：为使黏结剂具有更好的使用性能，也可采用无机复合黏结剂，以三聚磷酸铝改性的磷酸铝无机复合黏结剂的耐高温性能好，体系在高温下形成的交联网状结构有利于其发挥高温黏结作用，高温热处理后期钢坯收率比空白样品提高了54%，达到了明显的高温防氧化效果。此外，有机黏结剂的价格贵，高温下易失去黏结能力，且含量不能太高，否则会影响涂层的致密性。而铝溶胶特别易凝固成固体，不适于涂料的存放。

2.2.2 涂层的评价指标

2.2.2.1 涂层的高温黏附性能

钢坯从连铸工段输送至均热炉前，自身温度会降到 700 ~ 900℃ 左右，这一过程氧化烧损相对较轻。主要的氧化烧损发生在轧制前的毛坯均热过程，这一过程温度达到 1250 ~ 1300℃。由于钢坯轧制前一直处于高温动态输送过程，这就需要水系常温涂料能够在 700 ~ 900℃ 喷涂黏附在高温钢坯表面，并形成一层防氧化涂层保护膜。多数涂料性能往往不能满足此要求，或是在 700 ~ 900℃ 涂料不能黏附在钢坯表面，或是能黏附在钢坯表面但会对钢坯产生腐蚀。因而，研究水系涂料在高温钢坯上的黏附性能，对涂料的大规模推广应用具有重大的现实意义。涂料在高温钢坯上黏附状态用数码相机拍摄，高温黏附强度的表征采用高温抗擦落能力测试装置[6]，如图 2-1 所示。高温附着强度的计算公式如下：

$$\sigma_{高温} = \frac{G}{A} \tag{2-1}$$

式中 $\sigma_{高温}$——高温附着强度，MPa；

G——冲刷所用的标准砂重量，N；

A——冲刷露出的基体面积，mm^2。

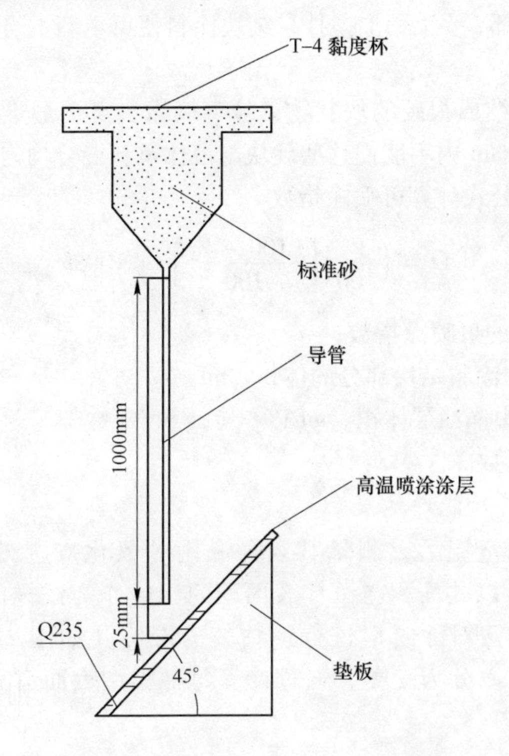

图 2-1 涂层高温黏附能力测试装置示意图

2.2.2.2 涂料的可喷涂性能

涂料的可喷涂性是涂料施工操作过程中的重要参数。涂料的可喷涂性能包含两个方面，一方面指涂料抵抗固体粉料分层和沉淀的能力；另一方面指涂料静置沉淀后的再分散性。涂料在喷涂前是以骨料为主的固相分散在水中而形成的物理分散体系。高温下涂料中的粉料会和界面处的铁氧化物发生反应，因此该涂料在喷涂前需要满足以下条件：（1）涂料各组分能按比例均匀分布，从而保证涂料中各组分协同作用的发挥；（2）涂料在储存和使用过程中没有硬块，有利于喷涂过程的稳定流畅。可以采用“可喷涂指数”评价易熔玻璃黏结剂的加入对涂料可喷涂性能的影响。

测量方法如下：取6份试样，分别倒入3个30mm刻度为0～100mL的磨砂口刻度量筒（含塞）中，使其达到100mL刻度处，在静止状态下垂直放置24小时，记录结块体积V及浑浊层体积V'，然后将玻璃棒垂直置入结块涂料上方，观察玻璃棒在结块中的下降程度，确定出涂料的沉降指数k，具体评定标准为：

（1）涂料完全悬浮。与涂料原始状态比较，几乎没有变化，玻璃棒靠自身很容易落到量筒底部，此时$k=0$。

（2）涂料有明显沉降。玻璃棒下落时有一定的阻力，但是依靠玻璃棒的自重可以落到量筒底部，手工稍加搅拌，结块涂料便可重新混合成均匀状态，此时$k=1$。

（3）涂料底部结成很硬的块状物，玻璃棒靠自身重量难以插入结块，且通过手工搅拌在3～5min内不能使这些硬块与液体重新混合均匀，此时$k=2$。

然后根据如下公式计算可喷涂指数：

$$\Omega = \left(\frac{V'}{100}\right)\left[\frac{(100-V)}{100}\right]^{k} \times 100\% \tag{2-2}$$

式中　Ω——涂料的可喷涂指数；

V——量筒中涂料结块部分的体积，mL；

V'——量筒中浑浊层体积，mL；

k——沉降指数。

2.2.2.3　除鳞性能评估

待钢坯冷却到室温后，测量其表面黏附的氧化皮（外氧化层及内氧化层）或涂层面积，以此面积与试样表面积的比值作为试样的除鳞率。实验室采用热压缩模拟方法对除鳞率进行评估较为准确（如图2-2所示），热压缩后的氧化皮表面可以分为三类，通过计算每种类型表面占总表面的面积比来

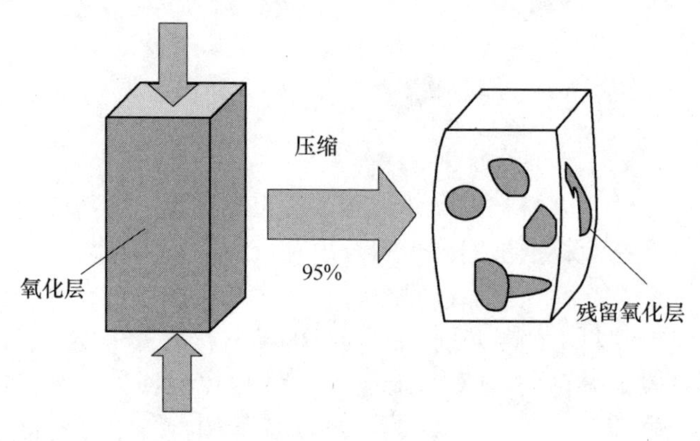

图2-2　评价氧化皮黏附性的流程示意图

衡量氧化皮黏附性，从而判断除磷效果。通过这种方式可以更具体地体现表面氧化皮残留情况，因为厚的氧化皮残留对后期表面缺陷的形成比薄氧化皮影响大得多。

测试过程中，将热压缩实验冷却后的金属表面放在金相显微镜下观测其表面，按表面氧化皮残留情况分为三类：（1）氧化皮完全去除部分；（2）有薄氧化皮残留部分；（3）厚氧化皮残留部分。通过分析三种表面占总面积的比例来评估氧化皮黏附性和除鳞率，厚氧化皮残留面积比例越大，除鳞率就越低，氧化皮完全去除部分越大。也就是说经过热压缩试验后，金属裸露面积越多，除鳞率就越高。

2.2.2.4 *元素贫化程度评价*

元素贫化的评价，主要是采用金相法。通过镶嵌金属样品，针对不同的合金钢采用不同的腐蚀剂，然后采用金相显微镜，观测贫化组织的结构和贫化层的厚度。

2.3 国外钢坯高温防护涂层技术的发展历程

早在20世纪40~50年代，钢坯的高温防护问题就已引起人们关注。内部防护技术效果有限，利用涂层进行钢坯高温加热过程的防护则具有诸多优点，如成本低、生产工艺简单、效果较好等。大量科研工作者对防氧化涂层和相应的涂料展开了相关探索性研究，部分成果已经在实际生产中得到了应用。

苏联研究出系列的暂时性涂层[2]，所用的保护涂层有珐琅、玻璃陶瓷、玻璃金属和陶瓷等，最常用的是硅酸盐珐琅，用来保护500~1600℃的钢和合金。美国、日本、西欧等国家采用以氧化物、玻璃和成分复杂的混合物为基的涂层和润滑材料，对高合金钢、普通碳钢和多种合金起到了很好的防氧化效果。例如美国 Advanced Technical Products 公司、Duffy 公司的系列高温防护脱碳涂料、英国的 Berktekt 系列金属高温保护涂料、日本渗碳株式会社的耐热涂料、新日铁公司的金属 Al 系防氧化涂料等，均在生产中得到了广泛的应用，防护效果显著。

有资料显示[7]，日本新日铁公司研制的金属铝系防氧化涂料涂刷在常温特殊钢钢坯表面，经高温加热后，与不涂涂料的裸材比较，钢在加热过程中的氧化烧损减少了98%。研制的二氧化锰系防氧化涂料用于常温普通碳钢，然后进行1250℃ 高温下氧化防护，与裸材比较，钢的氧化烧损也可减少98%左右。美国 NALCO 化学公司研制的 NALCO84MB264 涂料[5]，涂于常温高碳钢、工具钢钢坯表面，高温加热过程钢的氧化烧损减少70%左右，脱碳层厚度小于0.25mm。美国研究的粒度达5nm 的氧化铈颗粒作为表面活性组分[8]，用作涂料涂于不锈钢表面，在大约1000℃ 的温度下，暴露在干燥空气中10小时，发现钢坯几乎没有增重，表明此涂料具有很好的抗高温氧化性能。

前联邦德国采用涂料保护加热锻造毛坯，每年可以节约钢材2.5%。据苏联镰刀斧头和第聂伯特钢等工厂的资料[2]，对X15H5钢坯在轧制前加热时采用涂料保护，使工厂的钢坯氧化烧损率降低了25%～30%，同时还提高了这种钢的轧制表面质量；对于某些易氧化钢，在轧制生产中由于生成氧化铁皮不得不对所制板材的30%～70%的表面进行清理。在轧制前的加热过程中采用涂层保护可使氧化烧损降低到1/30～1/10，并大大减少脱碳和提高板材的表面质量。另外，采用涂层保护还降低了清理板材的劳动量和废品率。

近年来，陶瓷基的防氧化涂层逐渐得到研究者的关注。斯洛文尼亚的学者[9]研究了由无定形SiO_2，改性Al_2O_3、Fe_2O_3组成的涂层的防护效果，在1000～1200℃时可减少60%的氧化烧损。但是，1000℃以下涂层的防护效果受到限制，1250℃以上涂层失效。英国学者[10]研究了氧化铝基扩散涂层在低合金钢上的高温防护效果，指出涂层厚度对防护效果有很大影响。印度学者[11]研究了陶瓷基涂层在普碳钢上非等温条件下的防护效果，涂层由蒙脱石、高岭土和$CaSi_2$等原料组成，在1127℃以下可以很好地防止普碳钢的氧化和脱碳。

2.4 国内钢坯高温防护涂层技术的现状

国内对防氧化涂层的研究起步较晚。20世纪80年代，武汉钢铁公司制备了适合在烧重油并以水蒸气作雾化介质的加热炉中使用的硅钢板坯防氧化涂料[12,13]。涂料主要由MgO和Cr_2O_3组成，它的生产和使用工艺简单、成本低，而且能降低钢坯67%的氧化烧损。包钢冶金研究所[14]研究了硅酸盐珐琅涂层在低碳钢上的防氧化机理，这种涂层在1200℃ 以下可减少40%～60%的氧化烧损，且对轧制工艺、表面质量没有不利影响。大冶特殊钢股份有限公司[15]设计了一种高碳钢保护涂料，主要由SiO_2、CaO、Al_2O_3等组成，可以将高碳铬轴承钢、工具钢、弹簧钢的脱碳合格率提高20%以上，减少50%的氧化烧损。西宁特钢[16]研发了一种用于GCr15钢的脱碳保护涂层，涂料由黏土粉、炭粒、炭粉、水玻璃组成，可以阻止炉气的渗透，对减少钢表面的脱碳有明显的效果。鞍山钢铁集团公司研制出镍铬合金钢坯在800～1360℃ 加热炉内使用的防氧化涂料[17]，涂料主要由蒙脱石粉、硅石粉、还原剂、添加剂及黏结剂组成，可使钢坯的成品率由50%提高到75%，并且涂层防护后的钢表面除鳞效果较好，解决了因加热产生难以去除的氧化物而造成的废品问题。除钢厂外，国内的很多研究机构也对防氧化涂层进行了研究，采取的基料多为氧化物、玻璃等，详见表2-1。

表 2-1 国内各研究机构的防氧化涂料研究状况

研究机构	防护的钢种	涂料基料组成	黏结剂
攀枝花钢铁研究院	Q235-B	SiO_2、Al_2O_3、CaO、MgO 等	硅酸钾
	GCr15	SiO_2、Al_2O_3、Cr_2O_3、SiC	
西安理工大学	45 号钢、40Cr	Al_2O_3、Cr_2O_3、SiO_2	硅酸钾
中国地质大学	H13	SiO_2、B_2O_3、Al_2O_3、CaO	
武汉材料保护研究所	低碳合金钢	SiC、SiO_2、Al_2O_3 等	硅溶胶
武汉材料保护研究所	4Cr5MoSiV	SiO_2、Al_2O_3、ZrO_2、Cr_2O_3 等	水玻璃
东北大学	ANSI 304	SiO_2、Al_2O_3、B_2O_3、Cr_2O_3 等	玻璃黏结相
大连铁道学院	45 号钢	SiO_2、Al_2O_3、B_2O_3、K_2O 等	玻璃黏结相
河北科技大学	高速钢	Al_2O_3、SiC、MgO 等	水玻璃
江苏大学	60Si2Mn	凹凸棒石黏土、Al_2O_3 等	硅酸钾
	Fe-13Cr	铝粉、Al_2O_3、NH_4Cl	
北京科技大学	高速钢	SiO_2、Al_2O_3、Cr_2O_3 等	水玻璃
	硅 钢	MgO、Cr_2O_3、Al 粉等	硅溶胶
	普碳钢	TiO_2、P_2O_5、Al_2O_3 等[20]	磷酸盐易熔玻璃
中国科学院过程工程研究所	Q235-B	铝矾土、蛭石等[5]	磷酸二氢铝
	Q235-B	Al_2O_3、MgO、TiO_2 等	有机黏结剂
	ANSI 304	SiO_2、Al_2O_3、ZrO_2 等[21]	磷酸二氢铝
	GCr15	白云石、铝矾土、碳化硅[22]	柠檬酸

从表 2-1 可以得出，钢坯防氧化涂料中的黏结剂主要有水玻璃、硅酸钾、硅溶胶、磷酸二氢铝、柠檬酸等，但基本都局限于用在常温钢坯喷涂或涂刷过程中，而改性的磷酸二氢铝可作为红热动态钢坯防氧化涂料中的黏结剂使用。磷酸二氢铝黏结剂呈现偏酸性，故一般用在偏酸性及偏中性的涂料体系中，对于偏碱性的涂料体系不适用。

普碳钢在 1250℃ 以上的高温防护，多采用陶瓷基涂料。陶瓷基防氧化涂料浆料喷涂在红热高温钢坯表面时，浆料中的水分迅速挥发，涂料基料和红热钢坯的亲和性差，高温瞬间结合能力很弱，因此必须借助黏结剂在高温下的黏结作用，将涂料基料黏合在红热钢坯上，故黏结剂是实现红热普碳钢坯涂层防护的关键组分之一。

目前，针对红热高温普碳钢坯防氧化涂料中的黏结剂的研究报道不多。据报道，有水玻璃、磷酸二氢铝等。对于常温钢坯的防氧化涂料中的黏结剂，既可以是无机黏结剂，也可以是有机黏结剂，可选择范围较大；但对于连铸连轧工艺中的红热动态钢坯的防氧化涂料，只能选择在高温下具有黏结作用的无机黏结剂。

中国科学院过程工程研究所[5]研制了一种磷酸铝系无机复合黏结剂，是将4%的无机复合黏结剂加入到涂料中，能将涂料黏附在高温钢坯基体上，减少了钢坯的高温氧化烧损。北京科技大学[18]研制了一种可用于高温喷涂的连铸板坯高温防氧化涂料，所用到的黏结剂是磷酸盐和水玻璃复合。磷酸二氢铝黏结剂虽然在高温下具有优异的黏附性能，但由于它是偏酸性的，容易对喷涂设备造成很大的腐蚀。水玻璃中含有大量的碱金属 Na^+、K^+，高于1100℃ 时对金属的腐蚀活性较大，难以保证涂料在1100～1300℃ 的防护效果。此外，磷酸盐和水玻璃的pH 值往往不能很好地匹配，故复合黏结剂的性能不稳定。针对这些问题，中国科学院过程工程研究所在磷酸铝系无机复合黏结剂基础上，研制了磷酸盐易熔玻璃黏结剂[19]，将其用在偏碱性的防氧化涂料中，可以将无机耐火粉料很好地黏附在热态钢坯上。

连铸连轧工艺的发展使得常温刷涂干燥成膜涂层防护的应用受到限制，对红热动态钢坯的防护逐渐成为研究的热点。国内外对红热高温钢坯防氧化涂料及相应的黏结剂的研究报道还较少，随着连铸连轧工艺的发展，相应的涂层技术急需得到相应的改进。除了涂层与红热高温钢坯间的黏附，高温涂层目前有待解决的问题主要还有涂层附着力的控制、涂层失效机理的研究及涂层性能的测定等。其中，涂层的耐热性和与基体结合力的增强是高温防护涂层的关键问题。目前，智能涂层与纳米晶涂层是国内外高温防护涂层领域研究的热点，这些研究的进行将有利于解决陶瓷涂层与合金底层结合力的问题。高温防护涂层的发展趋势将具有以下特点：纳米化、智能化、多功能梯度、多活性组元等。

2.5 碳钢防护涂层的类别与特性

2.5.1 玻璃基涂料

玻璃基涂料是最常见的碳钢防护涂层材料之一。一般以 SiO_2 为主体材料，辅以一定量的 B_2O_3、Na_2O、K_2O、CaO 和少量的 MgO。SiO_2 决定涂料的熔点及涂层性能的稳定性，高温时它与钢材表面的氧化铁产生反应，形成易剥落的陶瓷层，可以用普通的玻璃供给。B_2O_3 能改进玻璃体的性能，减少高温腐蚀性，降低由碱性氧化物 Na_2O、K_2O 等而导致的化学活性及腐蚀活性，使涂料在高温下熔化成釉状黏性液体覆盖于工件表面，与氧化性介质隔离，它的含量对涂层的线膨胀系数也有影响。MgO 会使玻璃珐琅的熔化温度提高，一般加入量不超过1%～3%。另外，MgO 还使涂层对某些钢呈惰性，使涂层自行剥落，一般 MgO 的加入量不超过1%～3%。CaO 的加入可以改善高温下玻璃液体的流动性和湿润性，能使涂料均匀地覆盖在工件表面。Na_2O 和 K_2O 能提高涂层的线膨胀系数，使涂层在冷却过程中自行剥落，但会增加玻璃熔体的化学活性和腐蚀活性，故加入量应予以控制。

玻璃基涂料在800～1200℃下2小时内能有效地防止碳钢氧化和脱碳。该涂料体系可采用废玻璃为原料，制备工艺简单、成本低，使用方便，有推广应用价值。

2.5.2 陶瓷基涂料

目前，碳钢加热温度普遍高于1200℃，炉内局部火焰温度更高达1300℃。一般的玻璃基涂层只适用于1200℃以下的碳钢氧化和脱碳，为使涂层具有更高的防护能力，陶瓷基涂料的应用必不可少。中国科学院过程工程研究所[3]研制了新型 Al_2O_3-MgO-TiO_2-CaO 体系陶瓷基高温防护涂料，该涂料在1300℃下可在Q235B钢表面形成致密保护层，提高钢抗氧化烧损性能。在涂料粒度48～75μm、涂层厚度0.5mm的条件下，涂层防护性能优良。涂层的防护温度范围为900～1300℃，1300℃时比原样可降低氧化烧损59.36%，防护寿命长于8小时。涂层的应用将氧化层由经典的 Fe_2O_3/Fe_3O_4/FeO 三层结构转变为一层尖晶石结构，同时减薄了氧化层厚度，显著降低了Fe元素的高温扩散速率。

2.5.3 有机无机复合型涂料

除了可以采用玻璃陶瓷等无机材料作为涂料成分之外，有机物的添加也有助于提高某些碳钢防护涂层的防护效果。有文献[23]指出，用高铝矾土和锆英粉为主要原料，配加酒精载液、黏结剂、悬浮剂、添加剂等成分可以制成快干型涂料，其组成见表2-2和表2-3。

表2-2 高铝矾土涂料

原料名称	规 格	质量百分比/%
高铝粉	325目	70
膨润土	工业	2.5
树 脂	工业	4
分散剂	自配	0.5
消泡剂	自配	0.1
酒 精	工业	余量

表2-3 锆英粉涂料

原料名称	规 格	质量百分比/%
锆英粉	325目	75
膨润土	工业	30
树 脂	工业	5
分散剂	自配	0.5
消泡剂	自配	0.1
酒 精	工业	余量

碳钢的高温氧化过程属于扩散控制，遵循抛物线规律。涂层对氧的扩散起主要的控制作用，即在涂敷涂层后加热期间，涂层的作用是阻止在基本与气体之间的扩散。

用锆英粉和高铝矾等氧化物作为主要原料制得的涂料涂层能有效地降低碳钢高温氧化烧损；涂层致密且与基体的附着性强，抗热震性能较好，具有良好的抗氧化性能。

加热后，涂层与少量氧化层容易去除，不会给钢的轧制等工序造成困难而影响钢产品的表面质量，因而适用于在生产中作为降低碳钢高温氧化的手段。

2.6 品种钢防护涂层的类别与特性

2.6.1 铬钢防护涂层

比较常见的铬钢是轴承钢 GCr15、40Cr 等。GCr15 的加热温度为 1250℃，即要求涂层在 1250℃仍然有效，所以要求涂层材料的烧结点比较高。MgO 的加入能满足此项要求，MgO 也是常用的涂层成分。其最大的优势是能使玻璃珐琅的熔化温度提高，还能使涂层对某些钢呈惰性，使涂层自行剥落。资料显示[24]，MgO 导热性也较高，可改善涂层对基体高温加热速度的影响。另外，Mg 的存在能使涂层材料在高温段生成 $MgAl_{0.6}Fe_{1.4}O_4$ 和 $MgFe_2O_4$ 等尖晶石结构，增强了氧化层的致密性，使氧化皮厚度减薄，同时有效抑制了高温 Fe 元素在氧化层中的扩散速率，减少氧化烧损。SiO_2、Al_2O_3 和 MgO 等高熔点氧化物常被用于制造各种功能性耐火材料，其三元相图也成为制备钢坯高温防护涂料的参考基础。这三种物质制成的涂料能作为钢基体表面黏态膜的支撑网络，对熔融涂料起“钉扎”作用，可防止高温下涂料流淌。因此，涂料的基料选择主要是从这些物质中选取。高温加热时易熔物质的质点比难熔物质软化得早，并将难熔质点黏结在涂层的致密层中。另外，易熔物质凭借较高的化学活性，能在高温下与钢样表面物质发生化学反应而形成涂层与基体的过渡层，从而使涂层更好地黏结在基体表面。一般情况下，涂料中易熔物质含量较低，不至于腐蚀基体表面，且钢样冷却后，由于线膨胀系数不同，有助于将黏结表面铁锈一同从基体表面剥落。CaO 的加入还可促进玻璃粉体的烧结致密化，改善高温下玻璃液体的流动性和湿润性，能使涂层均匀地覆盖在工件表面。理想的涂层在高温下液相含量要尽可能低，但过低又不能使涂层均匀致密。所以，保证少量液相有效铺展的关键是控制液相的收缩和聚集，而润湿剂对于调节熔融涂层的润湿性非常重要。

单纯的粉料并不能使涂层致密成膜，这就需要黏结剂。目前的无机黏结剂主要包括水玻璃、硼酸盐和磷酸铝类。黏结剂用量可视不同配方而定。一般情况下，黏结剂用量越多，附着力越强，涂膜力学性能越好，干燥速度也越慢。但随着黏结剂用量增多，高温下的保护成分相应减少，对保护效果不利。以上两种钢种的煅烧温度比较高，可以考虑选用柠檬酸作为黏结剂，柠檬酸对黏结剂的黏结能力有一定的改善。

针对铬钢的防护涂层也可以选用 Al_2O_3、Cr_2O_3 和 SiO_2 为基料，以硅酸钾或硅酸钠水溶液等为黏结剂的体系。铬钢氧化后有 FeO 和 Cr_2O_3 生成，FeO 与涂层中的 SiO_2 形成铁橄榄石型氧化物 $2FeO \cdot SiO_2$，并与 Cr_2O_3 形成 $2FeO \cdot Cr_2O_3$ 化合物。据文献报道[25]，氧离子或金属离子在通过复合氧化物如尖晶石时的扩散速度比通过铁的氧化物慢，所以在涂层内侧紧挨着钢样表面新形成的 $FeO \cdot Cr_2O_3$ 和 $2FeO \cdot SiO_2$，与原涂层结合在一起，将进一步增加涂层的防氧化效果。

硅酸钾水溶液既是黏结剂，又有防氧化作用。$K_2O \cdot SiO_2$ 含量在 15% ~40% 范围内，随浓度增加，防氧化效果增加，但超过 30% 后防氧化效果增加不显著。

涂层在 1100℃ 以下对常用钢铁材料有较好的防氧化与防脱碳效果。

GCr15 钢 1000℃ 加热油冷后的氧化皮主要由 $FeO \cdot Cr_2O_3$ 尖晶石、$2FeO \cdot SiO_2$ 铁橄榄石及 Fe_3O_4、α-SiO_2 等组成；最外层直到 1000℃ 高温下未发生明显的变化，因硅酸钾发生熔融、涂层烧结而仍旧比较致密，中间层则为多孔洞层。防氧化效果较好时，整个断面孔洞较少[26]。

2.6.2 铬硅钢防护涂层

对于含有 Ni，Cu，Cr，Si 等合金元素的特殊钢，加热时这些元素发生氧化，在钢件表面形成很难剥落的金属氧化物表层，轧制前即使用高压水清除也很难全部除尽，轧制时容易被压入钢中，形成表面缺陷。最常见的铬硅钢是 4Cr5MoSiV。其常用涂料的化学组成见表 2-4。

表 2-4 常用涂料的化学组成

化学成分	SiO_2	Al_2O_3	ZrO_2	Cr_2O_3	Na_2O	添加剂
质量分数/%	42	7	32	8	7.5	余量

SiO_2、Al_2O_3 是优良的耐火材料，具有良好的高温化学稳定性。SiO_2 是玻璃成分主要形成物，用于提高涂层的机械强度，是涂料致密性的决定性因素。Al_2O_3 能夺取游离氧形成四配位而进入硅氧网络，可以起到加强玻璃网络结构的作用，提高涂层的玻璃化能力，防止涂层龟裂。ZrO_2 在涂料中不仅起到高温填料的作用，而且它在 1000℃ 时由单斜晶体转变成正方晶体，这种转变同时也伴随着体积的变化，且其导热性低，这些性能使涂层在冷却过程中产生较大的内应力，使涂层易于从钢材表面脱落，可用于制备自剥性涂料。Cr_2O_3 以适当的比例加入时，可提高涂层的润湿性能，在高温下有利于提高涂层的致密性。根据 Na_2O-SiO_2 系统相图可知，当 SiO_2 与 Na_2O 比例大约 4 : 1 时，加热到 800℃ 以上，系统出现液相。如果液相足够连接涂料成分形成液态黏膜，则涂料将形成致密的

保护层。所以，Na_2SiO_3 水溶液（水玻璃）可以作为涂层的黏结剂，除此之外其还可在涂料中起到助熔作用。在综合考虑涂层的保护性能和剥落性能前提下，它作为涂料成分以适当的比例加入。在高温下形成致密的玻璃状釉层，阻碍氧化气氛与钢材表面的接触，从而实现高温下的保护作用。

该防氧化脱碳涂料在 860～1020℃ 范围能有效地防止钢材的氧化脱碳，且冷却时自剥落性良好。

2.6.3 硅锰钢防护涂层

硅锰弹簧钢是高硅钢的主要钢种。该钢种的主要特点是碳、硅的含量较高，以提高弹簧钢的淬透性，降低钢材的过热敏感性，提高铁素体强度，改善其力学性能，提高屈强比和抗弹性减退的能力。但是，该钢种由于硅含量较高，增加了钢材的脱碳趋势，使钢在加热时产生的脱碳层较深，从而使钢材的疲劳强度大大降低。

（1）碳粉与耐火泥的混合液或锡粉与耐火泥的混合液作为脱碳保护材料均可明显地减少高硅钢的脱碳。具有来源广泛、成本低廉、易于制作、便于轧后的去除等优点，具有广泛的推广应用前景。

（2）凹凸棒石黏土（SiO_2、Al_2O_3、MgO）具有较好的分散性、耐高温性和良好的流变性，并且还具有一定的黏结力，干燥后收缩小，不易开裂，辅以 Al_2O_3 和 SiC 等，并以硅酸钾水溶液作为涂料黏结剂。为改变涂料的表观色泽，另添加少量的 Cr_2O_3 可制成硅锰钢防氧化脱碳涂料[27]。

由 SiC 同氧反应的标准自由能变化与温度的关系可知，SiC 在较低的温度下就能与氧发生反应生成 SiO_2，反应之一为：

$$SiC + O_2 = SiO_2 + [C]$$

在钢表面形成的 SiO_2 膜起到一定的防氧化作用，而生成的［C］有可能渗入钢的表层，减少钢的脱碳。在温度达到 350℃ 时，凹凸棒石黏土的晶体结构开始发生塌陷，这将导致凹凸棒石黏土内部及 ATP 晶粒间的孔道消失，加之随后发生的烧结，隔绝了氧化性气体的扩散通道。同时，在涂层内开始形成硅酸镁以及氧化硅的低共熔混合物，并呈熔融态，它们与软化并逐渐熔化的硅酸钾一起形成致密的黏态膜铺盖于钢基体的表面，使涂层能很好地适应钢基体的膨胀而不开裂，并且隔绝炉中气氛与基体的接触。SiO_2、Al_2O_3 和 MgO 等高熔点氧化物作为钢基体表面黏态膜的支撑网络，对熔融涂料起“钉扎”作用，防止其流淌。随着温度的进一步升高，将发生如下的反应：

$$2FeO + SiO_2 \longrightarrow 2FeO \cdot SiO_2(Fe_2SiO_4)$$

$$FeO + SiO_2 \longrightarrow FeO \cdot SiO_2(FeSiO_3)$$

在弹簧钢基体表面形成铁橄榄石层，待冷却后，铁橄榄石层结合涂层自动地从钢基体表面剥落。

2.6.4 铬镍钢防护涂层

铬镍钢煅烧温度较高，因而应大量选用耐高温的成分，如 SiC（熔点 2820℃）、SiO_2（熔点 1713℃）、Al_2O_3（熔点 2050℃）等，同时添加低熔点成分，使其能够在 1300℃时形成熔融的涂层，以阻挡氧气与钢样接触从而达到防止氧化的目的。涂料粉体成分见表 2-5。

表 2-5 涂料粉体的成分

化学成分	SiC	SiO_2	Al_2O_3	TiO_2	$MgO + Cr_2O_3$
质量分数/%	33	33	17	10	7

黏结剂的选择也很重要。有机黏结剂的价格贵，且含量不能太高，否则会影响到涂层的致密性。无机黏结剂主要有铝溶胶、硅溶胶、水玻璃等。但水玻璃中含有 Na^+，高温下易腐蚀钢样，不适于在高温下使用，而铝溶胶特别容易凝固成固体，不适于涂料的存放。所以，针对铬镍钢选用硅溶胶作为主要的黏结剂是不错的选择。

该涂料能够使钢材在 1300℃下氧化 3 小时的增重量仅为 30.04mg/cm^2，为无涂层保护钢样氧化增重量的 10.9%，在该温度下氧化 2 小时后氧化层的厚度仅为 370μm，防护效果高达 91.7%。该涂料制备工艺简单，涂敷性好，且钢样加热完毕后，涂层能够从基体表面自行剥落，从而减少了轧制时的除鳞工序，不影响轧钢精度。同时，涂料价格便宜，具有很好的应用前景。

2.6.5 其他合金钢防护涂层

防氧化脱碳涂层应用最广泛的多合金钢是高速钢 W6Mo5Cr4V2Al（M2Al）。高速钢钢材表面脱碳层严重时可能使钢的淬火、回火硬度急剧下降，影响刀具使用寿命，并可能引起淬火裂纹。有研究表明，高速钢表层的严重脱碳与表层网状碳化物的形成密切相关，表面有网状碳化物的钢材在校直或冷加工过程中会形成脆断。涂料成分见表 2-6。

表 2-6 涂料的化学成分

化学成分	SiO_2	Al_2O_3	CaO	MgO	$Na_2O + K_2O$	Cr_2O_3	其他
质量分数/%	40	2.5	8	15	18	5	

加热用防脱碳涂料能有效地抑制脱碳和减少脱碳层深度。高熔点氧化物如 Al_2O_3、MgO 和 SiO_2 作骨架，低熔点氧化物熔化成膜，形成致密的玻璃状涂膜，

隔绝了加热气氛和基体的接触，起到了高温阶段的保护作用，使保护涂层在较宽温度范围内都起到保护作用。涂料在低温阶段时，碳化硅与氧气发生反应；SiO_2 在高温时与钢件表面的氧化铁发生反应，生成（铁橄榄石）易剥落的陶瓷层，Al_2O_3 化学稳定性高，可提高涂层的耐热性，MgO 能使玻璃珐琅的熔化温度提高，使涂层对某些钢呈惰性，工件冷却时涂层可自行剥落，CaO 的加入能改善高温下涂层的流动性和润滑性，使涂料均匀覆盖在工件表面。为了使涂料具有适宜的涂覆性能和工艺性能，应当选择适当的黏结剂、添加剂、表面活性剂和溶剂等。其中，以黏结剂较为重要。黏结剂的用量，可视不同的配方而定。一般说来，黏结剂用量越多，附着力越强，涂膜力学性能越好，当然干燥速度也越慢。但是，随着黏结剂的用量增多，高温下的保护成分即具有保护作用的填料就相应减少，对保护效果不利。

涂料结膜迅速，结膜后表面光洁，流平性较好，加热时在金属表面形成一层致密的、能使基体和加热气氛隔绝的牢固保护膜，降低高速钢的氧化脱碳现象，且能防止其他元素渗入，对所保护的高速钢的物理力学性能、化学性能无影响，使用加热后便于清除，自动剥落，在高温下不发生流挂，且无毒气产生；可使脱碳层深度减少 79.97%；涂覆后具有较高的附着力，而加热后又具有较好的剥离性。

参 考 文 献

[1] 胡传炘，宋幼慧．涂层技术原理及应用[M]．北京：化学工业出版社，2000.

[2] 陈云庚．高温无机涂层[M]．上海：上海科学技术出版社，1966.

[3] 周旬，魏连启，刘朋，等．普碳钢用陶瓷基高温防护涂层制备及其性能表征[J]．过程工程学报，2010，10(1)：167～172.

[4] 周旬，魏连启，叶树峰，等．X80 管线钢多功能耐高温暂时性涂层防护研究[J]．电镀与涂饰，2010，29(1)：46～49.

[5] 魏连启，刘朋，王建昌，等．动态过程钢坯高温抗氧化涂料的研究[J]．涂料工业，2008，38(7)：7～11.

[6] Kaida S, Suzuki T, Yamazaki T, et al. The Lattice Constant and Cation Distribution in $ZnFe_2O_4$ Containing Excess of Alpha-Fe_2O_3 at High Temperature. [J]. J. Phys. C: Solid State Phys., 1975, 8: 617～626.

[7] 小田岛寿男．耐火粉-SiO_2-MnO_2 合成云母-ュロイダルミソヵ-粘结剂系酸化防止剂の特性[J]．铁と钢，1983，14：1638～1644.

[8] Seal S, Bose S K, Roy S K, et al. Ceria-Based High-Temperature Coatings for Oxidation Prevention[J]. The Minerals, Metals & Materials Society, 2000, 52(1): 1～8.

[9] Torkar M, Glogovac B. Diminution of Scaling by the Application of a Protective Coating[J]. Journal of Materials Processing Technology, 1996, 58: 217～222.

[10] Rameshwar J, Colin W H, Bernard B A, et al. The Formation of Diffusion Coatings on some

Low-Alloy Steels and their High Temperature Oxidation Behaviour[J]. Part 1 Diffusion Coatings. Calphad, 2001, 25(4): 651 ~665.

[11] Kuiry S C, Roy S K, Bose S K, et al. A Superficial Coating to Improve High-Temperature-Oxidation Resistance of a Plain-Carbon Steel Under Nonisothermal Conditions[J]. Oxidation of Metals, 1994, 41(2): 65 ~78.

[12] 武汉钢铁公司技术部. 硅钢板坯加热用防氧化涂料[J]. 中国专利: 88101985.2, 1989-10-18.

[13] 熊星云, 崔昆. 降低取向硅钢板坯烧损的研究[J]. 钢铁, 1996: 31(9): 64 ~68.

[14] 智建国. 高温防氧化钢坯涂料的研制[J]. 包钢技术, 1991(4): 37 ~43.

[15] 索进平, 胡定安, 张家福, 等. 高碳钢热加工保护涂料[J]. 材料保护, 1997, 30(12): 16 ~18.

[16] 李秀莲, 白守全, 董希范, 等. GCr15 钢脱碳保护涂层[J]. 金属热处理, 2002, 27(5): 52 ~53.

[17] 徐小连, 刘东, 廖相巍, 等. 镍铬合金钢钢坯抗高温氧化涂料的研制[J]. 材料保护, 2003, 36(4): 51 ~53.

[18] 米振莉, 王岩, 左碧强, 等. 连铸板坯高温防氧化涂料及其制备工艺[P]. 中国发明专利, 申请号: 200910210384.9.

[19] 王书华, 魏连启, 仉小猛, 等. 高温钢坯防氧化涂料用易熔玻璃粘结剂的制备及改性[J]. 过程工程学报, 2011, 11(5): 86 ~91.

[20] Zhang X M, Wei L Q, Ye S F, et al. Preparation and Characterization of Low-melting Glasses Used as Binder for Protective Coating of Steel Slab[J]. Journal of Wuhan University of Technology-Mater. Sci. Ed. 2013, 38(2): 380 ~383.

[21] 刘朋, 魏连启, 周旬, 等. 不锈钢热处理用高温防氧化涂层制备与性能表征[J]. 材料热处理学报, 2010, 10: 90 ~95.

[22] Wang X J, Wei L Q, Zhou X, et al. A Superficial Coating to Improve Oxidation and Decarburization Resistance of Bearing Steel at High Temperature[J]. Applied Surface Science, 2012, 258: 4977 ~4982.

[23] 华建设, 周继良, 李小明, 等. 碳钢高温抗氧化涂料涂层的研究[J]. 西安建筑科技大学学报, 2005, 37(3): 407 ~410.

[24] 张鹏, 冯光纯. 60Si2Mn 弹簧钢的控轧控冷工艺[J]. 特殊钢, 2001, 2: 38 ~40.

[25] 李虹燕, 白力静, 梁戈, 等. 防氧化脱碳涂料对钢铁材料热处理的保护研究[J]. 电镀与涂饰, 2005, 24(12): 33 ~36.

[26] 符长璞, 赵麦群, 符亚明, 等. 钢铁材料热处理防氧化涂层的研究[J]. 金属热处理学报, 1996, 17(3): 52 ~56.

[27] 刘月云, 章跃, 丁红燕, 等. 弹簧钢高温防氧化脱碳保护涂料的制备及性能[J]. 材料热处理技术, 2009, 38(24): 109 ~111.

3 钢坯高温防护涂层设计与制备

3.1 防护涂层体系的设计原则

防护涂层的设计就是根据金属基体保护要求，在合理选择原材料的基础上，通过调整涂层组分，设计出满足具体性能要求的涂层材料配比[1]。

钢坯高温防护无机涂层设计需考虑以下基本参数：

（1）金属基体所处工况条件或加热工艺，明确金属氧化基本物化环境。

（2）金属基体的化学成分，特别是微量元素分布及随温度变化规律，以规避涂层对基体元素的影响为原则，选定合适原料。

（3）生产工艺对加热及轧制过程的参数要求，以指导涂层原料体系的选择。

（4）涂料的原料组成、固含量、黏度及粒度匹配，参考金属基体的高温氧化特性，确定无机高温保护性涂层应具备的各项性能指标。

在明晰以上工艺条件基础上，防护涂层体系的具体设计需满足以下条件：

（1）合适的粒度匹配及固含量。要求涂料中粉料具有适宜粒度，以保证防护效果基础上使涂料具备良好可喷涂性，同时考虑粉料硬度以降低物料对喷嘴的磨损。

（2）合适的熔点及高温黏滞流动特性。即要求涂层在使用温度范围内具备合适的黏度。高温时，涂层在加热炉中呈熔融态；冷却过程中，生成高温抗氧化物相同时完成涂层自愈合封填钢坯表面，最终确保生成具有良好保护效果的保护膜。

（3）合适的高温反应性。涂层在高温防护过程中呈化学稳定性，即不能与基体发生反应，不能使所保护的基体的物理性能、化学成分、力学性能等发生改变。所以，涂层中不能含有与基体反应或污染基体的组分。否则，将对被保护的基体造成危害。

（4）合适的高温黏附性。水基涂料在高温金属基体上的黏附是一个关键性问题，因为这是保证涂料成功附着在基体上起到保护作用的前提。喷涂至高温钢坯的表面时，涂层应能黏附。在工件搬运、装炉等过程中，应该尽量减少涂层开裂、脱落等现象。

（5）合适的高温润湿性。涂层在加热过程中和基体表面有很好的结合润湿成膜能力，并且有较宽的使用温度范围。在使用时涂层呈熔融态，液态熔体必需对金属表面润湿才能形成致密熔膜，有效地防护基体表面。

（6）合适的线膨胀系数匹配性。涂层为暂时性防护，出炉后在除鳞机作用下应易于清除，以免被轧入钢材表面而引起不必要的质量缺陷。这就要求涂层体系与金属基体的线膨胀系数匹配合理。

（7）涂层应有较宽的使用温度范围。在加热和热压加工过程中，涂层应和工件表面有较好的结合力。而且要求涂层在高温下不得发生流淌。

（8）合适的经济性与安全性。涂层原料应来源广泛，成本低廉；涂料制备与涂覆工艺应简单易行；涂层制备及服役过程均无毒、无害、环境友好。此要求直接制约了绝大多数的防氧化涂层的工业化应用。

为了满足上述确定的涂层性能指标，在实际设计过程中，根据热力学计算和参考相图，先确定涂层的主要组分设计区域，并根据涂层的熔点确定各种成分的选择范围，再由线膨胀系数与各种化学成分之间可叠加性关系式，使设计选择的涂层体系与金属基体的线膨胀系数相匹配，线膨胀系数叠加性关系式如下：

$$a = P_1 a_1 + P_2 a_2 + P_3 a_3 + \cdots + P_n a_n$$

式中 a——涂层的线膨胀系数；

P_1，P_2，P_3，…，P_n——涂层中各氧化物的重量百分比；

a_1，a_2，a_3，…，a_n——涂层中各氧化物的线膨胀系数。

在所确定的涂层成分选择范围内，计算出不同成分配比下涂层的线膨胀系数值，并与钢坯的线膨胀系数值相比较；再根据涂层熔体的黏度要求，依照在上述涂层中添加碱金属氧化物、三氧化二硼降低熔体黏度和添加难熔氧化物（SiO_2、Al_2O_3、Cr_2O_3 等），以提高熔体黏度为原则进行调整，在黏度指标符合要求的基础上，选择出线膨胀系数符合要求的涂层材料配比[2]。

3.2 防护涂层体系的选择

涂料配方设计原则是以防护机理为依据。要根据加热所需的温度、时间及炉内气氛等综合考虑。一般来说，涂料高温熔融成致密膜以隔绝炉内气氛和基体的接触是防护涂层配方设计的基本思路。

在设计防氧化、防脱碳保护涂料配方时，宜选硅酸盐类和铝粉等作为基本原料，配制保护涂料。该涂料在低温阶段，铝粉等首先和氧发生反应，既消耗了涂层内的氧，新生成的 Al_2O_3 又黏附在基体金属表面，起到高温防护作用。随着温度升高，硅酸盐类高熔点类物质被熔融成致密的玻璃状涂膜，又隔绝了炉内气氛与基体的接触，起到高温保护作用。使保护涂层具有较宽的使用温度范围[3]。当然，为了配方具有适宜的涂覆性能和工艺性能，在设计配方时，还应考虑添加适量的黏结剂、助熔剂、表面活性剂和溶剂等，其中以黏结剂较为重要。

抗氧化涂料的功能组分主要以粉状物料形式引入，一般粉料在涂料中的含量通常高于50%（质量比），粉料的性质决定涂料的性能。粉料选择需考虑以下影响因素：

（1）颗粒粒度及形貌。颗粒粒度及形貌不仅影响涂料防护效果，还将对喷涂设备有重要影响。在涂料组分确定的前提下，需考虑现场施工时的喷涂连续稳定性及对喷涂设备磨损的影响。

（2）密度。密度与悬浮性、分散性相关，合适的粉料比重有利于提高涂料的悬浮性与分散性，使得涂料具备更高稳定性，以便更好满足施工要求。

（3）耐火度。耐火度则与涂料使用的温度范围密切相关，适配耐火度可保证材料在高温下黏附在基体表面的同时不发生流淌现象。

（4）线膨胀性。线膨胀性和钢坯出炉后的除鳞工序密切相关，涂料与基体线膨胀系数的匹配，是保证暂时性防护涂层降温阶段自动剥落，降低除鳞难度的保证。

（5）高温下化学稳定性。涂料高温下与基体之间的化学惰性是基体清洁不被污染的可靠保障，特别是对一些合金钢种，可避免基体产生元素贫化、区域富集等现象发生。

（6）热导率。热导率直接影响钢坯在加热炉中的加热过程，热导率过低不仅增加燃料消耗还会给后续轧制工艺带来负面影响。

（7）原材料的来源及成本。对于规模化生产的钢铁企业，原料来源与成本核算是涂层技术能否真正走向产业化的关键因素，只有为企业创造明显经济效益的技术才具备旺盛的生命力。

（8）对人体健康的影响。在人体健康及环境保护日益引起人们重视的前提下，只有绿色环保的技术产品，才能在市场中立足。

防护涂层设计因子关系图如图3-1所示。在分析各影响因子规律的前提下，采用相图热力学计算以及动力学推导，初步确定涂料主体组成体系，经优化后可得到涂料配方。再通过实验效果检验，由反馈的信息指导影响因子的修正，进而再调整涂层组成体系，优化配方，最终达到良好防护效果。

3.3　防护涂层体系的设计与优选[4]

防护涂层体系的设计流程如图3-2所示。

根据拟定防护涂层体系组成，将原料混合、加水球磨制备混合料浆，用喷枪将涂料喷涂于红热（700℃左右）的钢坯试样表面。如果料浆满足高温黏附的要求，则在马弗炉内对得到的涂覆样进行高温过程实验，对涂层的综合性能进行测试。测试包括：腐蚀性、润湿性、涂层在冷却时的剥落性及防氧化性能。

防护涂层应该具有高温黏附性好、腐蚀性弱、润湿性优良、易于剥落、防氧化性能高等特点。防护涂层在性能测试的基础上，还需经过多次的重复试验对涂

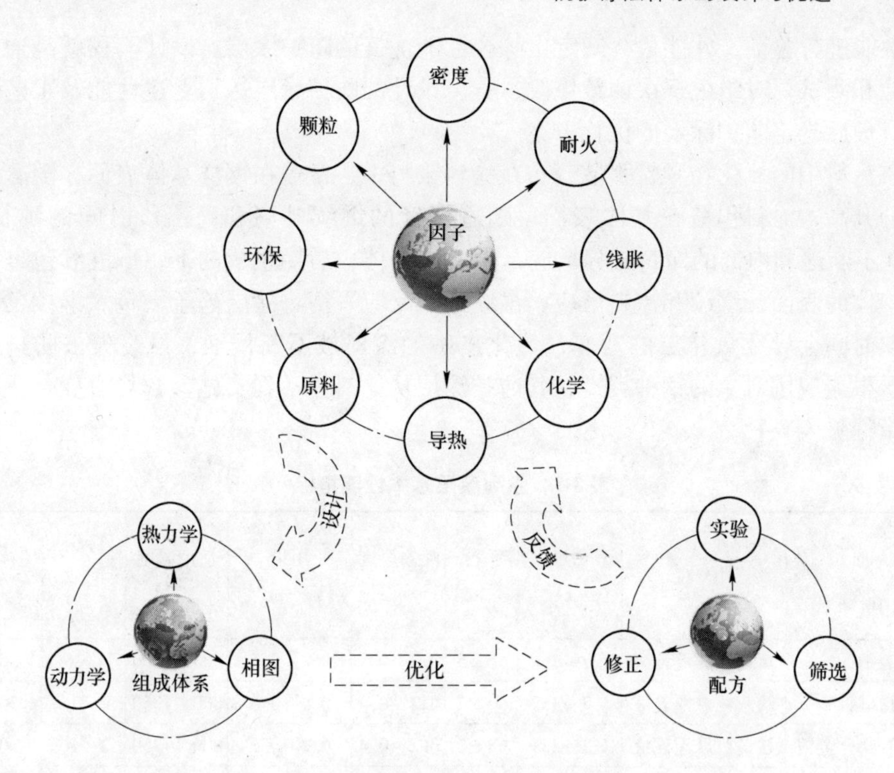

图 3-1 防护涂层设计因子关系图

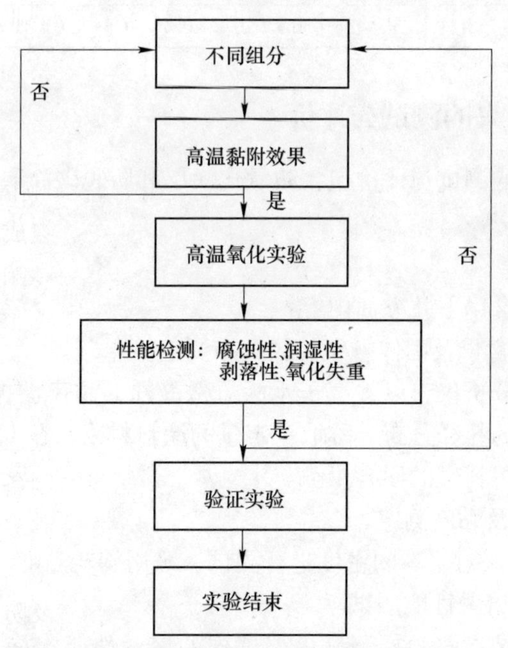

图 3-2 防护涂层体系的设计流程

层性能进行验证，才能最终确定出综合性能优良的防护涂层。设计流程就是通过实验和测试，对组成逐次调整修改，直至设计的防护涂层达到上述性能及工艺要求，最后确定防护涂层的优化方案。

涂料中的氧化物颗粒弥散分布在涂料浆料中，覆盖在钢样基体表面，随着温度的升高，涂料包覆在基体表面；随着温度的继续升高和高温段时间的延长，FeO 不断地和内部的涂料成分反应，生成固溶体；后期生成的 Fe_2O_3 继续包裹在成核体的表面，继续和涂料反应，最终达到反应平衡，涂层趋于平整。继续延长加热时间会导致氧化层的变厚，氧化皮中的涂料被不断侵蚀，最终失去防护效果。根据应用对象的钢种类别，其防护涂层从原料体系到实施参数均有变化。具体指标见表 3-1。

表 3-1 系列涂层基本性能指标

指标 适用钢种	外观	密度 /(g·cm^{-3})	固含量 /%	喷涂厚度 /mm	用量 /(kg·m^{-2})	适用温度 /℃	防护时效 /h	储存期 /天
普碳钢	黄褐色悬浮乳液	1.7~1.9	65±5	0.2~0.4	0.2~0.5	800~1300	1~6	30
中高碳钢	浅灰色悬浮乳液	1.7~1.9	60±2	0.2~0.4	0.4~0.6	800~1350	2~15	30
难除鳞合金钢	浅黄色悬浮乳液	1.7~1.9	65±2	0.2~0.4	0.2~0.5	800~1350	2~10	30
锻造钢锭	灰色悬浮乳液	1.6~1.8	65±2	0.3~0.5	1.0~1.5	1100~1350	4~150	30
不锈钢	浅灰色悬浮乳液	1.4~1.6	50±2	0.2~0.4	0.5~1.0	1100~1350	1~15	90

3.4 涂层防护效果的测试与评价

涂层防护效果的测试与评价包含防氧化涂层和防脱碳涂层两部分内容。

3.4.1 防氧化涂层

防氧化涂层包含以下几方面内容：

（1）浆料中固含量及固体颗粒粒径分布测定。

采用激光粒度分析仪，以去离子水为分散介质，超声波振动 30 秒后测量得到浆料中固体颗粒的粒径分布。称取一定量的涂料料浆，在 120℃ 的干燥箱内烘干至恒重，计算获得料浆的固含量。

（2）浆料密度及黏度测定。

采用体积-质量法对浆料的密度进行测试。采用旋转黏度计测量浆料的黏度。

（3）涂层高温熔融性能测试。

采用影像式烧结点实验仪测试涂层试样的熔融性能。首先以 16MPa 的压力将干燥、研磨后的涂料粉体压制成尺寸为 ϕ8mm×8mm 的圆柱体，放在铺垫了氧化铝粉体的样品台上，从室温开始加热，升温速率为10℃/min，用相机实时拍摄升温过程中样品的收缩变形情况，记录温度和时间。依据样品随温度的收缩率和形状变化，确定材料的耐温及熔融特性。

（4）涂层的热导率、比热容及线膨胀系数测定。

为了评估涂层对不锈钢加热过程热效应的影响，采用热导率测定仪测定涂层的热导率及比热容，采用中国标准JC/T 679—1997测定涂层线性线膨胀系数。

（5）涂层的防氧化性能测定（氧化失重法）。

氧化实验一般在马弗炉中进行。涂覆样品经过加热保温的热处理过程，保温过程结束后，用坩埚钳将试样取出并在空气中冷却。冷却过程中，用数码相机记录氧化层的外观及剥落情况。采用氧化失重法进行涂层防氧化性能评价。

金属与氧反应生成氧化物的过程中，要消耗金属和氧。氧化速率高时，相同时间内消耗的金属和氧的量就大，生成的氧化物也多。采用单位面积的金属消耗量来评估涂层的防护效果，即测量不同时间氧化后样品的失重。这种方法需要去除金属表面的氧化产物。但通常情况下，金属表面的氧化层不容易被干净地除掉，特别是金属内部区域发生氧化时，这种内部氧化物更难以除去。但在涂层体系的筛选阶段，该方法简单易行，并可节省大量时间。氧化失重率的计算公式如下：

$$L = \frac{M_1 - M_2}{M_1} \times 100\%$$

式中，M_1、M_2 分别是不锈钢入炉氧化前及冷却除鳞后的试样重量；L 是试样的氧化失重率，L 越小，表明涂层的防氧化性能越优良。

（6）涂层的防氧化性能测定（氧化动力学法）。

因为氧化失重法误差较大，对于综合性能均比较优良的防氧化涂层，则采用氧化增重法进行进一步评价及筛选。涂覆试样的氧化增重测试方法采取氧化动力学测试方法。将制备好的涂层样品置于热重炉内的刚玉瓷柱上，其中瓷柱置于刚玉吊篮之上并与热重炉的称重系统相连。以10℃/min的升温速率从室温升至1250℃，记录升温过程中试样的重量变化。因为原始涂层本身厚度很小（约1mm），并且其成分主要为各种氧化物，在计算氧化增重时忽略涂层质量的变化，可视为质量增加均由不锈钢本身的变化引起。对得到的数据进行处理，绘制试样单位面积氧化增重（ΔM）对时间（t）或温度（T）的曲线。测定材料的高温氧化动力学参数可以研究其氧化规律并推测其氧化反应的控速步骤。这种方法不破坏试样，是最直接、最方便的测量金属氧化速度的方法。

（7）表征方法。

采用X射线衍射仪对测试钢种氧化前后的相组成进行分析。为了测量氧化层厚度，确定氧化层分层结构、成分、内氧化程度等，一般需要对试样进行断面观察。由于氧化膜质脆易崩，需将试样进行镶嵌。将氧化后的不锈钢试样外套PVD

管，用环氧树脂（添加10%的乙二胺）将试样纵向固封；然后在磨抛机上将试样断面细磨到13μm（1000目），再用粒度为2.5μm的氧化铝抛光膏抛光，再采用场发射扫描电子显微镜对氧化试样及剥落氧化皮进行断面及表面相貌观察，并用配备的能谱分析仪附件检测氧化后试样及氧化层的组成、元素含量并分析其分布。

加热过程用防氧化涂层的性能评价标准除了上述的黏附性外，还包括腐蚀性、润湿性、除鳞效果性及防氧化性能。

3.4.2　防脱碳涂层

区别于防氧化涂层的测试与评价方法，防脱碳涂层特有的评价手段基于对脱碳层深度的测定，主要包括金相法、硬度法、化学分析法和光谱分析法。

3.4.2.1　金相法

该方法是在光学显微镜下观察由于样品碳含量变化而引起的组织从表面到基体的变化。样品一般要按照金相方法研磨抛光，可以安装或固定在支架上，如有必要，测试样品表面需要喷金处理。通常采用1.5%～4%的硝酸酒精溶液，或者采用2%～5%苦味酸酒精溶液浸蚀显示出钢的组织。用测微目镜或金相图像分析系统观察和定量测量从表面到和基体组织无区别的点的距离。放大倍数的选择取决于脱碳深度，尽量采用可以观察到整个脱碳层的最大倍数观察。通常使用100倍的显微镜，观察每个样品均是在最深的均匀脱碳区的显微镜视野内，并随机对这些测量值取平均值作为总脱碳层深度。轴承钢、工具钢、弹簧钢均取脱碳最深的总深度测量。

关于钢脱碳层深度的金相测定法，在GB 224—1987和ISO 3887—1976标准中规定为："一般来说，观测到的组织差别，在亚共析钢中是以铁素体与其他组织组成物的相对量的变化来区分的。在过共析钢中是以碳化物含量相对基体的变化来区分的"。在JISG 0558—1977标准中规定为"以显微镜判断，从铁素体、珠光体或碳化物的面积比率到脱碳状态，然后测量脱碳层深度"。

这种方法适用于完全退火钢。而球化退火钢虽然也是平衡态的结构，但其变化不是完全根据平衡图的类型和组织形式进行的。所以，使用这些区别来确定球化退火钢的脱碳层深度是不妥的。

测定球化退火钢的脱碳层深度的金相方法有两种。一种认为在共析钢中，球状珠光体中的碳化物有两种：先共析的碳化物颗粒和小颗粒的共析碳化物，以先共析碳化物的多少来区分脱碳层和基体的边界。当钢材从轧制或锻造态直接球化退火时，由于过共析钢的先共析碳化物可能是粗大的，在球化的过程中断成大颗粒，而共析碳化物为小颗粒，比较容易区分。然而，为了获得均匀细小的球状珠光体，通常的过程是先正火后球化退火，此时的球状珠光体中分布的是大小相同、均匀的碳化物，不能区分出先共析碳化物，所以在测量中是不可行的，该方法不适用于共析钢和亚共析钢的球化退火。

另一种认为，由全脱碳层-部分脱碳层-基体的组织变化依次为：铁素体-铁素体+片层状珠光体-片层状珠光体-片层状珠光体+球状珠光体-球状珠光体。因此，脱碳层深度应是从表面测至片层状珠光体消失的距离。

3.4.2.2 硬度法

测量在试样横截面上沿垂直于表面方向上的显微硬度值的分布梯度。

该法仅适用于脱碳层很深但又比淬火区厚度小很多的亚共析钢、共析钢和过共析钢，不适用于低碳钢。

试样的制备和金相方法一样，但腐蚀与否，以准确地确定压痕尺寸为准。

为了减少测量数据的分散性，要在可能的范围内采用大的负荷，原则应为0.49~4.9N之间。压痕之间的距离至少应为2.5倍的压痕对角线长度。

脱碳层深度规定为从表面到已达到所要求硬度值的那一点的距离。

原则上，至少在相互间的距离尽可能远的位置进行两组测量，其测定值的平均值作为脱碳层深度。

3.4.2.3 化学分析法

采用机械加工的方法，平行于试样表面逐层剥取每层为0.01mm厚的试样按照GB/T 20126—2006测定碳含量。

3.4.2.4 光谱分析法

将平面试样逐层磨剥，每层间隔0.1mm，在每一层上进行碳的光谱测定。要设法使逐层的光谱火花放电区不重叠。

另外，国外还有热电动势法，即利用材料表面的热电动势随碳含量的不同而变化的原理来进行脱碳层的测定，但实际应用较少。国内有些厂家将金相法和硬度法综合起来运用，特别是当运用金相法误差较大时，运用简便硬度法，即手工锉痕的方法最终确定，简便实用。还有人试图利用不同碳含量火花的区别，用火花鉴别的方法进行脱碳层的测定，目前应用较少。

3.5 纳微结构粉体及复合胶体在防护涂层中的应用

水基涂料不容易黏附在高温金属基体表面上，简单的粉体混配无法完成防护涂层在高温基体上的直接喷涂。由纳微结构粉体及复合胶体复配的防护涂层，可将涂料直接喷涂到动态的高温钢坯表面上。

3.5.1 粉体及胶体的组成体系选择[5]

黏结剂是决定防护涂层高温黏附性能的重要组成部分。目前，常用的无机黏结剂包括有水玻璃、硼酸盐和磷酸铝类（磷酸二氢铝为主体）。水玻璃和硼酸盐在高温下均对基体有一定的腐蚀性，而且不能实现对红热基体的直接喷涂；常用的磷酸二氢铝或以磷酸二氢铝为主要成分的无机黏结剂则酸性太强，会与涂层或材料中其他组分剧烈反应，黏结性能下降，在瞬间高温时体系会发生交联反应，而在基体表面产生大量气泡，不能在基体表面均匀地涂覆。

实验证明，磷酸盐黏结剂（主要为磷酸铝系）有以下优点：

（1）高熔点、缩聚，结合强度高。

（2）MgO、Al_2O_3、CaO、FeO 等与磷酸铝发生反应，凝析出 $AlPO_4$ 及多种含水磷酸盐，包括 $AlPO_4$、$AlPO_4 \cdot 2H_2O$、$Al_2(HPO_4)_3$、$MgHPO_4 \cdot 3H_2O$、$CaHPO_4 \cdot 3H_2O$、$FeHPO_4$。

（3）在加热过程中，黏结剂逐步失水，先后生成 $Al(HPO_4)_3$、$AlPO_4 \cdot 2H_2O$、$Al(PO_3)_3$ 等，700℃ 左右形成 $AlPO_4$ 空间网络结构。

因此，磷酸盐类黏结剂作为一种无机材料在高温领域仍具有独特的、广阔的应用与研究空间。磷酸盐类晶体往往成层状堆积，包括磷酸钛、磷酸锆、磷酸铝等。采用层状耐高温磷酸铝，用它来部分取代具有高腐蚀性能的层状硅酸盐，并与黏结剂一起在高温作用下形成致密涂层而达到对钢坯基体高温防氧化的目的。

选用氨水为沉淀剂来调节磷酸二氢铝溶液 pH 值，采用液相沉淀法制备磷酸铝纳米粉体，降低粉体烧结温度，减少其对钢坯基体的高温酸性腐蚀，实现常温涂料对高温基体（800～1000℃）的直接喷涂，达到与基体表面迅速黏附的效果，在基体表面迅速聚合成网状，包嵌涂层中的耐高温骨料，形成致密均匀的高温保护膜层。同时，通过改变前驱体磷酸二氢铝的浓度和反应温度，用适当的形貌调控剂对磷酸铝进行形貌调控，以液相沉淀法得到磷酸铝纳微层状结构晶体，从而满足高温防氧化涂料在实际生产工艺过程中的应用需求。

3.5.2 粉体及胶体的制备[6]

3.5.2.1 磷酸铝纳米粒子的制备

磷酸二氢铝的合成工艺流程：按一定比例用天平称量磷酸、水，在电磁加热搅拌器上加热搅拌，当体系温度升至 95℃ 时逐渐加入一定量氢氧化铝，沸腾回流，保持整个合成过程体系温度为 100℃ 左右。当体系达到澄清稳定时，反应结束，得到磷酸二氢铝黏结剂（pH 值为 1.4）。

将制得的磷酸二氢铝胶体用去离子水稀释 50 倍，逐步滴加浓氨水调整体系 pH 值至 4，搅拌的同时加入 CTAB，最终 CTAB 浓度为 0.001mol/L。混合液在 80℃ 水浴恒温 3 小时，即得到磷酸铝纳米粒子，100℃ 烘干备用。

3.5.2.2 纳米磷酸铝薄膜的制备

将普通 Q235-B 钢板用抛光机去除原始氧化皮和脱碳层，加工成 50mm × 150mm × 5mm 的试样。将前述所得磷酸铝纳米粒子与去离子水按 1∶10 质量比混合成料浆均匀涂刷在试样表面（图3-3），按一定升温曲线在高温炉（空气气氛）中进行烧结，即得到纳米磷酸铝薄膜。

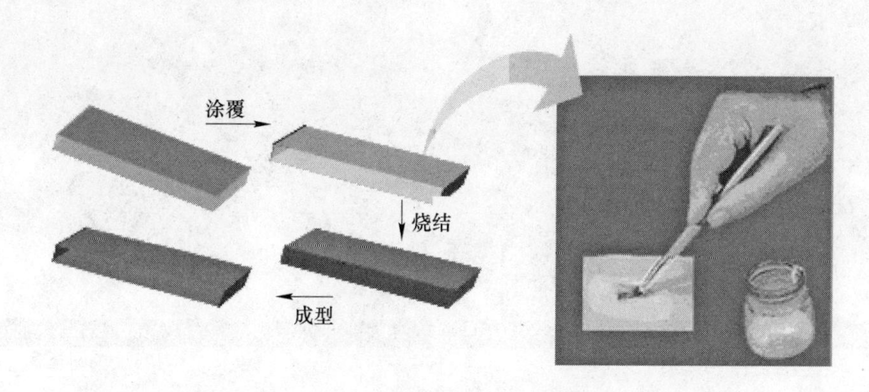

图3-3 纳米磷酸铝薄膜制备过程示意图

3.5.2.3 不同形貌磷酸铝晶体的制备

（1）纳微层状六边形结构磷酸铝晶体。将磷酸二氢铝胶体用去离子水稀释50倍，逐步滴加浓氨水调整体系pH值至2.0，搅拌的同时加入一定量的磷酸二氢铵，最终磷酸二氢铵浓度为0.005mol/L。混合液在80℃水浴恒温3小时，即得到层状磷酸铝晶体，100℃烘干备用。

（2）纳微层状圆片结构磷酸铝晶体。将磷酸二氢铝胶体用去离子水稀释50倍，逐步滴加浓氨水调整体系pH值至2.0，搅拌的同时加入磷酸二氢铵（最终浓度0.005mol/L）和柠檬酸三铵（AMC），AMC浓度分别为0.001mol/L、0.005mol/L和0.01mol/L。混合液在80℃水浴恒温3小时，即得到磷酸铝晶体，100℃烘干备用。

（3）纳微结构磷酸铝系复合胶体。将两类层状磷酸铝晶体和纳米球形磷酸铝颗粒按一定比例混合，添加聚乙烯醇作为分散剂，再与少量磷酸二氢铝胶充分混合，用水稀释均匀，制备出了既具有蛭石类层状硅酸盐高温二维纳米结构与纳米球形粉体颗粒相协调作用，又具有磷酸盐黏结剂高温交联黏结作用的复合胶体浆料，干燥后为白色粉体。

3.5.3 磷酸铝纳米粒子及成膜性能分析[7]

3.5.3.1 磷酸铝纳米粒子形貌观察及薄膜高温形成过程分析

从制得的纳米磷酸铝粉体的SEM照片（图3-4）可以看出，粉体颗粒度均匀无团聚，有较好的球形度，颗粒尺寸约为80～300nm。这种结构与CTAB调整颗粒形貌的作用有关，CTAB用于液相沉积过程中的颗粒形貌调整，是通过自身亲水的氨基端与沉积颗粒表面相作用，末端疏水使得颗粒之间形成有机隔膜，增强

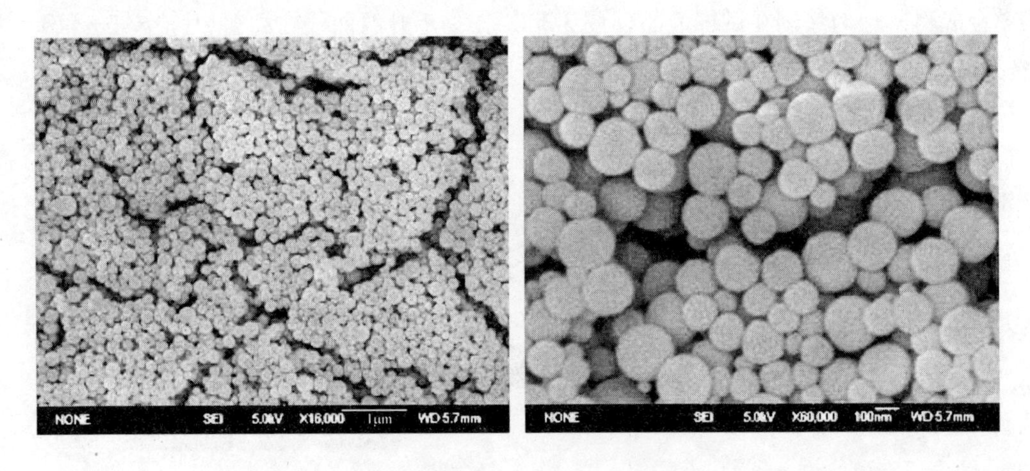

图 3-4　磷酸铝纳米粒子的微观形貌

了颗粒的分散性能。

图 3-5 为纳米磷酸铝粉体在 800℃ 预热后的表面形貌照片。从图 3-5 中可以看出，磷酸铝纳米颗粒在该温度下已经发生了粘连，逐步呈铺展趋势。

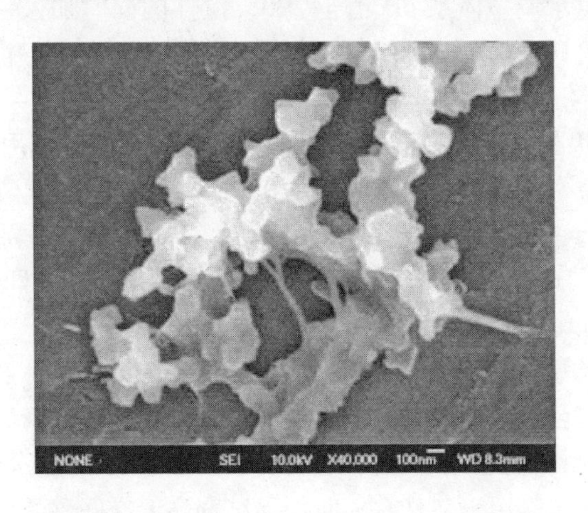

图 3-5　纳米磷酸铝粉体 800℃时的 SEM 图像

随着温度的升高，磷酸铝纳米粒子会进一步软化铺展，最后在 1200℃可得到完全致密平整的磷酸铝薄膜。

由于磷酸铝材料自身具有较好的耐高温和耐磨防腐性能，这层薄膜自然就对钢坯基体形成了保护，提高了基体应对复杂环境的能力，普通磷酸铝的烧结温度较高，1200℃ 不能形成完全致密的薄膜，块体之间有明显的裂纹。

3.5.3.2　烧结温度对磷酸铝成膜结构的影响

将纳米磷酸铝粉体分别置于 400℃ 、800℃ 、1200℃ 温度条件下进行烧结，相应的 XRD 曲线如图 3-6 所示，当温度提高到 400℃ 时，磷酸铝晶体结构逐步显现，XRD 图谱中出现了磷酸铝晶体的主要特征峰；在 800℃ 时，晶体特征峰强比 400℃ 更强，由于同一种物质衍射峰强度的变化与晶体结晶有序性有关。由此可以证明，此时磷酸铝晶体结晶有序性进一步增强；在 1200℃ 烧结时，磷酸铝晶体的所有特征峰均在 XRD 图谱中得以体现，说明磷酸铝经过高温烧结晶体结晶有序性更加完美。可以确认，从 400℃ 到 1200℃ 的整个烧结过程是磷酸铝由无定形逐步向结晶相转变的过程，最终得到致密的磷酸铝薄膜。

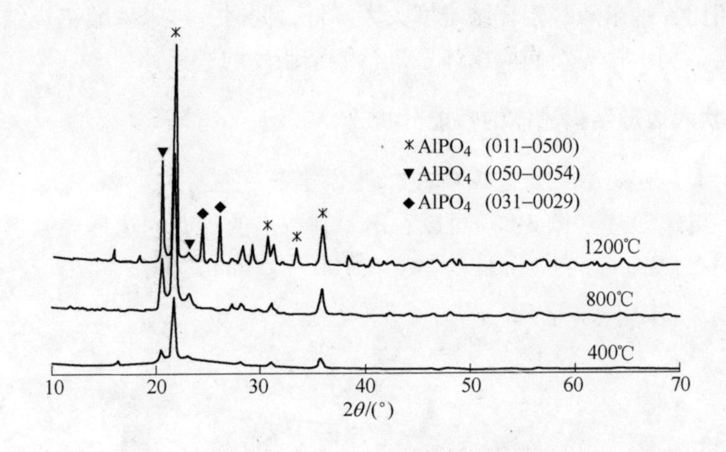

图 3-6 纳米磷酸铝粉体不同温度下烧结时的 XRD 曲线

对制得的磷酸铝纳米粉体进行的 TG-DTA 分析，如图 3-7 所示。从图 3-7 中可以看出，TG 曲线有一个明显的失重台阶和一个增重台阶。失重台阶表现在 100 ~ 500℃，失重约占总重量的 22%。对应的 DTA 曲线在此温度区间有一个很强的吸热峰，此温度段对应着自由水分的挥发（250℃ 左右）和磷酸铝的脱

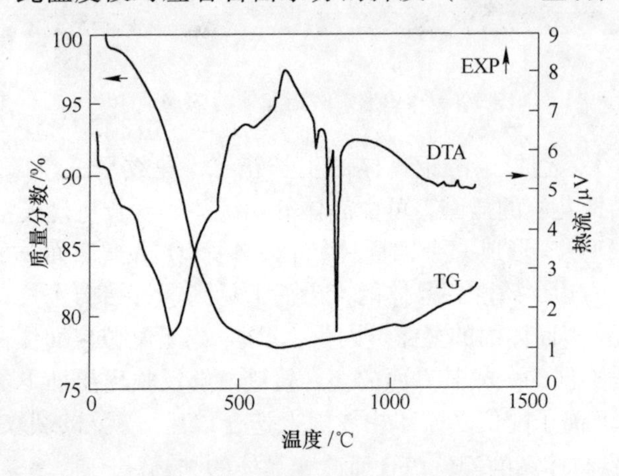

图 3-7 纳米磷酸铝的 TG-DTA 曲线

水；500～1300℃ 区间样品发生轻微增重过程，这是因为为了更准确地模拟粒子在基体表面的烧结过程，采用磷酸铝纳米粒子与少量还原铁粉共混（质量比 5∶1）得到的 TG-DTA 测试样品，粉体样品中掺有的少量铁粉在磷酸铝软化包裹逐步完全过程中随着温度的升高出现轻微的表面氧化。而整个过程中，更主要的变化为 700～900℃ DTA 曲线显示的很强的吸热峰，这是因为磷酸铝无定形粒子在此温度范围内呈现为明显的吸热软化烧结过程，而在 900℃ 之后，烧结过程基本完成。由此可以确定，磷酸铝纳米粒子的开始烧结温度应在 800℃ 左右。与普通磷酸铝相比，纳米磷酸铝烧结难度大大降低，同时，纳米磷酸铝烧结软化温度段相对较宽，利于针对不同应用体系进行烧结制度的选择。

3.5.4　层状六边形结构晶体的性能分析[7]

3.5.4.1　纳微层状六边形磷酸铝晶体生长过程分析

从扫描电镜照片（图 3-8）可以看出，制备出的具有六边形规则形貌的磷酸铝晶体直径在 10μm 左右，晶体片厚度在 100～300nm 之间。

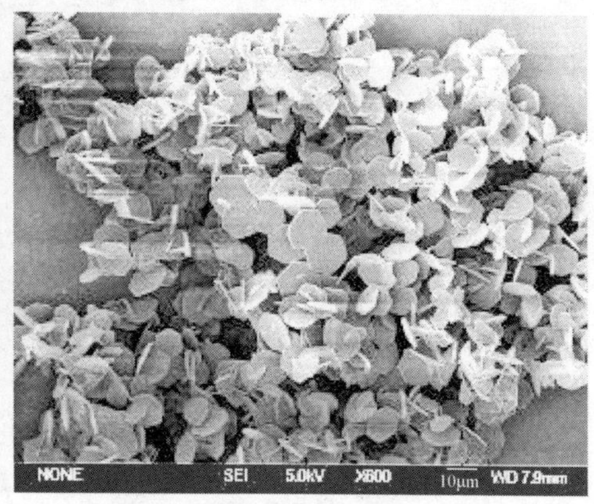

图 3-8　六边形磷酸铝晶体的 SEM 照片

图 3-9 显示了六边形磷酸铝晶体的生长花纹，花纹呈三角形螺旋外扩状态。晶体表面螺旋结构花纹的显露，可由晶体的螺旋位错生长机理模型来解释[8]。

每个磷酸根 PO_4^{3-} 形成一个四面体结构，4 个 O 占据四面体的顶角，P 占据四面体中心。在六边形磷酸铝晶体的光滑面上见到螺旋结构生长花纹可能是晶体中 PO_4^{3-} 离子配位多面体面的显露。因为，PO_4^{3-} 离子配位多面体往界面上叠合是按照一定的结晶取向的，故其界面的叠合轨迹能够反映出界面上的结晶行为。进而，当一个 PO_4^{3-} 离子配位多面体往界面上迭合以后，就自然形成一个台阶。这里，NH_4^+ 也会参与体系的配位络合而改变晶体的结构。

从六边形磷酸铝晶体表面生长花纹可以推测：晶体表面花纹特征可能是受晶

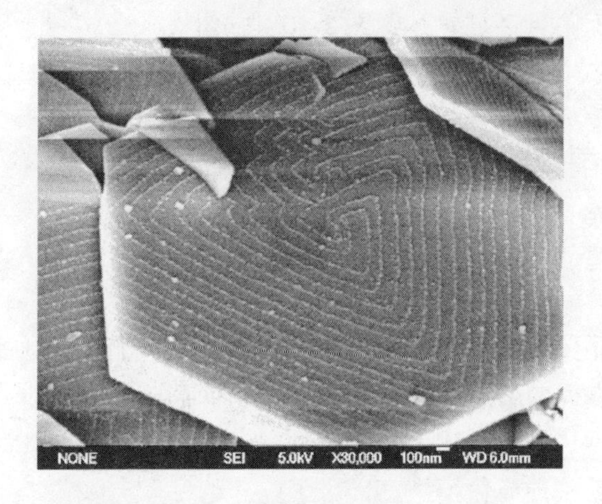

图 3-9　六边形磷酸铝晶体的生长花纹

体中 PO_4^{3-} 离子配位多面体结晶结构所制约的，两者的结晶位置是互相对应的。晶体内部结构中的螺旋结构与晶体表面结构上的螺旋花纹有着一定的内在联系。无论是由位错造成的表面结构花纹还是由晶体螺旋结构所造成的螺旋结构花纹，都可以用负离子配位多面体为生长基元来解释。因此，六边形磷酸铝晶体表面螺旋结构花纹的形成以及螺旋的对称性均与晶体结构有相依关系。

图 3-10 给出了六边形磷酸铝晶体在溶液中的生长过程示意图。从图 3-10 中可知，六边形磷酸铝晶体的生长过程分为以下四步：

（1）由于扩散、对流或强迫流动引起溶质（NH_4^+、PO_4^{3-} 和 Al^{3+} 组成的溶质

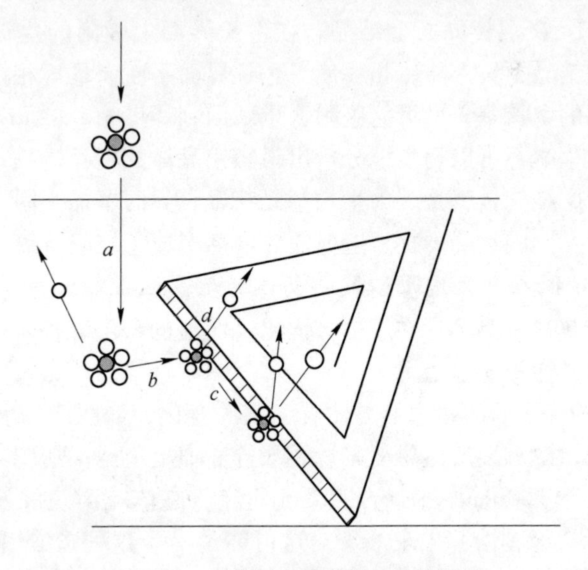

图 3-10　磷酸铝六边形晶体生长模型

基团）向晶体表面附近区域输运，图 3-10 中 a 步。

（2）通过体扩散，溶质向晶体表面输运，在晶面某一位置上被吸附，图 3-10 中 b 步。

（3）通过表面扩散，吸附的溶质从晶面向台阶运动并在台阶处被吸附，图 3-10 中 c 步。

（4）溶质沿着台阶运动到扭折位置，发生结晶反应并进入晶相，图 3-10 中 d 步。

前两步属于晶体中的输运理论和边界层理论，后两步则属于界面动力学范畴。吸附在晶体表面的溶质基团也能发生脱附而回到溶液中。

由于上述分析只是对晶体生长的定性描述，没有考虑到 PO_4^{3-} 和 Al^{3+} 之间的相互作用，因此是一种简化模型。

考虑到正负离子之间的相互作用后，尤其是磷酸铝晶体的生长属于配位型晶体生长体系，构成生长基元的 NH_4^+、Al^{3+} 总是最大限度地与 PO_4^{3-} 相连接，形成负离子配位多面体生长基元。因此，从低受限度条件下晶体生长的基元过程[9]来解释晶体的生长过程可由以下 3 个阶段组成：

（1）生长基元与晶核的形成。环境中离子相互作用，动态地形成几何构型不同的生长基元，它们不停地运动和相互转化，随时产生或消失。当磷酸铝晶核是以均相成核机制形成，则组成离子数超过临界值、几何构型满足一定结晶学要求的生长基元即成为晶核。

（2）生长基元在生长界面上运动。由于对流、热力学无规则运动以及离子间的电性引力，生长基元在生长界面上吸附，并在生长界面做迁移运动。

（3）生长基元在生长界面上结晶。在生长界面上吸附的生长基元在生长界面某一适当位置结晶，长入晶体相，使得生长界面不断向环境相推移。同时，在生长界面上吸附的生长基元也可能脱附，重新回到环境相。

通过这种过程解释可以初步地分析出磷酸铝晶体的生长过程，而实际中之所以形成穿插的片层结构，就是因为生长基元在生长界面上的吸附、运动、结晶及脱附过程受到了不同因素的干扰，造成晶体内部形成了缺陷所致。

3.5.4.2　纳微层状六边形磷酸铝晶体的耐高温性能分析

经 400℃ 加热过的晶体片在厚度方向出现明显的分层，整体六边形轮廓没有发生明显的变化，如图 3-11 所示。

经 1300℃ 灼烧之后的六边形晶体有明显的变化，如图 3-12 所示。虽然，晶体整体轮廓不变，没有发生熔融变形，但整个晶体已经剥离成多层花瓣状结构，花瓣边缘厚度小于 100nm。由于纳米尺度效应，晶体花瓣边缘发生烧结，致使 SEM 照片中显示边缘圆滑并出现液珠。这可能是由于这种磷酸铝具有层状结构，层间存在大量的水分子，随着层间水的气化脱出，层板出现了解离。这与蛭石材

图 3-11　经 400℃处理后的六边形磷酸铝晶体的 SEM 照片

料在高温条件下逐步解离成间隙均匀的层状结构相似。这是由于六边形磷酸铝晶体具有与蛭石相似的性质。因此，有可能替代蛭石应用在防氧化涂层中。

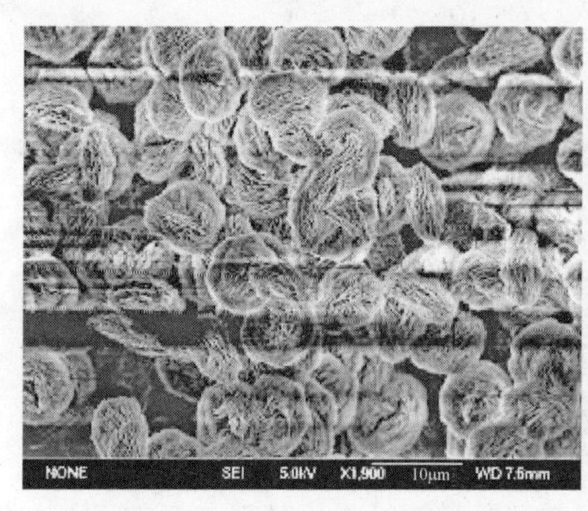

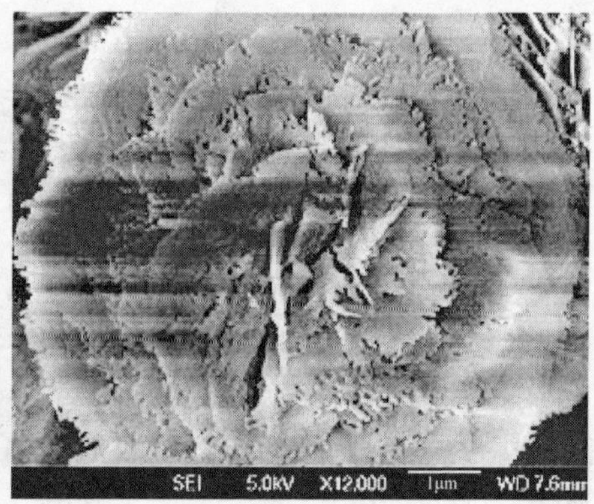

图 3-12　经 1300℃处理后的六边形磷酸铝晶体的 SEM 照片

从晶体的热重分析图 3-13 可以看出，该层状磷酸铝晶体在 100 ~ 400℃ 范围内有明显的失重，而当温度高于 400℃ 以后，体系失重程度均没有明显的改变；在 800 ~ 1100℃ 温度区间 DTA 曲线上有较宽的吸热峰，这主要是由于层状晶体解理并附有边缘烧结现象发生引起的。从常温到 1300℃ 磷酸铝晶体的 XRD 谱图（图 3-14）可以看出，实验最初制备得到的是六边形磷酸铝晶体（JSD 00-028-0041，$(NH_4)_3Al_5H_6(PO_4)_8 \cdot 18H_2O$）。也就是说通过磷酸二氢铵和氨水作为模板剂，也能生成类伊利石的层状结构氨基磷铝石。经 1300℃ 高温处理后，体系转变为典型的磷酸铝结构（JSD 011-0500 和 050-0054）。实验结果表明，制得的层状磷酸铝晶体在高温条件下比较稳定，有利于其在高温环境中的应用。

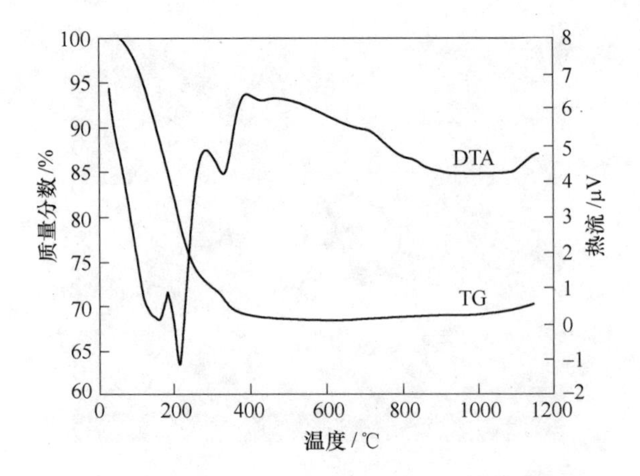

图 3-13　六边形磷酸铝的 TG-DTA 曲线

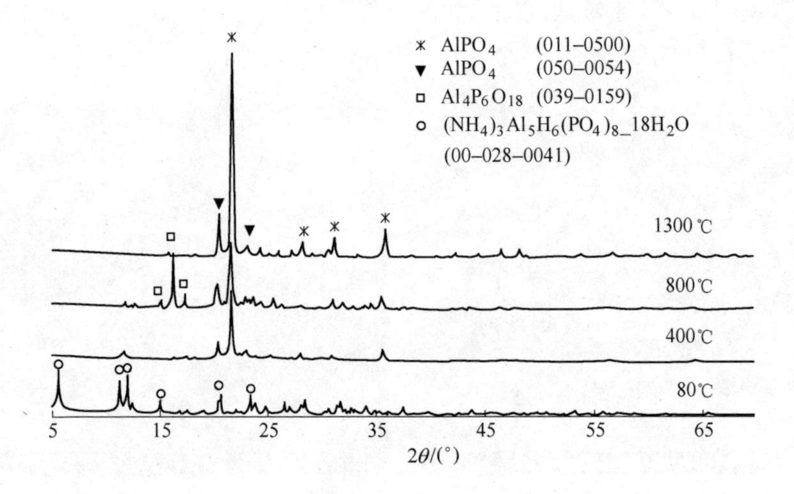

图 3-14　六边形磷酸铝晶体的 XRD 谱图

将该六边形磷酸铝晶体与原生长母液混合状态下继续滴加氨水至体系的 pH 值至4，加入少量 CTAB，80℃ 陈化3 小时，洗涤干燥后得到了图 3-15a、图 3-15b 形貌的粉体。该体系中球形颗粒更加微小，六边形晶体形貌未发生变化。由于球形颗粒覆盖在六边形晶体表面上，致使底部均匀排布的六边形晶体颗粒轮廓比较模糊。这可能是因为，体系中主要的磷酸铝溶质组分大部分贡献给了六边形晶体的生成，后期的溶液中的少量 PO_4^{3-} 和 Al^{3+} 在较高 pH 值作用下达到析出条件而逐渐析出，沉积在六边形晶体表面。由于母液中前驱体磷酸二氢铝浓度偏低，而析出沉淀受总量控制导致颗粒无法长大。因此，得到的球形颗粒均在 100nm 以下。

混合体系经过高温处理可以看出，在 800℃ 时，体系中六边形轮廓比较清晰

（图 3-15c），说明球形纳米粒子逐步软化，对六边形轮廓形成包裹而紧贴晶体发生类似第 3.3.1 节中纳米颗粒在高温下形成的交联与黏附；到 1300℃ 时，整个体系在球形纳米颗粒的高度软化而形成的流动体带动下形成平铺，得到平整而且能体现六边形轮廓的膜层（图 3-15d）。这种膜层可以认为磷酸铝纳米颗粒形成的熔体在高温作用下在六边形晶体解理的层间和边缘形成很好的交联包裹，使得体系逐步均匀致密。同时，原位生成具有低烧结温度纳米粒子和层状结构耐高温晶体的混合结构，符合最初利用层状材料形成致密膜层隔绝氧进入的设计思路。

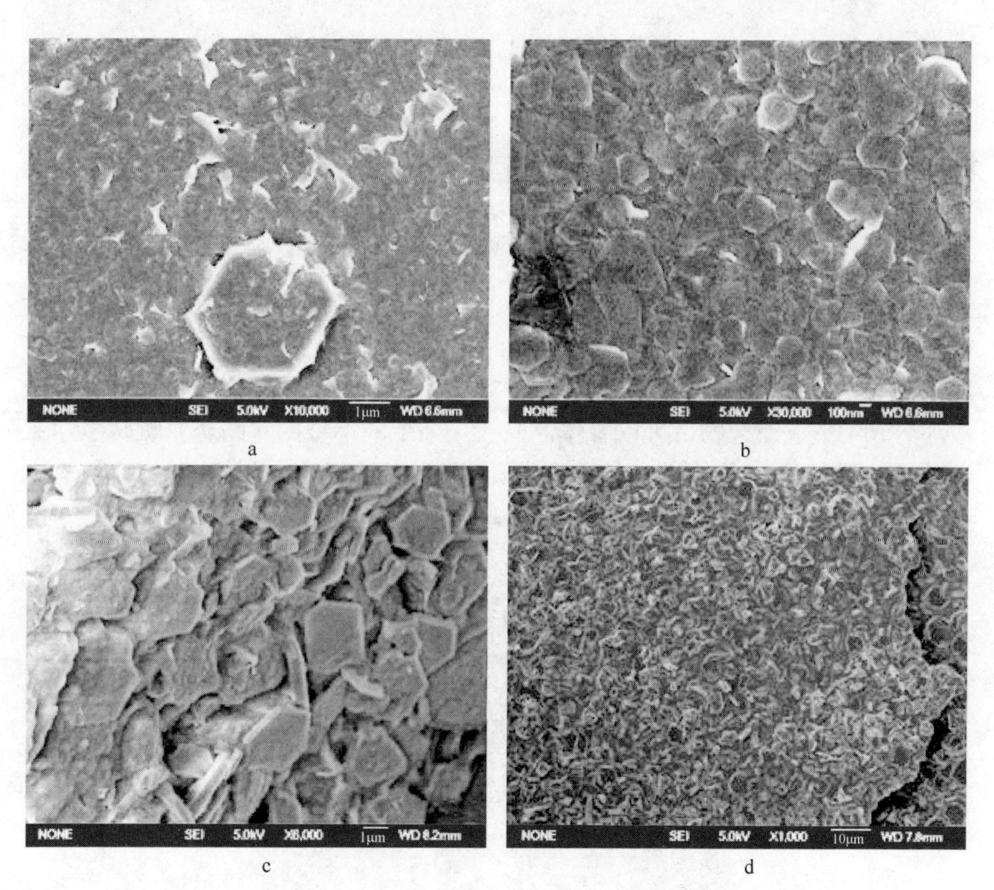

图 3-15　纳米粉体与六边形颗粒同时沉降后不同温度下的样品 SEM 照片

a，b—80℃；c—800℃；d—1300℃

3.5.5　层状圆片结构晶体的性能分析[10]

从扫描电镜照片（图 3-16）可以看出，制备得到了具有圆片结构的磷酸铝晶体（AMC 浓度为 0.01mol/L），晶体直径在 5μm 左右，晶体片厚度在 200nm 左右。

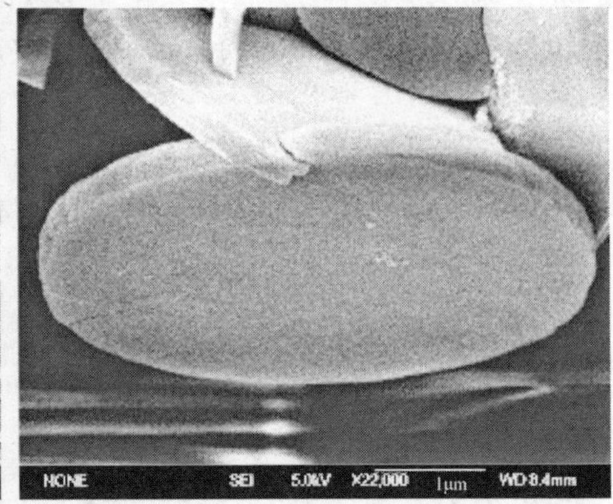

图 3-16 圆形磷酸铝晶体的 SEM 照片

图 3-17 为圆片结构磷酸铝晶体的生长花纹照片，同样可以六边形磷酸铝的生长机理来解释圆片磷酸铝晶体生长过程，不过是体系中的溶质基团中多了 AMC 溶质的作用，尤其是柠檬酸根离子对 Al^{3+} 的强螯合作用（柠檬酸根以 3 个羧基与 Al^{3+} 形成配合物，可以看作形成了一个个的小型网状结构）破坏了本来磷酸铝溶质基团在晶体表面的吸附脱附平衡以及 NH_4^+、PO_4^{3-} 和 Al^{3+} 的运动状态。

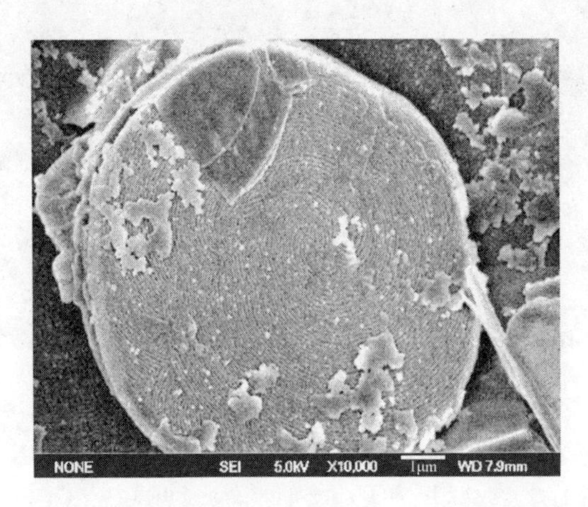

图 3-17 圆片结构磷酸铝晶体的生长花纹

圆形晶体的存在说明，在各个晶面 AMC 与 Al^{3+} 形成的配体有效地抑制在原六边形晶体生长过程中的侧面的不同生长速度，致使磷酸铝溶质基团不能沿着原来的生长台阶进行吸附生长，而是在六角形的各边进行吸附，导致晶体的生长台阶逐渐趋于圆形化，这种趋势与 AMC 的浓度也有关系。制得的圆片形磷酸铝晶体是在通过将 AMC 浓度调整到最佳 0.01mol/L 情况下得到的，因此其生长花纹为圆形螺旋花纹。

除了在 AMC 浓度为 0.01mol/L 下得到的圆片结构之外，还制备了系列略低 AMC 浓度下的磷酸铝晶体，晶体外观变化是从六边形晶体向圆片形晶体的转化。整个过程中随着 AMC 的浓度增加，六边形的六个角逐步变得圆滑直至最后得到圆形晶体。如图 3-18 所示。

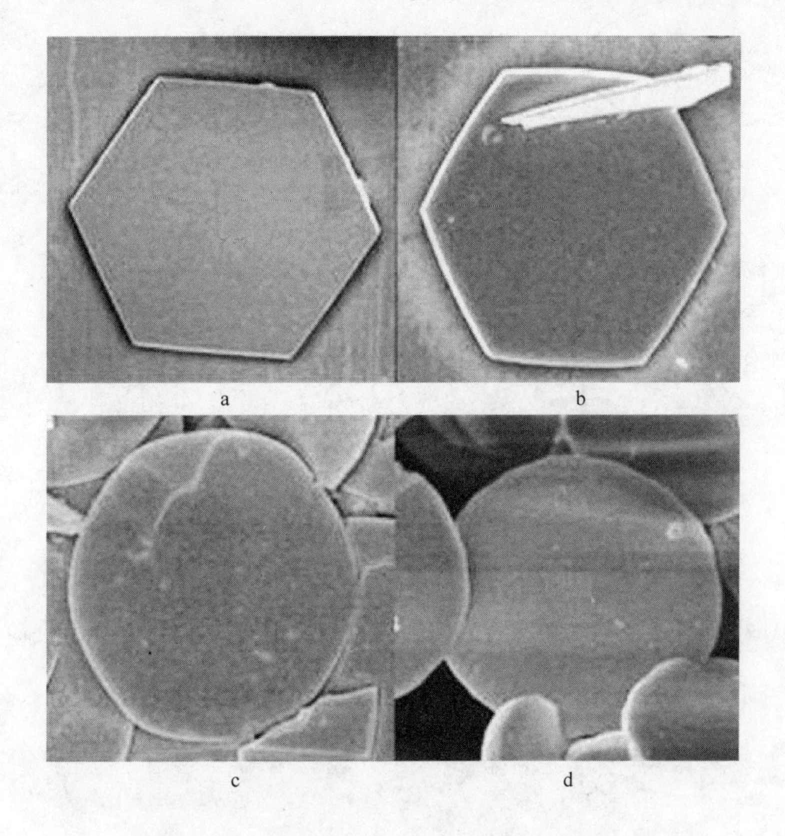

图 3-18 不同 AMC 浓度的磷酸铝晶体的 SEM 照片

a—0；b—0.001mol/L；c—0.005mol/L；d—0.01mol/L

针对磷酸铝在 AMC 作用下由六边形晶体逐步过渡到圆片形晶体的过程，做如下推测：AMC 作为一种形貌调控助剂，对磷酸铝晶体的动力学沉积过程、晶体尺寸以及形貌有显著的影响。在 AMC 存在的状况下，圆片的形成机理如图 3-19 所示。与晶体的上表面相比，晶体的侧面有很强的表面吸附自由能，可大量吸附柠檬酸根离子。特别是在原有六边形的棱角处吸附自由能更高，带有 3 个羧基基团的柠檬酸根离子在氢键、表面静电荷等物理作用下会更容易吸附在晶体的棱角。相应地，在六边形片层的上表面由于低的表面吸附自由能，柠檬酸根离子的吸附相对要少得多。这就是所谓的选择性吸附原理。由此可以认为，磷酸铝晶体边缘柠檬酸根离子高的表面覆盖率导致磷酸铝溶质基团在晶体的表面吸附沿晶体边缘的各个位置的吸附能力逐渐达到均衡，从而导致在各个晶面的生长速率趋向相同，使晶体逐步形成了圆片形结构。该机理解释与 Masaaki Yokota 等人[11]关于分子量较高的有机形貌调控助剂能改变晶体的形貌至圆形的解说相符。

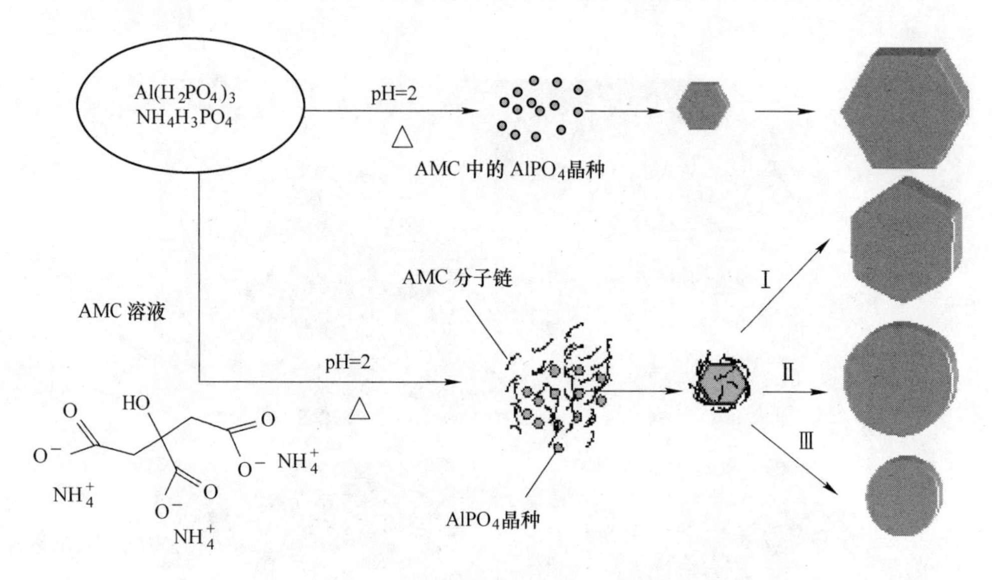

图 3-19　圆形磷酸铝的形成机理示意图

如图 3-20 所示，经 1300℃ 加热过的晶体圆片在厚度方向出现明显的分层，

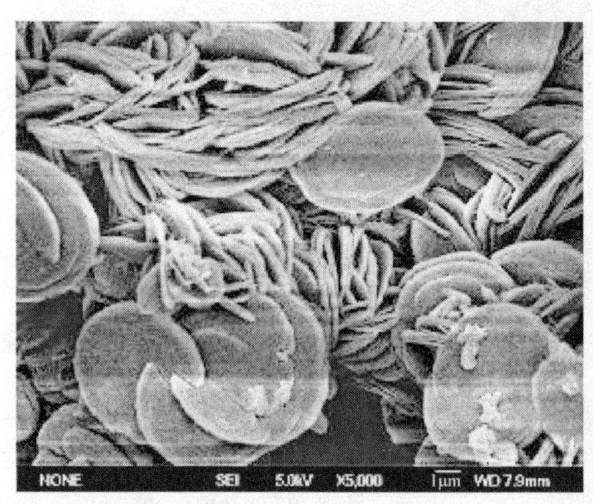

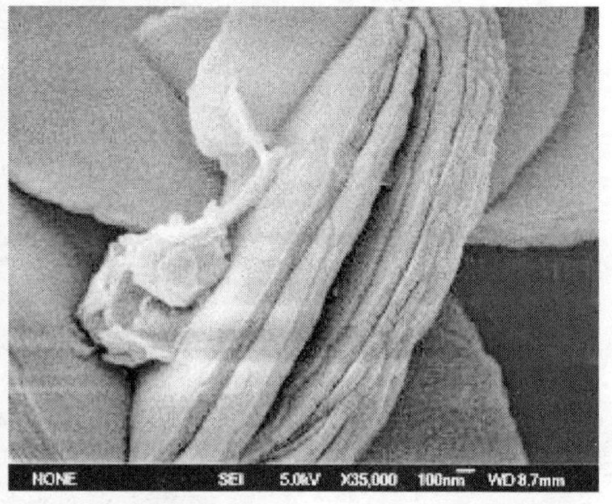

图 3-20　圆形磷酸铝晶体 1300℃高温下的形貌

整体圆形轮廓没有发生明显的变化，边缘发生层状解理而形成多层厚度小于100nm的层状堆积结构。这种现象和六边形片状纳米层状磷酸铝是一样的。

从圆片状磷酸铝晶体的热重分析（图3-21）可以看出，该层状磷酸铝晶体在100~400℃范围内有明显的失重，这主要是体系中的结晶水脱出所致；而当温度高于400℃以后，体系热失重没有明显的变化；在800℃附近DTA曲线上有微小的吸热峰，这主要是由层状晶体解理并附有边缘烧结现象发生引起的。

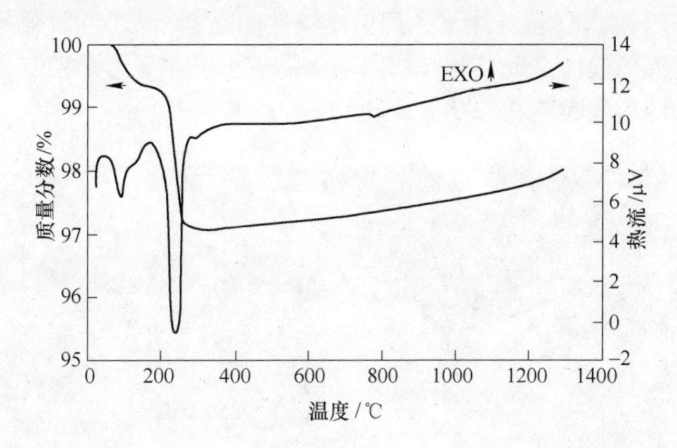

图3-21 圆片状磷酸铝晶体的热重分析

从常温到1300℃磷酸铝的XRD谱图（图3-22）变化可以看出，制得的圆形磷酸铝晶体与六边形晶体基本一致，这与它是在六边形晶体的基础上形成有关。同样，最初制备的是圆形磷酸铝晶体（JSD 00-028-0041，$(NH_4)_3Al_5H_6(PO_4)_8 \cdot 18H_2O$）。也就是说通过磷酸二氢铵、氨水和柠檬酸三铵共同作为模板剂，也能生成类伊利石的层状结构氨基磷铝石；经1300℃高温处理后，体系转变为典型

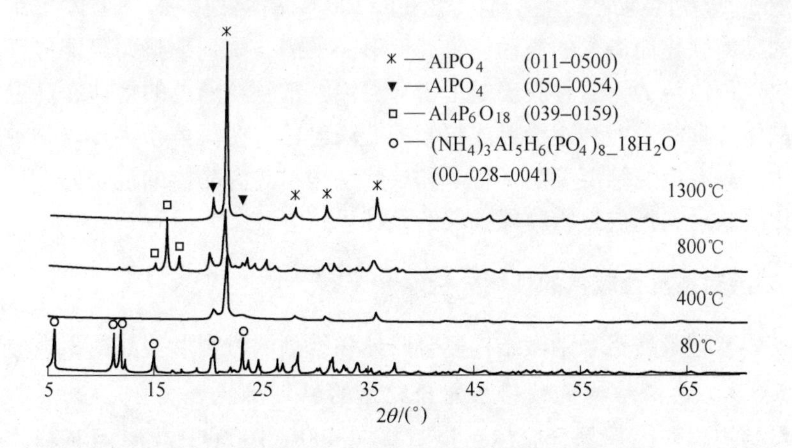

图3-22 不同温度下圆片状磷酸铝晶体的XRD谱图

的磷酸铝结构（JSD 011-0500 和 050-0054）。制得的圆形磷酸铝材料在高温条件下层状结构得以显现，有利于它在高温环境中的应用。

将该圆形磷酸铝颗粒与原母液混合状态下继续滴加氨水至体系的 pH 值至 4，加入少量 CTAB，80℃ 陈化 3 小时，洗涤干燥得到了图 3-23 所示形貌的混合物粉体。该体系中球形颗粒更加微小，圆形晶体无明显形貌变化。这主要是因为，体系中主要的磷酸铝溶质组分大部分贡献给了圆形晶体的生成，后期溶液中的少量 PO_4^{3-} 和 Al^{3+} 在较高 pH 值作用下达到析出条件而逐渐析出沉积与圆形晶体共混。前驱体浓度过低引起体系成核颗粒数目增多而析出沉淀受总量控制导致颗粒无法长大，得到的球形颗粒均在 100nm 以下。

a

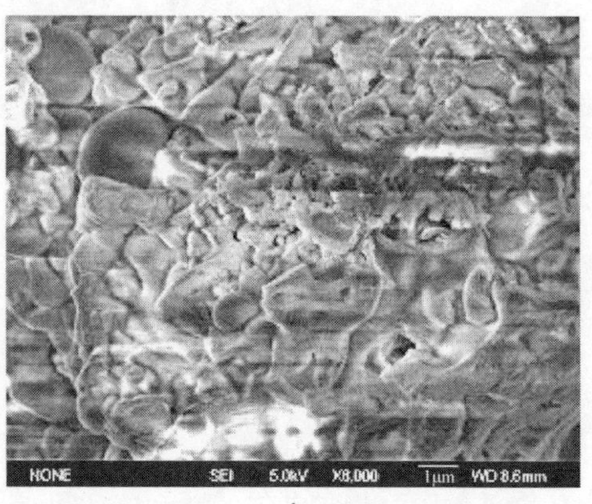

b

图 3-23 不同温度下圆形晶体与粉体颗粒共混的 SEM 照片

a—1700 倍；b—8000 倍

由图 3-23b 可以看出，混合体系经过 1300℃ 高温处理，整个体系在球形纳米颗粒的高度软化而产生的流动体带动下形成平铺，得到平整而且能体现圆形轮廓的膜层。可以认为，这种膜层是由于磷酸铝纳米颗粒形成的熔体在高温作用下在圆形晶体解理的层间和边缘形成很好的交联包覆，使得体系逐步均匀致密。原位同时生成具有低烧结温度纳米粒子和层状结构耐高温晶体的混合体，这也符合最初利用层状材料形成致密膜保护层的设计思路。

3.5.6 磷酸铝系复合胶体的性能分析[12]

制备的新型磷酸铝系纳微结构复合胶体黏结剂的微观形貌如图 3-24 所示。

3.5.6.1 纳微结构磷酸铝系复合胶体的黏附性能

纳微结构磷酸铝系复合胶体可以直接向 400 ~ 1000℃ 高温钢坯基体表面喷涂。水分挥发的同时所含纳微米尺度的固体成分会即时软化，利用基体的热量平

图 3-24 复合胶体干粉的 SEM 照片

铺黏附在基体表面，黏附成光滑致密、附着力强的薄膜。而相比之下，单纯的磷酸二氢铝胶液在高温表面喷涂时会产生自身剧烈缩聚，水分在胶体软化的同时继续挥发，使得表面粗糙不平，并产生大量的气泡，不利于在涂层中的应用；水玻璃类黏结剂在高温基体表面喷涂的黏附效果较差，会因基体表面平整度不同而造成黏附不均匀甚至部分表面完全不黏附。

纳微结构磷酸铝系复合胶体黏结剂解决了原有无机黏结剂的缺陷，拓宽了高温防氧化涂料的喷涂温度范围。原有涂料只适用于对常温钢坯基体的涂刷，静态常温干燥成膜，而高温防氧化涂料由于复合胶体的加入，使得前期喷涂时基体温度范围变宽到常温至1000℃ 之间。尤其在高温时，涂料由喷嘴雾化喷出后能短时间在红热基体表面形成涂层，这种特性能使得涂料的应用工艺满足钢铁企业连铸连轧和高温热送过程中的红热钢坯在加热炉内的防氧化，更利于涂料在钢铁企业的实际应用与推广。

3.5.6.2 纳微结构磷酸铝系复合胶体的高温性能

模拟热轧车间加热炉现场条件，样品在高温炉内进行试验。实验钢种为 Q235B，试样尺寸：50mm × 50mm × 5mm，成分见表 3-2。

实验操作方案为：采用喷枪将复合胶体浆料均匀喷涂于 800℃ 的红热钢样表面观察胶体表面形貌。

表 3-2 Q235 钢坯样品成分

化学成分	C	Si	Mn	P	S
含量(质量分数)/%	0.14	0.16	0.54	0.025	0.035

图3-25显示喷涂的纳微磷酸铝复合胶体不同温度下在基体表面的形貌。在800℃时，复合胶体在向红热基体喷涂的过程中，水分挥发，体系中球形纳米颗粒实现了在基体表面的软化铺展及对基体的黏附，随着温度的提高颗粒黏度逐渐降低（图3-25a）；在900℃时，作为黏结剂组分的纳米颗粒已经对基体和磷酸铝晶体实现了包覆（图3-25b）；在1000℃时，体系已经基本软化并略呈流动态，在基体表面均匀铺展，仍能显露出晶体的形貌轮廓（图3-25c）；到1200℃时，复合胶体已经形成较致密的膜层，遮盖率很高（图3-25d）。复合胶体与基体的黏附过程中少量磷酸二氢铝胶体仍会发生高温缩聚反应，在基体表面形成交联网络结构。这种缩聚反应仍为体系的弱酸性所致。因此，在更高的温度下，磷酸铝复合胶体对基体仍有一定程度的腐蚀。这需要在后来的动态过程高温防氧化涂料中，其他功能组分的协同作用尤其是对磷酸二氢铝带来的负面作用进行弥补，方能实现真正的高温防氧化。

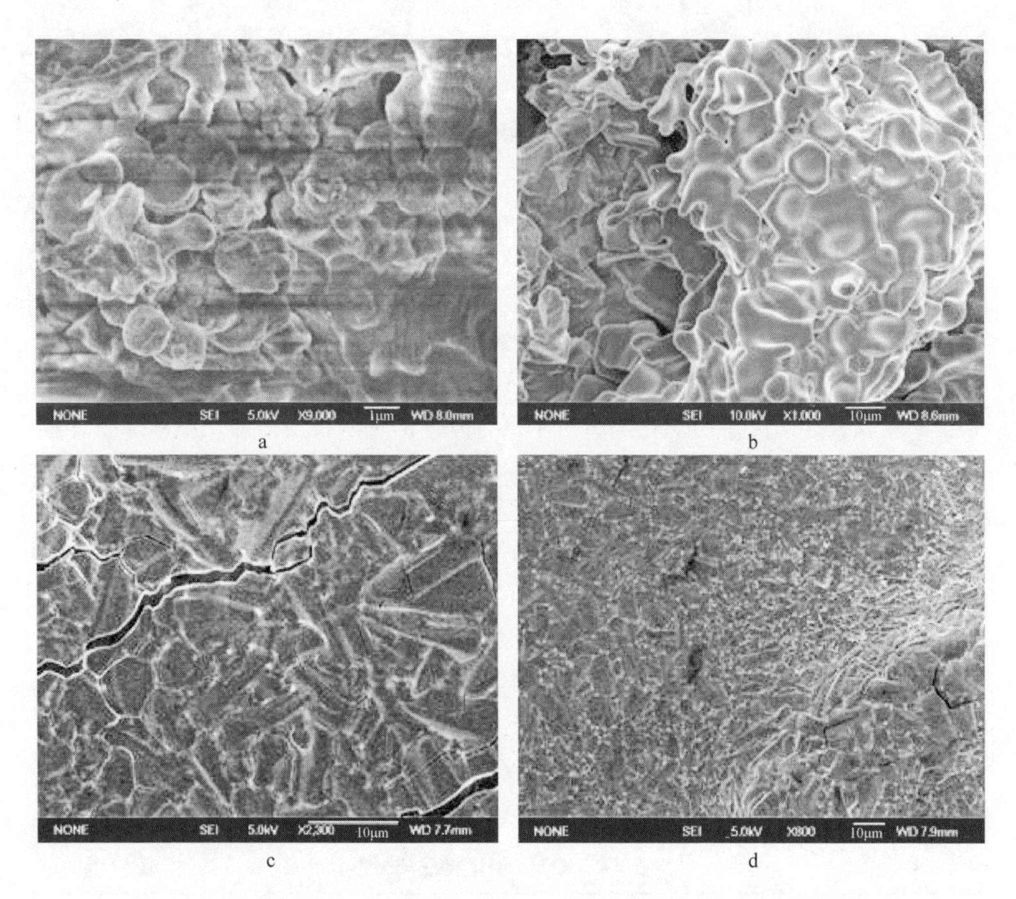

图3-25 不同温度下喷涂纳微结构磷酸铝系复合胶体表面的SEM照片

a—800℃；b—900℃；c—1000℃；d—1200℃

图3-26为纳微结构磷酸铝系复合胶体粉体的热重分析曲线图。从图3-26中可以看出，该复合胶体在100～400℃范围内失重较明显，主要为体系中残留的水分挥发所致；而当温度高于400℃以后，体系热失重平稳变化；在700℃附近DTA曲线上有微小的放热峰，这主要是由纳米磷酸铝及磷酸二氢铝胶体在该温度下发生缩聚反应放热而引起的，该温度下的交联缩聚反应利于复合胶体在该温度附近实现高温黏附。

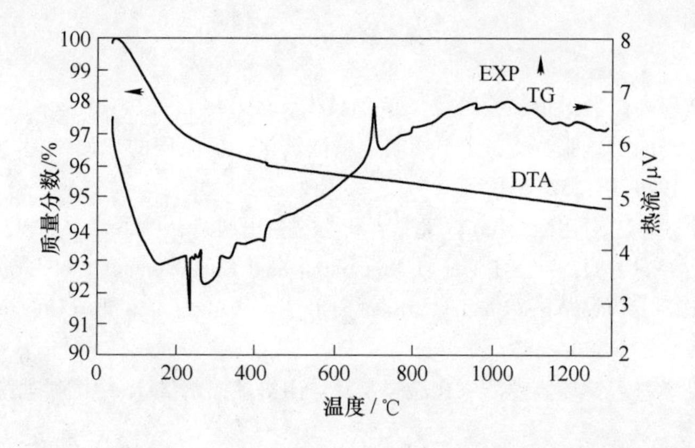

图3-26　纳微结构磷酸铝系复合胶体粉体的TG-DTA分析曲线

3.5.6.3　纳微磷酸铝复合胶体在防氧化涂料中的用量的确定

无机复合胶体在涂料中的用量直接影响到涂料的防氧化效果，这与涂料自身组成和含量有必然的联系。因此，确定无机复合胶体用量的判据是确保复合胶体在涂料中的喷涂效果与对基体的防护效果。而由于复合胶体自身对钢坯基体的腐蚀作用，以及复合胶体的黏附性与用量又有本质的联系。因此，最佳的喷涂黏附效果是能够保证涂料成膜均匀致密，这种致密性决定防氧化效果。

图3-27表明某种涂料原料组分确定的情况下，复合胶体用量（质量分数）

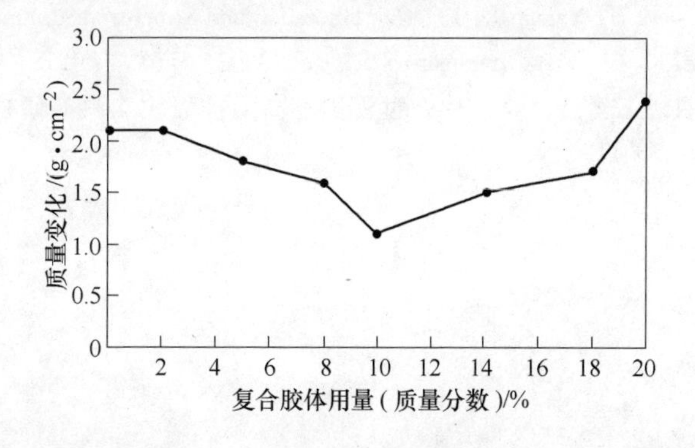

图3-27　纳微结构磷酸铝系复合胶体用量（质量分数）对涂料防氧化效果的影响

对防氧化效果的影响。当复合胶体用量（质量分数）在10%时，在高温钢坯表面喷涂和防护的效果最为理想；高于10%时，胶体的负面影响逐渐显现，到达20%时则表现为涂层无防护效果，并使得钢坯的氧化烧损量较空白样还要高。这主要是因为过量的复合胶体由于相应的体系中的磷酸二氢盐成分也增多，对基体会产生氢腐蚀等影响；较低用量时，涂层不能很好地实现对基体的黏附以及对基体的高的遮盖率。

参考文献

[1] 李应有．碳钢加热的保护性涂层[J]．表面技术，1997(4)：12～14.

[2] 欧阳德刚，周明石，张奇光，等．高温金属抗氧化无机涂层的作用机理与设计原则[J]．钢铁研究，1999，4：52～54.

[3] 战凤昌，李悦主．专用涂料[M]．北京：化学工业出版社，1988.

[4] Zhang X M, Wei L Q, Ye S F, et al. Preparation and Characterization of Low-Melting Glasses Used as Binder for Protective Coating of Steel Slab[J]. Journal of Wuhan University of Technology, 2013, 28(2): 380～383.

[5] 魏连启．动态过程钢坯高温防氧化涂层及其作用机理探索[D]．中国科学院大学博士学位论文，2007.

[6] 魏连启，刘朋，武晓峰，等．新型纳米磷酸铝致密陶瓷薄膜的制备与表征[J]．稀有金属材料与工程，2007，36(8)：516～519.

[7] Wei L Q, Tian Y J, Liu P, et al. Effect of Ammonium Citrate Additive and Temperature on Crystal Morphologies of Aluminum Phosphate[J]. Crystal Growth & Design, 2009, 311: 3359～3363.

[8] Mullin J W. Crystallization. Third Edition[M]．北京：世界图书出版公司北京分公司，2000.

[9] 施尔畏，陈之战，元如林，等．水热结晶学[M]．北京：科学出版社，2004.

[10] Wei L Q, Liu P, Chen Y F, et al. Preparation and Properties of Anti-oxidation Inorganic Nanocoating for Low Carbon Steel at an Elevated Temperature[J]. Journal of Wuhan University of Technology, 2006, 21(4): 48～52.

[11] Yokota M, Oikawa E, Yamanaka J, et al. Formation and Structure of Round-shaped Crystals of Barium Sulfate[J]. Chemical Engineering Science, 2000, 55(19): 4379～4382.

[12] 魏连启，刘朋，王建昌，等．动态过程钢坯高温抗氧化涂料的研究[J]．涂料工业，2008，38(7)：7～11.

4 典型钢种高温防护涂层

4.1 涂层防护过程中的关键因素

4.1.1 涂层对钢坯传热过程的影响[1]

涂层对钢坯传热过程影响包含两个方面：

(1) 钢坯在加热炉内的热传递。

钢坯在加热炉内的热传输主要分三种方式，包括辐射传热、对流传热和热传导。钢坯加热过程，如图4-1所示。传热方式包括：气体对炉壁的辐射传热，气体对炉壁的对流传热，炉壁自身的传导传热，炉壁对钢坯的辐射传热，气体对钢坯的辐射传热，气体对钢坯的对流传热，钢坯的热传导。钢坯加热过程中少部分热量通过对流传热，大部分的热量传输来自气体对钢坯的辐射传热。

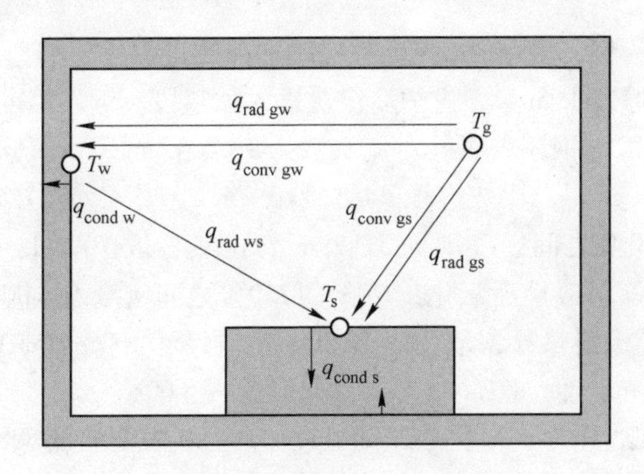

图4-1 钢坯加热过程中热传输方式

gs—气体到钢坯；gw—气体到炉壁；ws—炉壁到钢坯

(2) 氧化层对基体的传热影响。

在加热炉内高温条件下，钢坯表面的氧化层相对厚度小，成分复杂，物性参数随温度变化和因线胀系数差异而导致的和钢坯基体的传热难于测量。因此，几乎在所有的钢坯热计算中，都忽略其对传热的影响。

但是，如果从理论上分析传热过程，我们发现由于高温钢坯表面生成氧化层的辐射系数和钢坯基体辐射系数、热导率，以及和炉气的对流传热系数是不同的。因此，氧化层必然会影响传热。Patrik W 等[2]采用填埋热电偶的方式，测量加热过程中钢坯表面和氧化层表面的温度差，热处理温度为 700～1300℃，时间为 9000 秒。得到如图 4-2 的结果。最终氧化层以 1.5mm 计算，氧化层表面温度和钢坯基体表面的最高温差约为 70℃，最终温差约为 20℃。

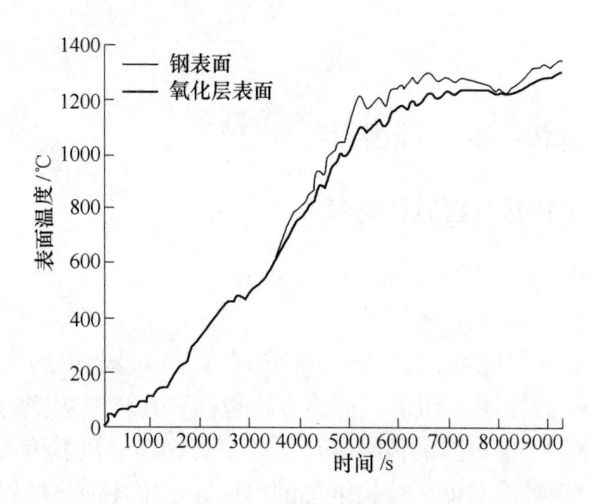

图 4-2 不同加热时间下氧化层和基体表面温度差

以对流传热为例，采用 Ansys 软件对钢坯加热过程进行模拟。模型建立：以热坯计算，涂层厚度 1.5mm，进炉后很快进入加热段，钢坯温度均匀 700℃，环境温度恒定 1230℃，钢坯表面处对流系数为 10.5W/m^2·℃，钢在 700～1230℃之间密度取 7800kg/m^3，比热容取 448J/(kg·℃)，热导率 27.69W/m·℃。氧化铁皮 700～1230℃之间密度取 5957kg/m^3，比热容取 700J/kg·℃，热导率取 13.6W/m·℃。涂料改性后氧化皮 700～1230℃之间密度取 5100kg/m^3，比热容取 610J/kg·℃，涂料热导率取 11.7W/m。钢坯尺寸：16cm×16cm 方坯；使用单元：Thermal solid，Quad 4node 55；加热时间：3600s。

由图 4-3 可见，不考虑氧化层，则经过加热后，表面温度 828.299℃，芯部温度为 815.99℃，温度差为 12.309℃。而计算氧化皮对传热的影响后，可得表面温度为 826.221℃，芯部温度为 812.336℃，温度差为 13.885℃。模拟结果表明：氧化皮的存在使得表面温度下降了 2.078℃，芯部温度下降了 3.654℃。表面和内部温度增加了 1.576℃。可见氧化皮的存在对对流传热有一定的影响。而涂层防护可显著降低氧化皮的厚度，对整个传热过程影响不大。

4.1.2 涂层对表面质量的影响[3]

涂层对钢坯表面质量的影响主要包括以下几个方面：

（1）涂层提高了粗轧高压水除鳞率，减少了因氧化皮未除净带来的表面麻

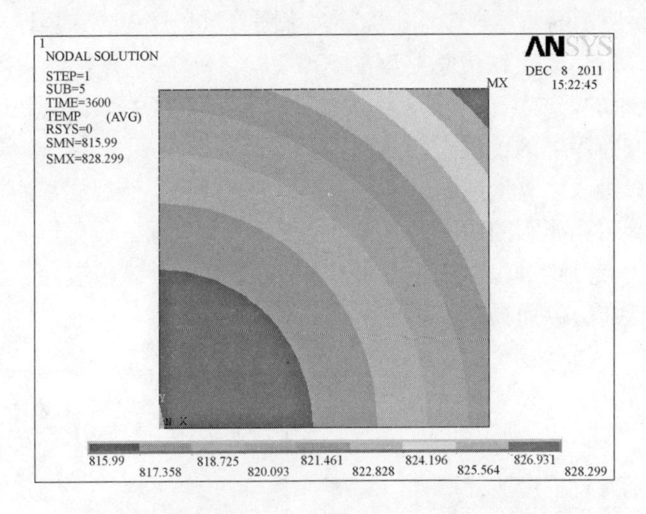

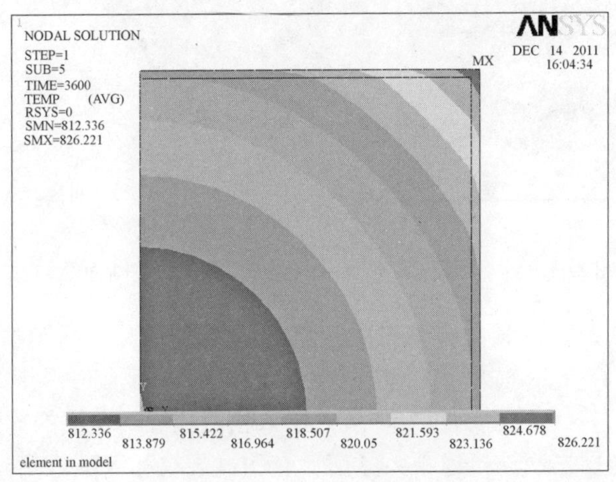

图 4-3 考虑氧化皮和不考虑氧化皮的截面温度差对比

点和氧化皮压入缺陷。

当前，高压水除鳞系统水压约为 22MPa，通过喷嘴高度和角度的调节，可以有效去除红热钢坯表面的炉生氧化铁皮。但是，针对含 Si、Nb、B 等元素的钢坯除鳞效果还有待提高。

分析表明，影响除鳞效果的直接因素为氧化皮的高温黏附性。在高温状态下，氧化皮和基体的黏附性越好，意味着除鳞将变得困难。相反，氧化皮和基体的黏附性越差，除鳞越容易。尽管影响高温氧化皮黏附性的因素很多，但松散层和致密层的比例为影响黏附性的关键因素。

氧化层可分为致密层和松散层，如图 4-4 所示，致密层结构组成主要为 Fe_2O_3、Fe_3O_4。松散层主要结构为 FeO。将铁皮断面宏观特征与除鳞效果对应起来观察，就呈现为图 4-5 所示的明显规律性。即除鳞率随着氧化铁皮致密层厚度的增加而上升，当致密层厚度达氧化铁皮总厚度的 50% 以上时，一次氧化铁皮除鳞率就能达 100%。除鳞效果的好与坏，与氧化铁皮的厚薄没有直接关系，而是取决于氧化铁皮致密层厚度与总厚度的比值[4]。其原因是松散层有较多的气孔，当喷水除鳞时，松散的结构可以吸收因氧化铁皮迅速冷而产生的热应力，使裂纹不能扩展到钢的基体表面，从而导致高压水的冲击下不能完全去除基体表面的氧化铁皮。相反，致密层增加，热应力在除鳞过程中充分发挥了应有的作用，使基体表面氧化铁皮的除鳞条件得到明显改善，因而提高了除鳞率。

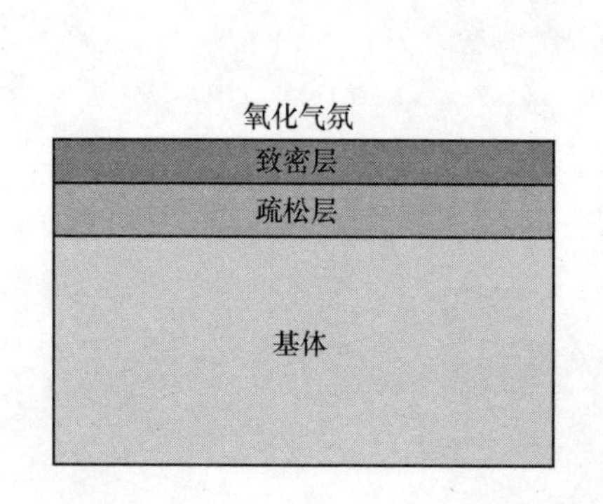

图 4-4　松散层和致密层分布示意图

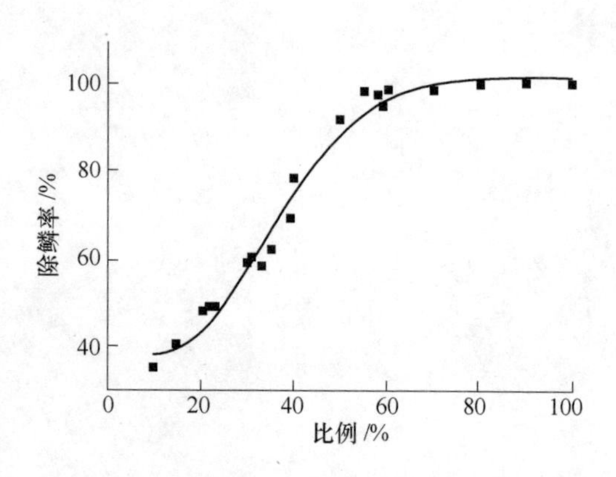

图 4-5　氧化铁皮断面结构对除鳞率的影响

松散层和致密层在氧化层中占的比例对除鳞率也有明显影响[4,5]。从图 4-6 可以看出，$20Cr_2Ni_4A$ 轴承钢经高温氧化后，基本形成三层：外层为很薄的 Fe_2O_3 致密层、Fe_3O_4 致密层和 FeO 疏松层。松散层和致密层的比例接近 2∶1。而且松散层和致密层之间连接也不太紧密，有明显裂纹和缝隙。相比空白样，涂层防护样品的氧化铁皮结构发生了显著的变化，仅仅有两层，外层致密层和内层的松散层，比例接近 1∶1，松散层和致密层的连接较紧密。在实验中发现，涂覆样的松散层已经变性，相比较空白样，其松散层相对致密一些，这也是除鳞率好的一个原因。实质上，虽然松散层和致密层的比例重要，但是相对于涂层对 Si 富集的抑制而言，这个比例属于次要因素。从图 4-6 可以看出，由于涂层很好地抑制了 Si 在界面处的富集，涂覆样的整体氧化层（包括致密层和松散层）结构发生变化，最终使得氧化层与基体更容易剥离。

为了测试高温下除鳞性能，样品分别在 1100℃、1200℃、1250℃时分别恒温 120 分钟，出炉后热态将其压缩到原长的 95%，然后在 N_2 中冷却至常温，分析表面氧化皮剩余率。

如图 4-7 所示，不论是空白样还是涂覆样，20Cr2Ni4A 氧化皮完全去除的面积都随着温度升高而减少，厚氧化皮残留面积随着温度升高而增加，这说明随着

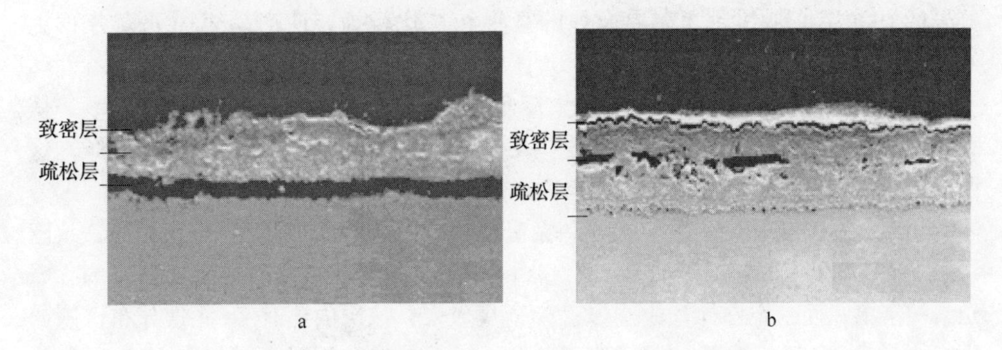

图 4-6 空白样和涂覆样的致密层、松散层比例
a—涂覆样；b—空白样

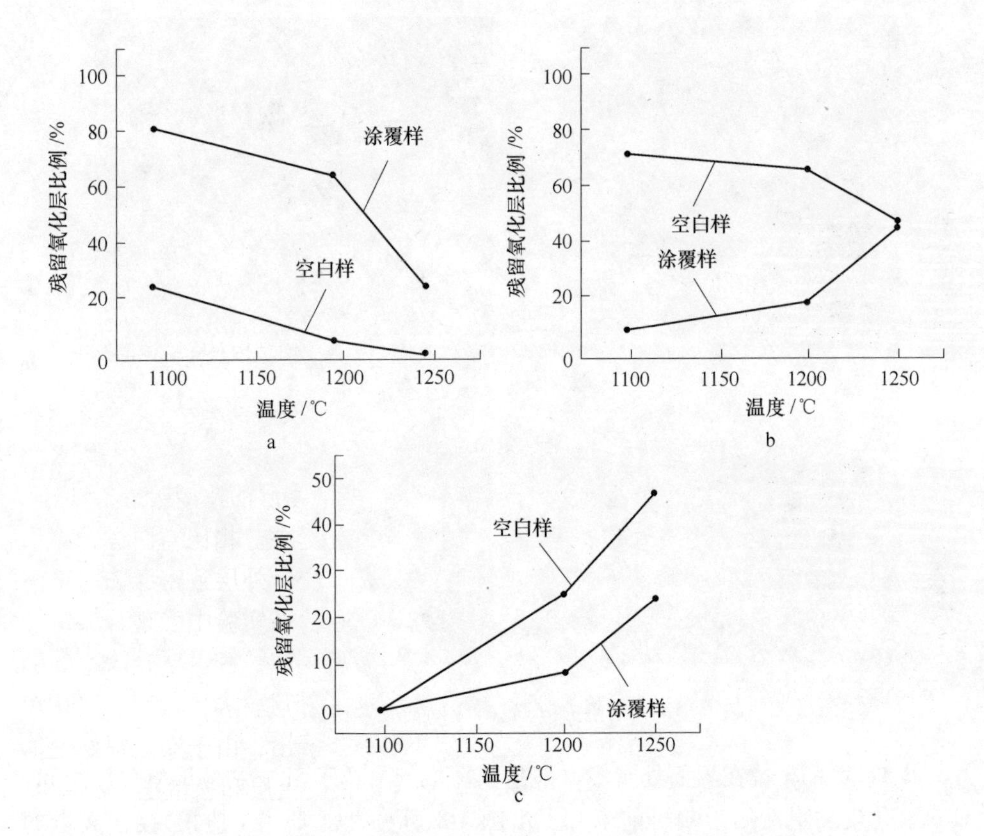

图 4-7 MgO 涂层对 20Cr2Ni4A 经过热压缩试验后表面除鳞率的影响
a—裸露部分面积比；b—残留厚氧化层面积比；c—残留薄氧化层面积比

温度升高，除鳞变得困难。同时，我们发现涂覆样和空白样的薄氧化皮面积比例曲线呈相交状，这主要归因于其他两种形貌的变化幅度。虽然，涂覆样的薄氧化皮面积比例随着温度升高略有升高，但是涂覆样的整体除鳞率相对较高。

（2）涂层抑制了元素在界面处的富集和贫化行为，使产品表面元素分布更为均匀，力学性能良好。

前面提到 $MgFe_2O_4$ 尖晶石实质上降低了 Fe 离子穿过氧化层的扩散速率，从而降低氧化皮生长速率，离子扩散速率的降低导致钢在高温下氧化速率下降，这在一定条件下也会影响 Si 的氧化速率。

当温度为1200℃时，将空白样和涂覆样的氧化层断面进行元素分析扫面，从图 4-8 和图 4-9 的测试结果中可以发现，空白样在氧化层和基体的界面处都有 Si、Cr 元素的富集，而且空白样富集明显；Si 富集成层，该层内还有 Fe 元素分布，该产物应该是 FeO、Fe_2SiO_4 或者是 FeO-Fe_2SiO_4 共晶产物。但是涂覆样如图 4-9 所示，界面处几乎不存在 Si 的富集，也就是说涂层的应用抑制了 Si 在界面处的富集。

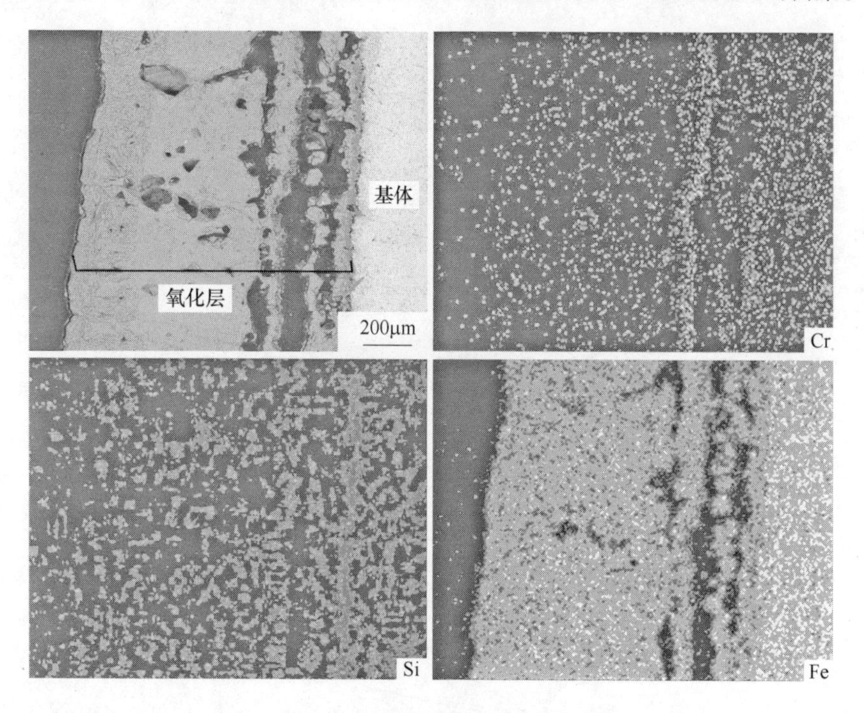

图 4-8　空白 20Cr2Ni4a 断面元素扫描

实验发现 Cr 也在界面处富集，但是其富集产物位于 Si 层和外层氧化层之间，其对氧化皮黏附性的影响目前未知。由图 4-8 可见，富 Cr 层内同时存在大量的 Fe 元素，这意味着由于基体内部 Cr 含量比较低，并没有形成单层纯 Cr_2O_3 层，而是形成 Fe-Cr 尖晶石层。Mitra[6] 等人的研究表明，如果不依靠 Ce、Y 等稀土元素，Cr_2O_3 层和 Fe-Cr 尖晶石层对基体的黏附性很差。从实验结果看，Fe-Cr 尖晶石层对氧化皮黏附性没有产生明显影响。但是从防氧化角度考虑，Shen 等[7] 人的研究表明，Cr 含量的提高可以提高 Fe-Cr 合金的高温抗氧化性能。当 Cr 含量

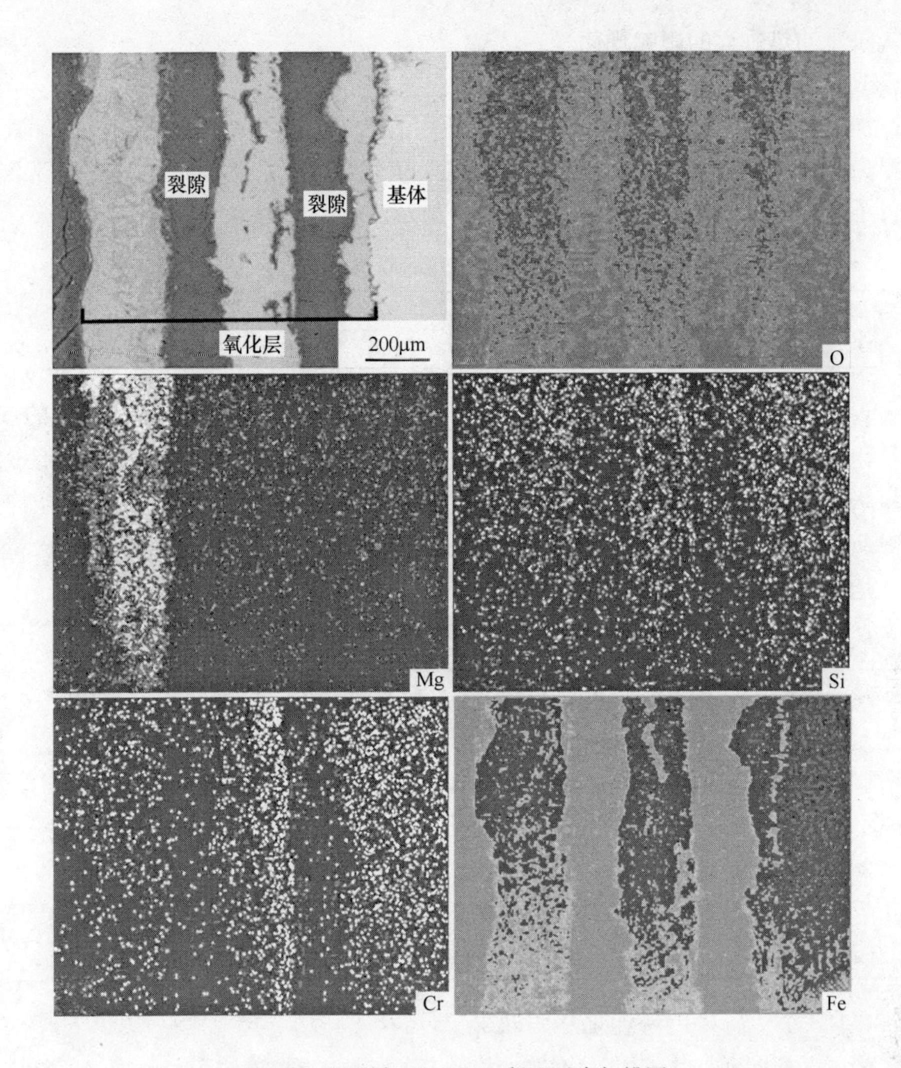

图 4-9 涂覆样 20Cr2Ni4a 断面元素扫描图

超过 5% 时，高温下可以在金属表面生成较厚的富 Cr 层，降低 Fe 和 O 的互扩散速率，逐渐在氧化过程中占据主导地位。但是，对于普碳钢、低合金钢而言，Cr 的含量很低，其富集层不能控制整体氧化速率。

（3）通过在钢坯头尾改变涂层的厚度，涂层还可以有效抑制钢坯两头的过热和过烧现象，杜绝加热缺陷，减少轧制中间坯的切头去尾量，节约成本，提高后期产品的质量。

4.1.3 炉内气氛对钢坯加热过程的影响[8]

以国内某钢厂加热炉内气氛影响实验为例，通过模拟热轧加热炉的气氛，研究气氛对加热过程的影响规律。

4.1.3.1　加热炉煤气组成测定

加热炉内氧化烧损严重，加热炉所使用的燃气一般为高焦转混合煤气，其中主要为高炉煤气和焦炉煤气。对高炉煤气、焦炉煤气及加热炉烟气组成及硫含量进行了多次成分测定，检测结果如表4-1所示。

表4-1　加热炉混合煤气组成

化学成分	CO_2	C_nH_m	O_2	CO	CH_4	H_2	N_2
混合煤气/%	13.6	0.8	1.00	16	11.66	30.41	26.53

表4-2为对焦炉煤气、高炉煤气和加热炉烟气的测试结果，高炉煤气的 SO_2 含量比较稳定，含量在270ppm（$1ppm = 1 \times 10^{-6}$）左右，折算成S元素约 $0.34g/m^3$；而当时焦炉煤气脱硫效率很差，煤气中的 H_2S 含量很高，平均在 $4.5g/m^3$ 左右；由于加热炉的运行状况不同，再加上焦炉煤气中的 H_2S 含量变化，烟气中 SO_2 含量比较大，折算成S元素平均在 $1.5g/m^3$ 左右。

表4-2　混合煤气中硫元素含量分布

编号＼种类	焦炉煤气中 H_2S 含量/$(g \cdot m^{-3})$	高炉煤气中 SO_2 含量/$(g \cdot m^{-3})$	混合煤气中S含量/$(g \cdot m^{-3})$	加热炉烟气中S含量/$(g \cdot m^{-3})$
1	3.80	0.68	2.07	1.11
2	4.76	0.68	2.55	2.03
3	5.46	0.68	2.90	1.51
4	4.65	0.68	2.50	1.33
5	3.90	0.70	2.12	1.72
平均值	4.52	0.68	2.43	1.54

4.1.3.2　加热炉内氧化烧损状况

为了考察同期加热炉内氧化烧损状况，对加热炉出口处的3个钢种的氧化铁皮进行了取样分析，这3个钢种分别为SPHC，Q345和SS400。其中，SPHC为低碳铝镇静钢，Q345和SS400都为普碳钢。表4-3为3个样品的氧化铁皮厚度分析结果。

表4-3　现场加热炉三个钢种的氧化铁皮厚度分析

钢　种	SPHC	Q345	SS400
氧化铁皮厚度/mm	3.0	3.5	2.6
氧化烧损率(估算)/%	2	2.3	1.7

从表4-3中可以看出，3个钢种中以Q345样品的氧化铁皮厚度最厚，达到了3.5mm，氧化烧损率最大，约为2.3%。其次为SPHC，氧化铁皮厚度约为3mm，氧化烧损率在2%左右。SS400的氧化铁皮最薄，也达到2.6mm，氧化烧损率也

约为1.7%。现场取样结果表明，加热炉内钢坯的氧化烧损现象非常严重，氧化烧损率在1.5%~2.5%的范围内。

4.1.3.3 含水蒸气和二氧化硫对高温状态下钢板表层氧化的参数分析

选取三种钢（X80、510L、SPHC）进行模拟加热实验。样品尺寸仍为1.5cm×1.5cm×1cm，每个样品在五种不同的SO_2浓度下进行加热，加热温度统一设定为1200℃，恒温时间为1小时。模拟气氛中其他气体的组成和含量基本相同，仅仅是通过自制的水蒸气发生器在气氛中带入约10%的水蒸气。根据各钢种和实验条件的不同，各样品编号见表4-4。

表4-4 实验中各钢种样品编号

SO_2 含量/($mg \cdot m^{-3}$)	0	100	200	500	1000
X80样品编号	X1	X2	X3	X4	X5
510L样品编号	L1	L2	L3	L4	L5
SPHC样品编号	S1	S2	S3	S4	S5
M3A33样品编号	M1	M2	M3	M4	M5

（1）X80钢。X80钢样品氧化铁皮变化见图4-10。

表4-5为X80钢各样品氧化铁皮厚度。

表4-5 X80钢各样品氧化铁皮厚度

样品编号	X1	X2	X3	X4	X5
氧化铁皮厚度/μm	540	500	600	860	1380

从图4-10宏观照片来看，X1~X3样品表面龟裂逐渐增多，但是比较平整；X4和X5号样品表面已经开始鼓泡，但龟裂逐渐消失，基本没有发现裂纹。同上面不含水蒸气的实验结果类似，发现X80钢样品氧化铁皮的微观结构与其他钢种略有不同，如图4-11所示。图4-11所示，外层的氧化铁皮是致密层，但与基底相连的有一层薄的疏松层，疏松层与致密层分离较彻底。但是，疏松层与基底结

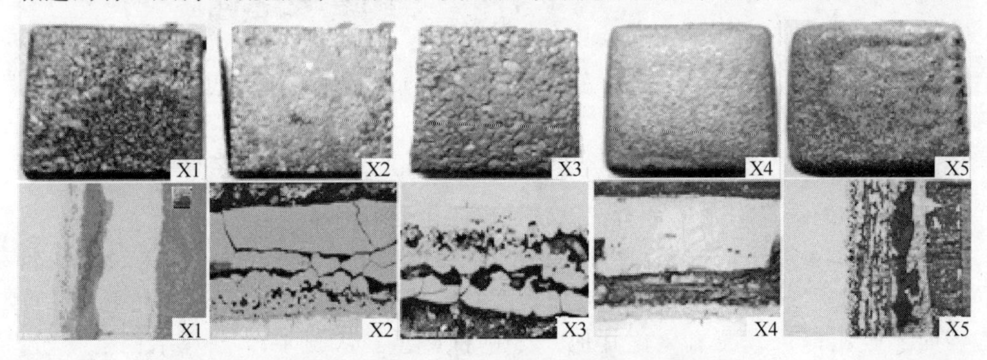

图4-10 X80钢样品氧化铁皮的宏观图片（上）和微观图片（下）

合非常紧密，相互渗透，很难分离。

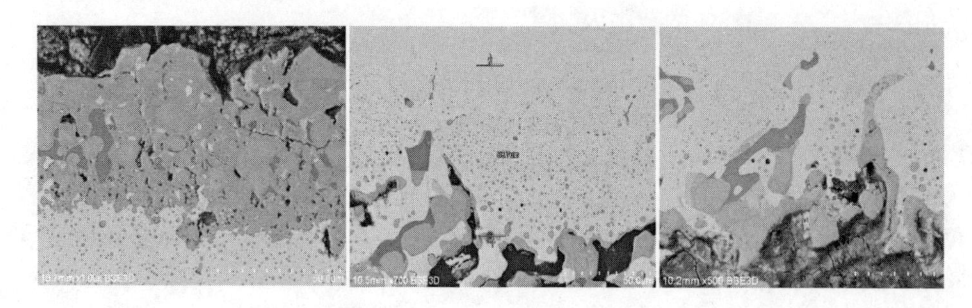

图 4-11 X80 氧化铁皮与基体界面处的 SEM 照片

（2）510L 钢。510L 钢样品氧化铁皮变化见图 4-12。

表 4-6 为 510L 钢各样品氧化铁皮厚度。

如图 4-12 所示，从宏观上来看，所有 510L 钢样品的氧化铁皮表面龟裂比较多，氧化现象比较严重。从氧化铁皮的微观结构上来看（见图 4-13），510L 钢样品的氧化铁皮厚度普遍较厚，都在 700μm 以上，保存相对比较完整，而且其厚度随着含硫气氛浓度增加而逐渐增加，但是增加幅度较小。

表 4-6 510L 钢各样品氧化铁皮厚度

样品编号	L1	L2	L3	L4	L5
氧化铁皮厚度/μm	740	760	830	900	1080

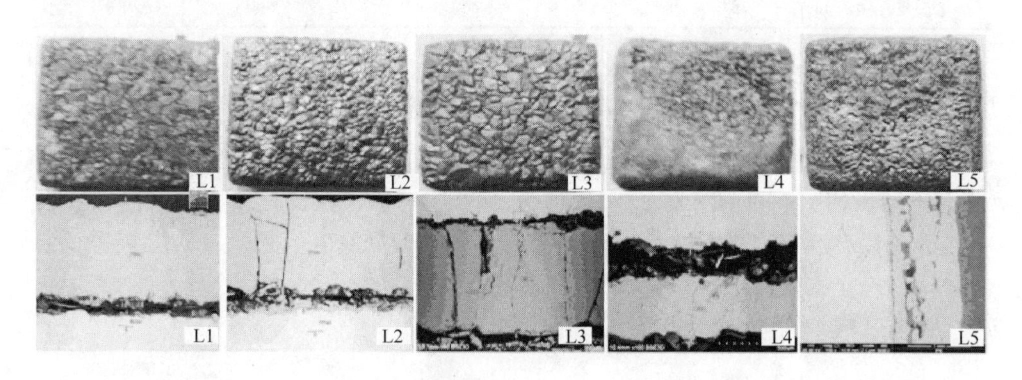

图 4-12 510L 钢样品氧化铁皮的宏观图片（上）和微观图片（下）

（3）SPHC 钢。SPHC 钢样品氧化铁皮变化见图 4-14。

从图 4-14 宏观上来看，SPHC 钢种的 5 个样品中，S1 样品的表面鼓泡现象较为明显，S2 和 S3 号样品的氧化铁皮表面都比较平整，而 S4 和 S5 样品氧化铁皮表面比较粗糙，表面氧化比其他 3 个钢种严重。从图 4-15 微观结构上来看，SPHC 的 5 个样品的氧化铁皮保存都比较完整，其厚度基本随 SO_2 浓度升高而不

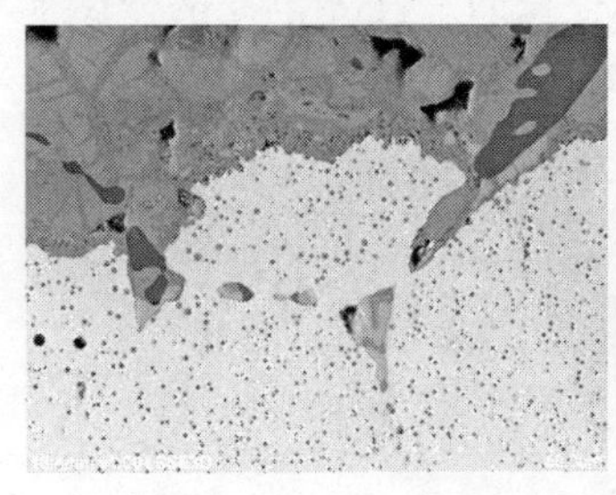
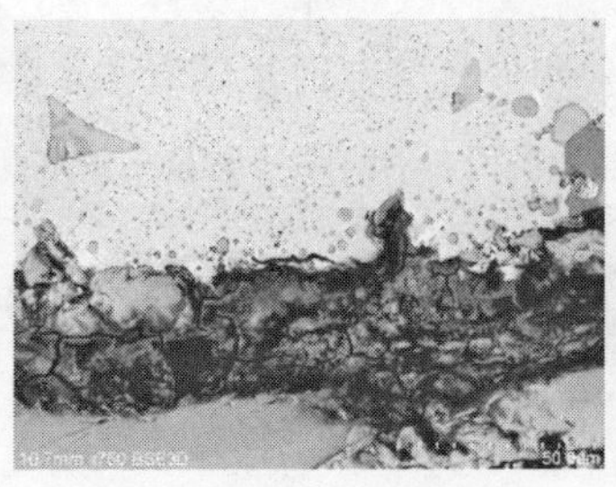
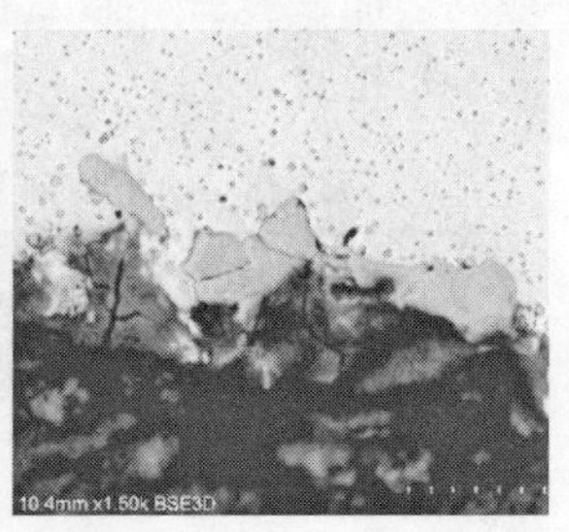

图 4-13 510L 样品氧化铁皮与基体界面处的 SEM 照片

图 4-14 SPHC 钢样品氧化铁皮的宏观图片（上）和微观图片（下）

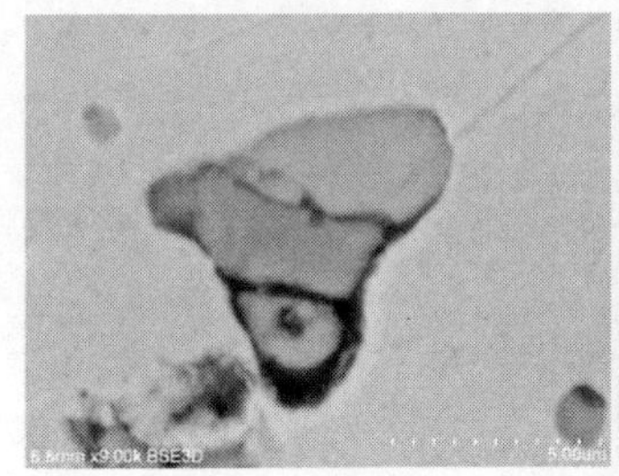

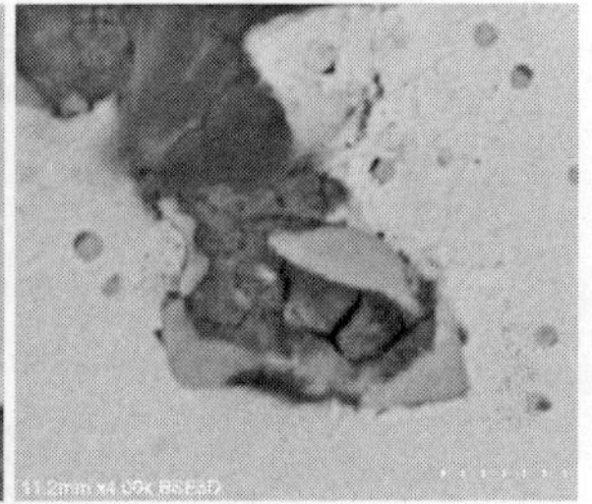

图 4-15 SPHC 钢氧化铁皮与基体界面处的 SEM 照片

断增加，但增加幅度不大。表 4-7 为 SPHC 钢各样品氧化铁皮厚度。

表 4-7 SPHC 钢各样品氧化铁皮厚度

样品编号	S1	S2	S3	S4	S5
氧化铁皮厚度/μm	560	550	740	850	990

4.1.3.4 不同 SO_2 含量对钢坯表面氧化的影响

将 X80、510L、SPHC 和 M3A33 不同钢种在不同硫浓度气氛下生成的氧化铁皮的厚度进行比较，总体得出的氧化皮厚度结果表明：SO_2 的存在确实加速了钢坯的表面氧化，导致氧化铁皮厚度增加。在有水蒸气存在的条件下，各钢种在不同 SO_2 浓度下的氧化皮厚度都有所增加，如表 4-8 所示。

表 4-8　各钢种在不同 SO_2 浓度下的氧化铁皮厚度表（含水蒸气）

SO_2 浓度/(mg · m^{-3}) 铁皮厚度/μm	0	100	200	500	1000
X80	540	500	600	860	1380
510L	740	760	830	900	1080
SPHC	560	550	740	850	990
M3A33	690	570	860	875	1120

在混合气氛中含有水蒸气的条件下，对 4 个钢种在不同 SO_2 浓度下的氧化铁皮厚度也进行了比较。同上面结果类似，4 个钢种的氧化铁皮厚度随 SO_2 含量的增加也具有不同程度的增加。4 个钢种的氧化铁皮厚度都是随着 SO_2 含量的增加而增加，也呈现出明显的线性规律。

但 4 个钢种受 SO_2 含量影响大小并不相同。由图 4-16 中 4 个直线的斜率，可

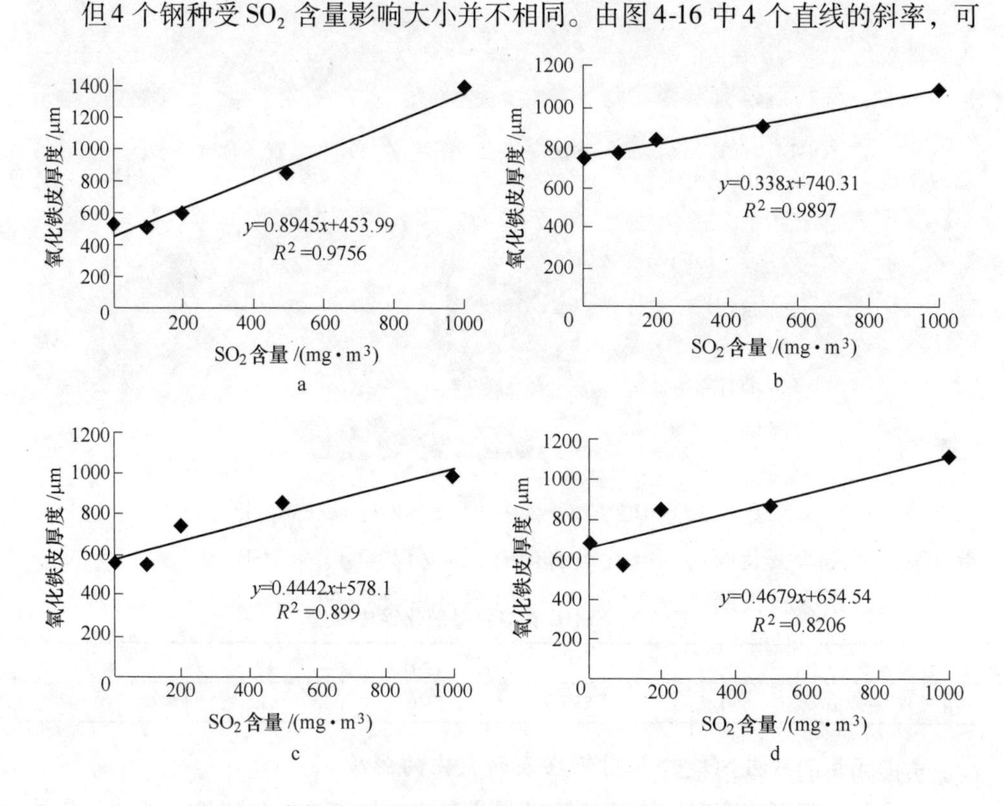

图 4-16　各钢种在不同 SO_2 浓度下的氧化铁皮厚度变化趋势图

a—X80；b—510L；c—SPHC；d—M3A33

以看出 X80 钢种的斜率最大为 0.90，为其他 3 个钢种的两倍以上，说明 X80 氧化铁皮厚度随 SO_2 浓度变化幅度最大，即表面氧化受 SO_2 氧化影响较大，在高浓度下氧化铁皮厚度明显高于其他 3 个钢种，说明 X80 最容易受含硫气氛的腐蚀；而 510L 的直线斜率最小，仅为 0.34，说明 510L 表面氧化受 SO_2 浓度影响最小，氧化铁皮增加幅度最小，即在含硫气氛下 510L 的表面抗 SO_2 腐蚀性最强。

在上述实验中，各钢种的表面氧化程度存在较大差异，由此推测在含硫气氛下，钢坯表面的氧化行为与各钢种的氧化铁皮的微观结构有很大关系。例如，X80 抗 SO_2 腐蚀性最差，应该与 X80 的氧化铁皮特殊的微观结构有关。通过 SEM 分析可以看出 X80 氧化铁皮微观结构与其他 3 个钢种明显不同，在 X80 外层氧化铁皮和基底结合处存在较厚的疏松层，而其他钢种都不存在这种疏松层的结构。这种特殊结构的存在使得外层氧化铁皮与内层氧化铁皮更容易分离，从而有利于 SO_2 气体渗透进氧化铁皮中，增加了与表面金属发生氧化反应的几率，因此氧化铁皮厚度增大。

4.1.4 涂层防护技术与现场工艺的匹配

涂层工艺技术主要在钢坯进加热炉之前的传送辊道上实施。由于钢坯传输是一个动态过程，这就要求喷涂工艺包括装备要与现场生产过程高度匹配。要在不影响正常生产工序的前提下，实现涂层的动态防护过程。而且喷涂系统要高度集成，不能占用太大的场地空间，不能造成新的气体、固体、液体污染排放。因此，新型喷涂工艺系统的研发是实现涂层防护功能的必然要求。在规模化生产的钢铁企业现场必须有相应的自动化程度较高的喷涂装置，设备放置于加热炉前段，有钢坯沿轨道通过喷涂设备时，装置能自动感应然后通过中控，将涂料自动喷涂在钢坯的表面上，涂料在钢坯表面瞬间形成涂层，随后钢坯进入炉内加热，涂层起到很好的防护作用，提高钢材产量和质量。

喷涂设备与现场工艺的高度匹配需考虑以下关键问题：（1）钢坯表面的清洁度。因为钢坯入炉前，表面常存有灰尘及鳞片状氧化铁皮，不利于涂料与表面的结合，直接影响涂层的防护效果。（2）管路设计问题。气液管路设计要合理，尽量减少管路弯头及阀门，是设备能够长期稳定运行的关键。（3）涂料搅拌问题。无机体系涂料长期放置，可能会产生分层、沉淀等问题，影响涂料的喷涂效果。（4）喷嘴问题。长期高速喷涂无机颗粒对喷嘴的磨损较为严重，合理的喷嘴设计及材质是保障涂料稳定喷涂的关键因素之一。（5）自动感应装置。由于钢坯是间歇而非连续通过喷涂装置，这就要求有自动感应装置来控制喷涂设备，以免造成物料的严重浪费。（6）管路清洗问题。如果现场因检修、维修而停产，涂料在设备内部可能会凝结造成管路堵塞，因而管路的及时清洗，也是保障设备正常运转的关键因素之一。

4.2　低碳钢/低合金钢高温防护涂层

低碳钢/低合金钢高温防护涂层主要是针对合金含量较低的钢种研制的高温防护涂层，这种涂层以抑制 Fe 的高温氧化速率为出发点，通过调控整体氧化速率的方法来控制内部合金元素的氧化速率，从而达到高温防氧化，抑制元素贫化，提高除鳞率的效果。常用的材料以无机非金属材料为主体，复配黏结剂、悬浮剂及分散剂等而制成。

4.2.1　低碳钢高温防护涂层技术[9]

针对低碳钢研究的防氧化涂层附加值相对低，但是其使用范围却量大面广。常见的防护涂层包括陶瓷基涂层、玻璃基涂层等类型。比如：Kuiry 等人[10]使用蒙脱石、高岭土和 $CaSi_2$ 混合玻璃基涂料，在 1200℃ 下，可降低碳钢氧化烧损 30%。

4.2.1.1　涂层防护效果

中国科学院过程工程研究所研制的 Al-Mg-Ti-Ca 系高温防氧化涂料，其主要成分是以 Al_2O_3、MgO、TiO_2、CaO 为粉体骨料，水为介质，加入少量添加剂和黏结剂构成。涂料粉体的成分见表 4-9。

表 4-9　涂料粉体的成分

化学成分	Al_2O_3	MgO	TiO_2	CaO	Na_2O	K_2O	其他
含量(质量分数)/%	5 ~ 20	10 ~ 40	15 ~ 45	1 ~ 5	≤0.5	≤0.7	1 ~ 15

其实验用钢为 Q235B 钢，主要成分如表 4-10 所示。

表 4-10　Q235B 钢样品成分

化学成分	C	Mn	Si	S	P
含量(质量分数)/%	0.12 ~ 0.20	0.30 ~ 0.670	≤0.30	≤0.045	≤0.045

将钢样剪切成 49.5mm × 49.5mm × 4.5mm 的长方体，样品平均重量为 81.5g。先在加热炉中加热到 400 ~ 500℃ 去除表面油污，用稀盐酸溶液清洗表面的残余污垢和铁锈，然后用超声波震荡水洗三次，干燥后备用。

由图 4-17 可见，初始阶段由于涂层脱水出现负增重现象，涂覆样和空白样 900℃ 左右开始出现明显增重现象，1000℃ 时，$\Delta mcoated = 5.17064 mg/cm^2$，$\Delta muncoated = 7.016667 mg/cm^2$，此时防护效果为 26.3%，刚达 1300℃ 时，防护效果为 42.2%。防护效果最佳值出现在 203 分钟，即 1300℃ 恒温 73 分钟，防护效果为 59.36%。随后涂覆样和空白样几乎以同等的速度被氧化。至恒温 640 分钟结束时，防护效果仍可达 40% 以上。

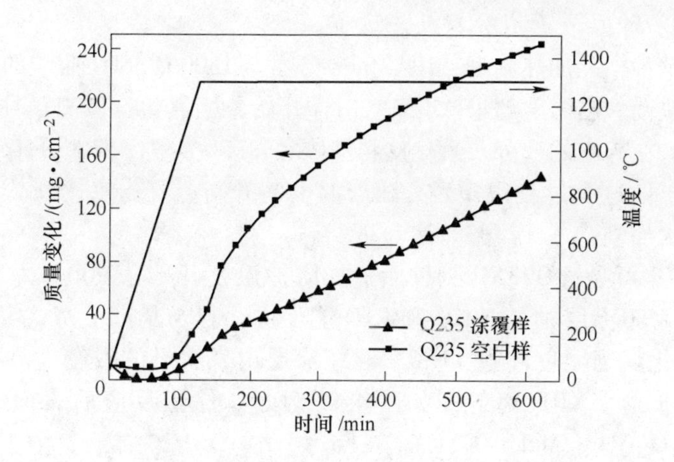

图 4-17 Q235B 钢样品氧化增重图

4.2.1.2 涂层防护过程

将样品以 10℃/min 的速率加热到 1300℃，恒温 1 小时，剥取氧化皮使用，SEM 扫描氧化皮断面。由图 4-18 可见，空白样氧化层厚度为 1228.3μm，分三层，第一层对应氧化皮外层主要成分是 Fe_2O_3，占氧化皮总厚度 10% ~15%，该层致密，可有效阻止氧气的渗透；第二层对应中间层成分是 Fe_3O_4，占氧化皮总厚度的 35% ~40%；第三层是靠近基体的 FeO 层，占总厚度的 50% ~60%，FeO 层易黏附于基体上。而涂覆样的氧化层总厚度为 485μm，表面一层是涂料和 FeO 及 Fe_3O_4 形成的尖晶石结构，颜色为褐色，较 Fe_2O_3 更致密，底部靠近基体的是少量 FeO 和 Fe_3O_4 的混合产物。通过计算可知，涂覆样氧化皮厚度减薄 60.51%。

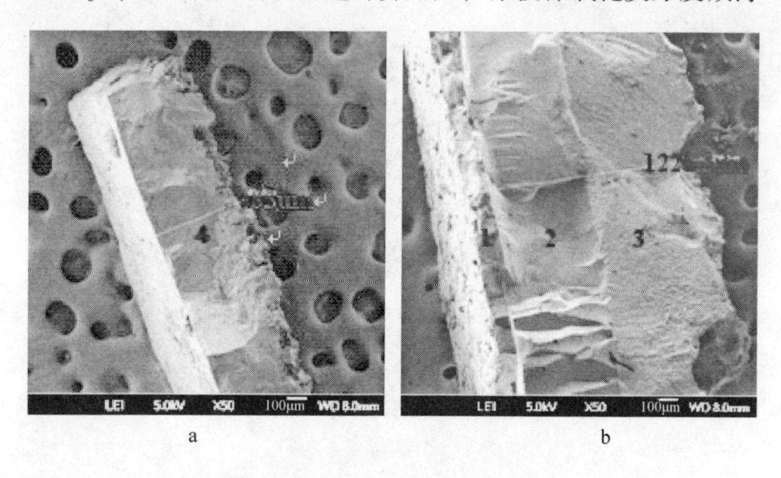

a　　　　　　　　b

图 4-18 Q235B 钢氧化层断面 SEM 对比图

a—空白样；b—涂覆样

4.2.1.3 涂层表面成分及反应过程

Q235B 钢种样品加热制度：10℃/min 升温至 1300℃，TG 曲线的斜率对应着氧化速率的快慢。当温度超过 950℃空白样开始急剧氧化，1100℃时，氧化皮出现起泡问题，在起泡的部分，氧化皮和基体之间产生空隙，空隙的存在减缓了铁氧的互扩散，但这个过程很短暂。随着温度的升高，氧化皮逐渐软化，泡体破裂，氧化再次加剧。

由图 4-19 可见，Q235B 钢种涂覆样防护温度开始于 900℃左右，略早于原样，这是由于涂层中的 Na_2O 和 K_2O 能促进涂料与早期生成的氧化铁烧结，加速早期氧化。当温度超过 1150℃时，涂层出现大量的致密尖晶石结构，有效减缓氧的扩散。XRD 衍射图如图 4-19 显示，涂层反应后表面主要生成大量的 $MgAl_{0.6}Fe_{1.4}O_4$、$MgFe_2O_4$、$Fe_{0.23}(Fe_{1.95}Ti_{0.42})O_4$ 等尖晶石，由于不同的阳离子大小不一，相互填隙，使得尖晶石结构较铁的氧化物更为致密，从而起到防氧化作用。当温度到达 1300℃左右时，空白样和涂覆样的 TG 曲线斜率趋于相等，但依然保持较好的防护效果。

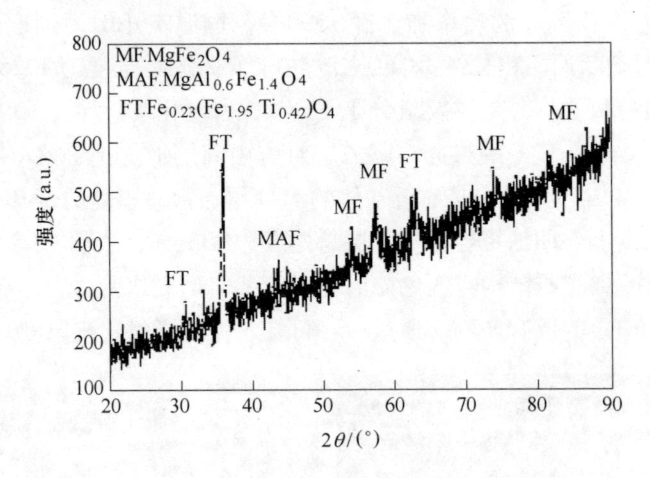

图 4-19 1300℃ Q235B 钢种涂覆样的氧化层表面 XRD 图

4.2.2 低合金钢高温防护涂层技术[4]

低合金钢的高温防护涂层研究一直受到国内外关注，现有涂层都能控制低合金钢在一定温度段的氧化，但是普遍防氧化温度偏低。中国科学院过程工程研究所研制的低合金钢用陶瓷基高温防护涂层，在降低氧化烧损和提高除鳞效率方面效果显著。

4.2.2.1 防护涂层的制备

采用共沉淀—煅烧方法制备的 Mg-Ni-O 固溶体涂层，黏结剂选用硅溶胶，悬浮剂选用羧甲基纤维素钠。使用略过量的 NaOH 沉淀 $Mg(NO_3)_2$，得到 $Mg(OH)_2$，过滤洗涤，直至洗涤液 pH 值为中性。在不同的温度下煅烧产物，煅烧后的纯 MgO 作为涂料主体，破碎至 43μm（325 目），加入聚乙烯醇作为悬浮剂，其中配比为：MgO∶H_2O∶聚乙烯醇 = 30∶70∶0.1。使用高流量低压力喷枪（HVLP）喷涂涂料，涂料中固含量约为 30%，喷涂压力为 0.5MPa。得到的涂层厚度约为 100μm，然后放在恒温干燥箱 100℃干燥 60 分钟，备用。

4.2.2.2 20Cr2Ni4A 钢的防护涂料动力学

图 4-20 是 20Cr2Ni4A 钢涂覆样和空白样在不同温度下的单位面积氧化增重与时间的函数曲线。从此曲线可以看出，20Cr2Ni4A 钢不论是涂覆样还是空白样。随着温度的升高，氧化都在加剧。空白样 1100℃、1200℃、1250℃恒温 2 小时后增重分别为 74.00mg/cm^2、121.17mg/cm^2、170.17mg/cm^2。涂覆样 1100℃、1200℃、1300℃恒温 2 小时后增重 41.00mg/cm^2、71.11mg/cm^2、99.44mg/cm^2。该数据显示，去除掉升温过程中的涂料防护部分，1100℃、1200℃、1250℃恒温 2 小时，涂料降低氧化烧损分别为 44.6%、41.3%、41.5%。如果，包括升温过

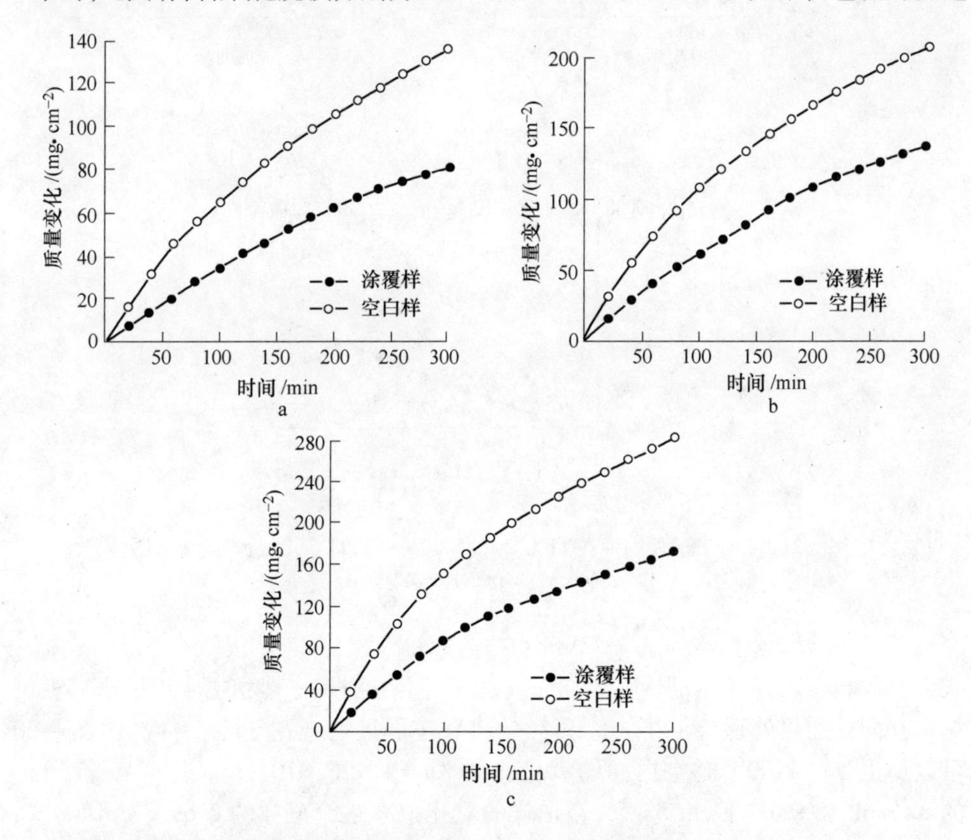

图 4-20 20Cr2Ni4A 钢种在 1100℃、1200℃、1250℃下恒温氧化增重图

a—1100℃；b—1200℃；c—1250℃

程中的防护，防护效果必然超过 50%。即使 1100℃、1200℃、1250℃恒温 5 小时，涂料降低氧化烧损分别为 40.6%、34.8%、28.9%。计算升温过程中的防护，平均防氧化效果高于 40%。

由图 4-21 可以看出，在不同温度下，不论是空白样还是涂覆样的氧化都基本遵循抛物线规律，可用下式进行描述，根据 Wagner 定律，离子穿过氧化层的扩散速率控制了高温下的氧化反应速度。

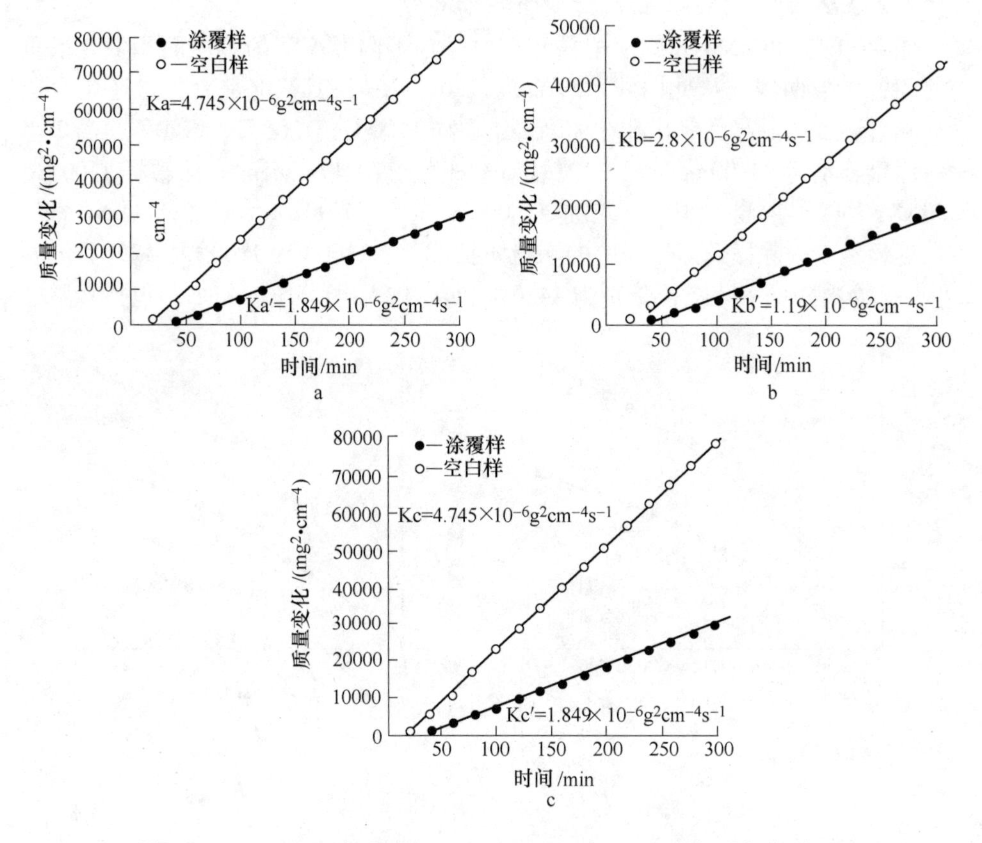

图 4-21 20Cr2Ni4A 钢种在 1100℃、1200℃、1250℃下恒温氧化增重图
a—1100℃；b—1200℃；c—1250℃

$$(\Delta m/s)^2 = A + k't$$

式中，$(\Delta m/s)$为单位面积氧化增重；k'为氧化反应速率；t 为时间。由图 4-21 可见，在同样的热处理条件下，涂覆样的氧化皮厚度明显薄于空白样。由图 4-20 可以得出，在 1100℃时空白样的氧化速率 $Ka = 1.126 \times 10^{-6} g^2 cm^{-4} s^{-1}$，涂覆样的 $Ka' = 4.18 \times 10^{-7} g^2 cm^{-4} s^{-1}$，空白样的氧化速率是涂覆样的 2.69 倍，1200℃、1250℃的空白样的氧化速率分别为涂覆样的 2.18 倍和 2.57 倍。如果不考虑氧化层的结构变化及离子在不同结构中的扩散系数差异，在 1100℃至 1250℃之间，

原样整体氧化的表观活化能为 128.3kJ/mol，涂覆样氧化的表观活化能为 130.37kJ/mol，并无明显差异，可以看出虽然空白样的氧化速率一直是涂覆样的两倍多。但是，涂覆样和空白样的氧化速率随温度的变化率几乎一致，防护效果在此温度区间内稳定，不会随温度升高而明显升高或降低。

4.2.2.3 涂层的防护过程

对于涂层的防护过程，可作如下剖析：

（1）防护涂层在高温下参与和氧化皮的反应，将原氧化皮三层结构变性为两层，即外层的尖晶石结构和内层的 FeO 结构。界面处的富集层一直都是存在的。热重曲线说明，涂层有很好的防氧化效果，而且涂覆样的热重曲线依然是抛物线规律，这说明其遵循 Wagner 定律。也就是说针对 Fe 合金而言，高温下氧化反应速率受控于阳离子穿过氧化层的扩散速率。以 Mg-Al 尖晶石涂料为例，经过涂料改性的氧化皮主体结构是 Mg-Al-Fe 尖晶石，在尖晶石结构中，阳离子和八面体中的任何一个 O 作用都会增加边界能，提高扩散的能垒，这种边界能被称为八面体扩散能垒。这里的扩散能垒只与离子扩散系数相关。Fe^{2+} 的八面体扩散能垒小于 Mg^{2+}，涂层改性后的氧化层是以 $MgFe_2O_4$ 为主的反尖晶石结构，Mg^{2+} 占据了八面体阳离子晶格点。因为，Mg^{2+} 的八面体扩散能垒高于 Fe^{2+}，即离子扩散通过 $MgFe_2O_4$ 中的 Mg^{2+} 晶格点难度要高于扩散通过 Fe_3O_4 中 Fe^{2+} 的晶格点。所以，高温下离子在 $MgFe_2O_4$ 中的扩散速率低于 Fe_3O_4 的扩散速率。从另一个角度理解，当 Mg^{2+} 取代 Fe^{2+} 后，平均的离子间距降低了，晶格参数减小。因此，可以认为相对微观致密性提高，增加了离子扩散的难度，作为扩散主体的 Fe^{2+} 和 Fe^{3+} 通过尖晶石的扩散系数将被抑制。

（2）在做动力学分析时，需要做一些假设。假设在氧化层内各个部分存在热力学的平衡，且离子扩散是氧化反应的速控步，外扩散速率 $j_{M^{2+}}$，和阳离子空位内扩散速率一致，但是方向相反，那么，$j_{M^{2+}}$ 可以如下表示：

$$j_{M^{2+}} = D_{M^{2+}}(C'_{V_M} - C_{V_M})/x$$

式中，x 是氧化层厚度；$D_{M^{2+}}$ 是阳离子空位的扩散系数；C'_{V_M} 和 C_{V_M} 是氧化层/金属以及氧化层/环境界面处的空位浓度。有文献表述空位浓度只和氧分压有关系。如果这么考虑，空位浓度差暂且不分析。那么 $j_{M^{2+}}$ 仅仅由扩散系数 $D_{M^{2+}}$ 和氧化层厚度 x 决定。通常氧化层越厚，离子扩散速率越小，离子穿过氧化层扩散系数越小，离子扩散速率越小，整体氧化速率就越小。涂覆样的氧化层厚度一直薄于空白样，也就是说即使涂覆样和空白样氧化层的扩散系数是一致的，那么空白样的防氧化效果会低于涂覆样。而实际上涂覆样始终可以保持 50% 以上的防氧化效果，这说明涂覆样氧化层的扩散系数要远远低于空白样氧化层。

同时，前面提到不考虑空位浓度差，这并不精确，因为涂料改变了氧化皮的组成。不同氧化物的空位浓度一定不会只有一个氧分压控制因素。对于空白样而言，最外层是 Fe_2O_3。众所周知，Fe_2O_3 是阳离子过剩氧化物，也就是 n 型半导体，其内部存在少量阴离子空位缺陷。而 Fe_3O_4 是阴离子过剩氧化物，内部含有少量的阳离子空位缺陷。其他一些 $MgFe_2O_4$ 等尖晶石也和 Fe_3O_4 是同样的结构，阳离子空位浓度差别不明显。FeO 同样也是 P 型半导体，内部存在大量的阳离子空位。前面所提的空位浓度差，针对空白样而言就是 Fe_2O_3 阳离子空位浓度和 FeO 阳离子空位浓度之差；而针对涂覆样而言，就是 $MgFe_2O_4$ 等尖晶石内空位浓度和 FeO 阳离子空位浓度之差。显然，涂覆样的阳离子浓度差要小于空白样的阳离子浓度差，这导致原始的扩散驱动力产生差别。

(3) 当温度低于 1173℃时，界面处富集 FeO ~ Fe_2SiO_4 共晶产物很致密，可以起到防氧化的效果。但是，当温度超过 1173℃时，达到其熔点，熔融的共晶产物对钢的腐蚀加剧。很明显，流态的物质在高温下很难对钢有防护作用，除非流态的物质和基体之间有隔离的层，比如很厚的 Cr 层。本涂层可以有效地抑制 Si 在界面处的富集，也就在一定程度上抑制了 Si 对钢材自身的高温抗氧化性能的破坏。因此，从这个角度讲，涂料也可以提高钢材的抗氧化性能。

防护涂层影响后续钢坯除鳞的主要因素有：

(1) 对 Si 富集的抑制。当温度超过 1173℃，FeO-Fe_2SiO_4 共晶产物达到其熔点，这层流态物质向下浸入金属晶界，腐蚀基体。同时，液相物向上进入松散 FeO 层中，在降温过程中仅仅把外层 FeO 黏附到基体表面。即使经过高压水除鳞，依然黏附大量残留氧化皮，这些氧化皮严重影响后期热轧产品质量。

(2) 涂层改变了氧化层的结构和比例。明显降低了松散层在氧化层中所占的比例，该比例的降低从一定程度上可以反映除鳞率的差别。

4.3　中高碳钢高温防护涂层

中高碳钢高温防护涂层具体分为中碳钢高温防护涂层和高碳钢高温防护涂层。

4.3.1　中碳钢高温防护涂层

中国科学院过程工程研究所在中碳钢高温防护方面[11]，拥有多年的研究基础与现场应用经验积累，研制出了三种针对中碳钢防护的防护涂层体系。

4.3.1.1　Al_2O_3-SiO_2-SiC-P_2O_5-Na_2O 防护涂层体系

弹簧钢 60Si2Mn 的碳含量在 0.6% 左右，属中碳钢，主要成分如表 4-11 所示。其加热温度在 1050℃，相对较低，为使涂层在此温度下转变为有效的封闭熔融防护层，需要在涂层中添加一定量的降低熔点的物质，在 Al_2O_3 和 SiO_2 为涂层主要原料的基础上选用水玻璃作为黏结剂[12]，选用模数比为 2 左右的水玻璃可在 800℃左右出现液相，使钢坯在入炉后就能受到保护。水玻璃溶液在低温下具有一定的黏度，有利于改善涂层材料的涂覆性能及悬浮性能。高温下涂层中

Na_2O—SiO_2 体系逐渐熔化形成液态黏膜，作为黏结剂将耐火粉料连接起来。其加入量影响涂层的强度和致密度，加入量低时，不能形成足够的黏态膜，涂层疏松而多孔；加入量过高时，涂层易起泡形成不致密的蜂窝状气孔，影响保护效果。涂层的脱落性与涂层加热时形成的化合物及其线胀系数相关。当形成的低熔点玻璃相与试样表面黏结强度较大时，涂层冷却时不易脱落；当玻璃相与试样表面结合力适当且线胀系数相差大时，涂层冷却时易脱落。值得注意的是，水玻璃中含 Na^+，用量过多会增加玻璃熔体的化学活性和腐蚀性，故加入量应予以控制。为使黏结剂具有更好的使用性能，也可采用无机复合黏结剂，磷酸盐黏结剂晶体呈层状堆积，具有高熔点、缩聚和高结合强度，作为一种无机高分子材料在高温领域具有独特而广阔的应用[12]。有文献[13,14]指出，以三聚磷酸铝改性的磷酸铝无机复合黏结剂的耐高温性能好，体系在高温下形成的交联网状结构有利于其作为高温防护涂层黏结剂发挥高温黏结作用，高温热处理后期钢坯收率比空白样品提高了 54%，达到了明显的高温防护效果。

表 4-11 弹簧钢 60Si2Mn 的化学成分

组　分	C	Si	Mn	S	P	Fe
含量/%	0.6	0.80	1.00	0.01	0.01	97.58

图 4-22 中的 a、b、c 和 d 分别为 Al_2O_3-SiO_2-SiC-P_2O_5-Na_2O 防护涂层体系的

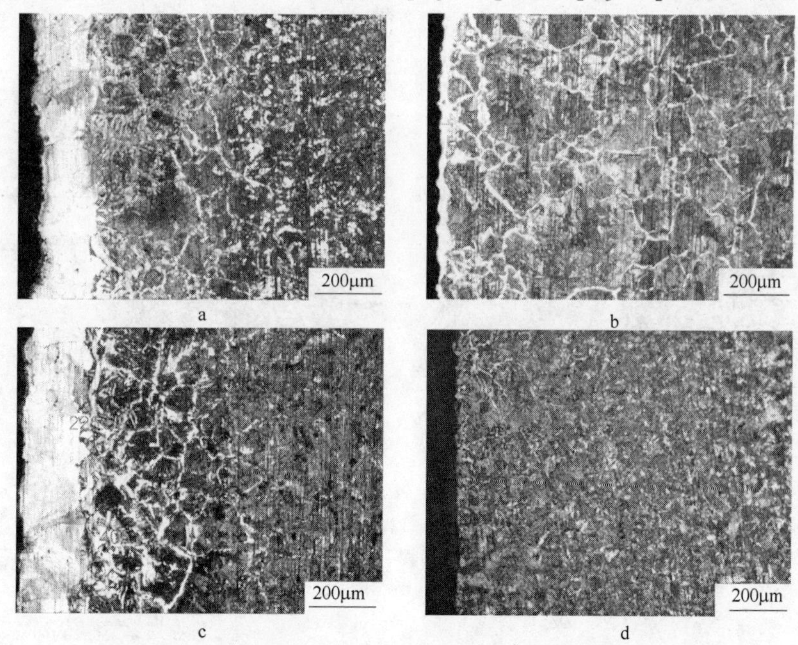

图 4-22 弹簧钢 60Si2Mn 在不同温度下恒温 90 分钟的金相图

a—950℃空白；b—950℃涂覆；c—1100℃空白；d—1100℃涂覆

涂覆样和空白样在不同加热温度下加热 90 分钟的表面形貌。对于空白样完全脱碳层和部分脱碳层深度分别随温度的升高而加深，即脱碳随升温而加剧。相比之下，涂覆样表现为较慢的脱碳过程，由此得到涂层高温下具有防脱碳作用。特别地，当温度不断升高至 1100℃，涂层能够 100% 去除脱碳层。

图 4-23a 显示为加热温度为 950℃ 时脱碳层深度与保温时间的关系。很明显空白样的脱碳层深度随保温时间的延长而增加。当时间延长到 120 分钟时，脱碳层的深度达到 263. 21μm。相比之下，涂覆样脱碳层深度小于空白样。在整个保温过程中完全脱碳层没有消失。当时间延长到 120 分钟时，脱碳层减少了 71. 84%。由图 4-23b 可以看到与图 4-23a 相似的趋势。然而，涂覆样的脱碳层增长率不同于加热温度为 950℃ 的情况。60 分钟后的增长率下降。如图 4-23c 所示 1050℃ 加热条件下的脱碳层增长行为可以分为两个阶段：60 分钟以内，脱碳情况随保温时间延长而恶化，60 分钟后脱碳层深度随时间延长反而减小。

如图 4-23d 所示，喷涂 Al_2O_3-SiO_2-SiC-P_2O_5-Na_2O 防护涂层体系的涂覆样脱碳层深度在 1100℃ 下加热 60 分钟时达到峰值，而在 90 分钟后完全消失。

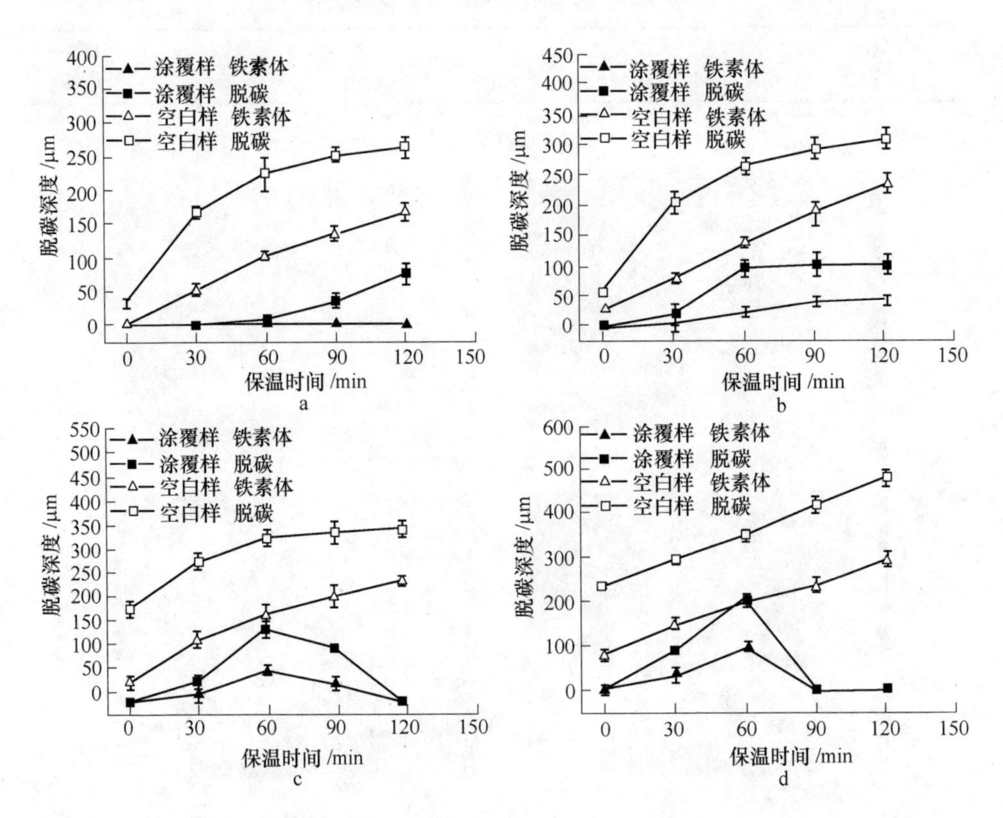

图 4-23　弹簧钢 60Si2Mn 防护涂层效果随保温时间的变化趋势图

a—950℃；b—1000℃；c—1050℃；d—1100℃

如图4-24中XRD测试结果显示，涂层材料在100℃和950℃下的差别非常小，这是由于铝矾土具有很高的熔点。低于950℃加热，涂层材料间几乎不发生反应，而当涂层材料涂覆于钢样表面时会产生不同结果。铝矾土中的莫来石成分和SiO_2完全消失，生成了Al_2O_3和$Na_2O \cdot Al_2O_3 \cdot SiO_2$。这种相组成能够促进950℃下涂层的屏蔽性能。同时生成的$Fe_2(SiO_4)$能够减小铁离子的迁移速率。SiC的含量减少，这是因为SiC能够在钢表面形成[C]，使得钢表面碳浓度大于钢样内部，作为新的碳源替代了钢中的碳与氧气发生反应，从而成功地防止钢中碳的向外扩散。

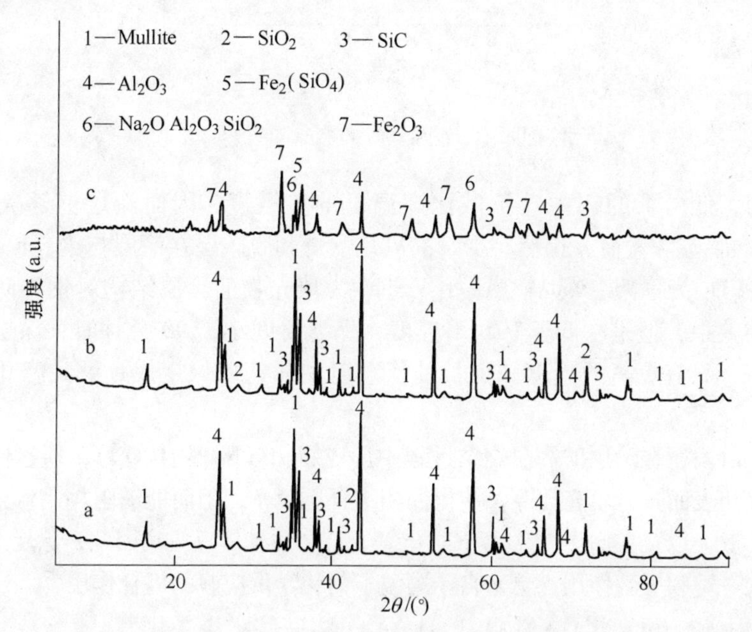

图4-24 涂料粉体加热到100℃、950℃及60Si2Mn涂覆样加热到950℃的氧化层图
a—100℃涂料；b—950℃涂料；c—950℃防护层

图4-25中的TG-DTA曲线给出了XRD结果中物相的生成温度区间。

综合上述分析，Al_2O_3-SiO_2-SiC-P_2O_5-Na_2O防护涂层体系的防脱碳过程可以分为以下两个阶段：

第一阶段，随着温度的升高，Al_2O_3由于其较高的熔点而成为涂层的框架结构。950℃生成新相（$Na_2O \cdot Al_2O_3 \cdot SiO_2$）。与此同时，铝矾土的分解和SiC的氧化生成了$2SiO_2 \cdot Al_2O_3 \cdot 2H_2O$和$SiO_2$。这种结构促进了950℃以下温度范围内的涂层防护性能。另一方面，SiC作为抗氧化剂弥补了钢表面与内部的碳浓度差。因此，能够使涂层在低于1050℃时阻碍碳的向外扩散，其表达式为：

$$SiC(s) + O_2 \rightleftharpoons SiO_2 + [C]$$

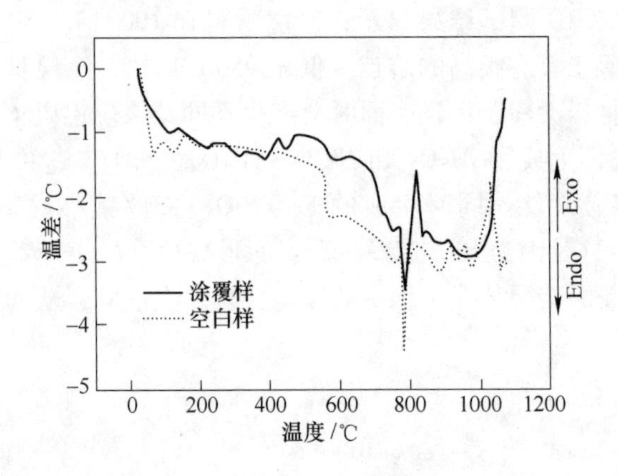

图 4-25　60Si2Mn 的 DTA 曲线图

因为，低温下的钢中碳扩散比高温下的扩散慢，因而涂层能够完全防止950℃下的脱碳。然而，仍然有少量的氧化铁皮和脱碳层在涂层与钢界面处生成。虽然以 Al_2O_3 为框架，$Na_2O \cdot Al_2O_3 \cdot SiO_2$ 为填充物的涂层结构对钢样防脱碳具有一定的效果，但是在低于1050℃温度，保温时间小于 90 分钟时，涂层仍然不足够致密，只有更高的温度和更长的保温时间才能确保生成足够致密化的涂层结构。

第二阶段，在涂层的高温烧结过程中形成新相（$Na_2Al_6P_2O_{15}$），通过固液两相间的润湿和表面张力填充孔隙，使得固相结合更紧密，因而能够阻挡高温下碳、氧的二次扩散，以及在高于1100℃下防止氧气与金属基体反应。因此，涂层的防护作用不仅仅是熔膜屏蔽作用，更来自于高温下的化学反应膜的综合作用[15]。

4.3.1.2　SiO_2-B_2O_3-Al_2O_3-CaO-Na_2O-K_2O 防护涂层体系

有些中碳钢用防氧化保护涂料以硼硅酸盐玻璃为主，以水为溶剂，加入一定的添加剂和黏结剂构成。

Na_2O 和 K_2O 的质量比应遵循“双碱效应”的原则，即其摩尔比为2∶1。涂料的成分可以化工原料加入，也可以矿物原料加入，如可用高岭土（$Al_2O_3 \cdot 2SiO_2 \cdot H_2O$）代替组成中的 Al_2O_3 和 SiO_2。这样不但可以降低成本，而且高岭土的加入还可以使得涂料具有一定的悬浮性与稳定性。以粉体、硅溶胶、水按质量比6∶1∶3 的比例混合，并加水充分搅拌成具有一定黏度的白色浆料，静置 2 小时后即可使用。

对该玻璃基涂层防护过程分析如下：

在涂层的原始状态下，涂层是多孔性的不致密涂层，故在常温下，大气中的氧化性成分能通过这层多孔性的涂层扩散到金属基体表面与之反应，致使金属氧化。且在涂层融化为玻璃状物质形成致密涂层之前，这种氧化并不会减少。这就是在600～700℃范围内，有涂层保护钢样与无涂层保护钢样的氧化增重量区别不明显的主要原因。随着加热温度升高，涂层渐渐脱水烘干，进而开始烧结与软化，涂层厚度减薄，涂层中的气孔尺寸不断减小，涂层密度增大，孔隙率下降。当涂层达到软化温度时，孔隙率急剧减少，接近于零。同时，涂层开始融化成玻璃状，形成致密防护层。且在此后较长的加热升温和保温时间里，涂层粉料熔化而呈熔融状态，在金属基体表面形成致密的、不透气的液态黏附层，从而达到保护金属基体的目的。这就是在800～1100℃保温1～3小时，有涂层保护钢样的氧化增重量保持不变，且比无涂层保护钢样氧化程度要小得多。随着温度的进一步升高，玻璃状的涂层开始流淌，使得涂层不能很好地覆盖在钢样表面，钢样的氧化开始增加；而当温度高于1200℃时，涂层中碱金属氧化物以及B_2O_3与钢样发生剧烈的化学反应，使得钢样表面严重腐蚀，从而失去了保护作用。所以，对于玻璃基高温防氧化涂层，当其达到软化温度后，且只要玻璃状的涂层不流淌，不与钢样发生化学反应，涂层对钢样的保护是非常稳定的。金属的热加工温度范围一般为500～950℃，锻造温度一般为750～1180℃，而该涂料在800～1100℃具有很好的防护效果，能满足大部分热处理工艺的要求。

4.3.1.3 K_2O-Al_2O_3-SiO_2-Cr_2O_3-SiC 防护涂层体系

有些中碳钢的涂层粉料主要为SiO_2、SiC、Al_2O_3、Cr_2O_3、钾长石等，黏结剂为硅酸钾。K_2O-Al_2O_3-SiO_2元素不同配比有不同的共熔点，虽然单个物质的熔点都很高，但因为混合物中其比例不同，共熔点亦不同。本试验所配涂料以硅酸钾水溶液作黏结剂，在室温下将难熔粉料Al_2O_3、Cr_2O_3、SiO_2、SiC等混合物黏结在一起，形成牢固的涂层。在加热过程中，涂层中的水分要逐渐蒸发外逸，所以在硅酸钾未熔化前，而粉料又已达到其熔化温度时，涂层会在一段温度区间呈现多孔性，氧则可以通过孔隙扩散到工件表面，这就是涂层不能完全避免氧化的根本原因。

主要成分为K_2O、Al_2O_3和SiO_2，大致符合985℃共熔点时的成分，故至少在985℃以上才能形成致密而牢固的熔膜涂层，使基体和气体隔离开，达到保护作用。同时，硅酸钾本身会随着温度的变化而逐步软化和熔化，起到助熔作用。而氧在低温阶段则可通过涂层空隙扩散到工件表面，与铁及其合金元素形成覆盖于工件表面的氧化物，机械阻碍进一步的氧化反应，或者氧化铁与其他氧化物形成复合氧化物，如$FeO \cdot Cr_2O_3$、$2FeO \cdot SiO_2$等促进烧结，使涂层在不断升温的过程中，发生部分熔化，从而填充涂层空隙或促进烧结而使涂层逐渐致密化。粉料中的物质，单个而言其熔点都很高，如Al_2O_3本身熔点高达2050℃，很难烧结。但与其他粉料形成混合物时，其熔点可降低150～200℃。原因在于，粉料中的其他成分与Al_2O_3形成固溶体，使其晶格变形从而促进烧结。同时，因生成液相而降低烧结温度添加物如SiO_2等，可以通过液相对固相表面的湿润力和表面张力，使固相粒子靠紧，并填充气孔。而且，具有缺陷的细小晶体，其表面活性大，在液相中的溶解度大，易于烧结，从而形成致密层。同理，粉料相互作用，也会降低烧结温度，促进烧结并形成致密的涂层。

各物质之间发生氧化还原反应。首先，涂料中的SiC在加热到850℃左右时，可以和炉气气氛中的氧发生反应。这样，涂层在一定的时间内吸收了扩散到其中的氧而形成紧贴零件表面的缺氧环境，在一定程度上达到保护钢材不被氧化的目的。同时生成的活性炭原子沉积并渗入基体内，达到防止或减轻脱碳的作用。

4.3.2 高碳钢高温防护涂层[15~17]

高碳钢一般都不是不锈耐热钢，高温耐硅酸盐腐蚀的能力较弱，不能采用常规的玻璃质保护涂料。否则，钢坯表面形成腐蚀坑，影响成品材的表面质量。

4.3.2.1 $MgO-CaO-Al_2O_3-SiO_2-SiC$ 防护涂层体系

轴承钢GCr15中碳含量在1%左右，属高碳钢，其化学成分如表4-12所示。

表4-12 轴承钢GCr15的化学成分

化学成分	C	Cr	Mn	Si	S	P	Fe
含量/%	1.00	1.50	0.30	0.25	0.01	0.01	96.93

图4-26的曲线显示，喷涂 $MgO-CaO-Al_2O_3-SiO_2-SiC$ 防护涂层体系钢样加热前与加热后，去除氧化铁皮状态下的质量差。在整个加热过程中，涂覆样的质量损失都比空白样的小。铝矾土中的 SiO_2 含量比莫来石要高得多；1000℃左右时，伴随着莫来石的形成，铝矾土中过量的 SiO_2 会与其他杂质形成非晶态 SiO_2 和方石英。

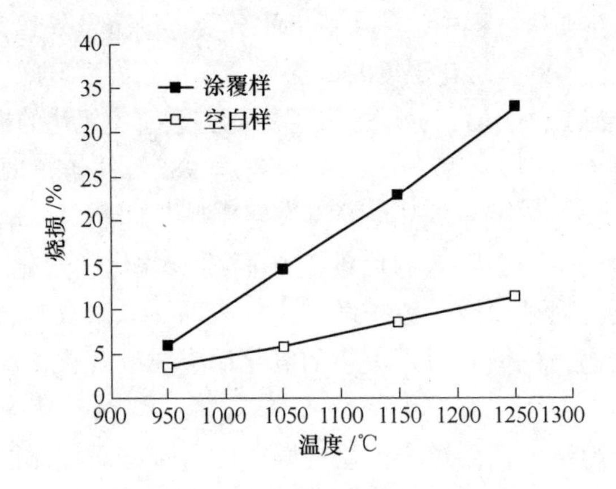

图4-26 GCr15不同温度下保温60分钟的氧化增重图

铝矾土由水铝石($Al_2O_3 \cdot H_2O$)和高岭石($Al_2O_3 \cdot 2SiO_2 \cdot 2H_2O$)组成。当水铝石和高岭石加热至500℃时，$Al_2O_3$ 和偏高岭石就会生成。加热到980℃，γ-Al_2O_3 和非晶 SiO_2 或尖晶石($SiAl_2O_4$)形成。莫来石相首次出现在约1100℃

左右时，并随着温度的升高而增加。当温度超过1200℃时，非晶 SiO_2 就会转变为方石英。

非晶 SiO_2、方石英和莫来石对于阻碍氧的扩散具有一定的效果，但是涂层不够致密仍会存在一定的氧化。在更高温度下，涂层的保护作用更为有效。因为，一方面SiC氧化形成的石墨在更高温度下维持了涂层内部的还原性条件；另一方面，高温下生成的新烧结相具有氧不可穿透性。图4-27显示1150℃下生成的这种新相，包括了几种尖晶石（$MgCr_2O_4$，$(Mg,Fe)(Cr,Al)_2O_4$，$MgAl_2O_4$ 和 $Fe(Cr,Al)_2O_4$）。

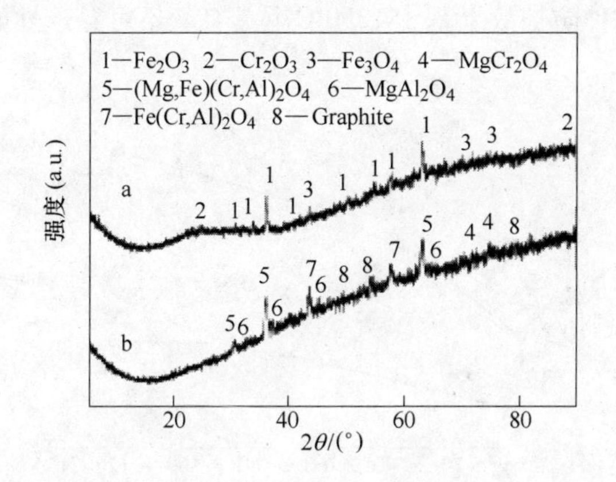

图4-27 GCr15在1150℃下加热后的XRD分析

a—空白样；b—涂覆样

如图4-28所示，低于1150℃时空白样的脱碳层随着温度的升高而增加，而高于1150℃之后增长率反而减小。因为，碳和氧的扩散受到了空白样剧烈氧化产生的氧化铁皮的阻碍。在1150℃以下时，涂层的防脱碳效果低于7.05%。因为，

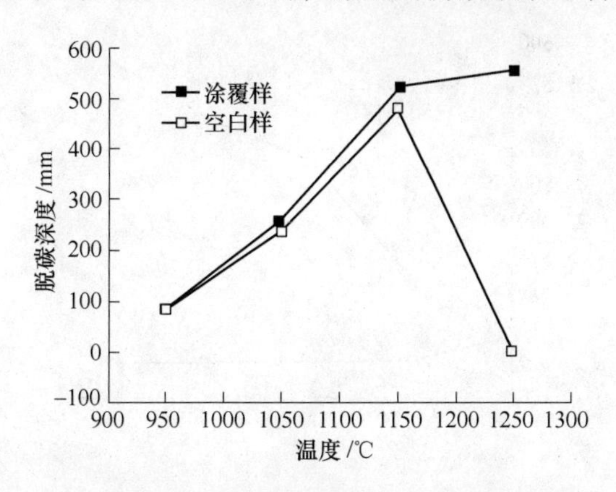

图4-28 轴承钢GCr15不同温度恒温60分钟的脱碳层深度图

空白样的脱碳深度 d_{bare} 很小，空白样产生的大量氧化皮消耗了一定深度的脱碳层。尽管对于涂覆样，莫来石和玻璃相的形成在一定程度上促进了涂层的防脱碳性能，由得出的防脱碳效果 δ_{dec} 仍然很小。而在1150℃以上的高温条件下，涂层的防脱碳性能更为有效。因为，涂层中有助于提高防护效果的主要反应在1050℃开始发生，这在DTA曲线中可以看出。先前生成的铁皮和脱碳层与涂层材料反应生成新的致密化涂层，可以阻碍二次脱碳。因此，涂覆样在加热到1250℃时可以实现脱碳层的完全去除。

图4-29显示空白样发生了严重的氧化，而通过涂覆涂层，钢样的氧化烧损可以明显降低。这种防护效果基于1250℃下具有氧不可穿透性的尖晶石的生成。

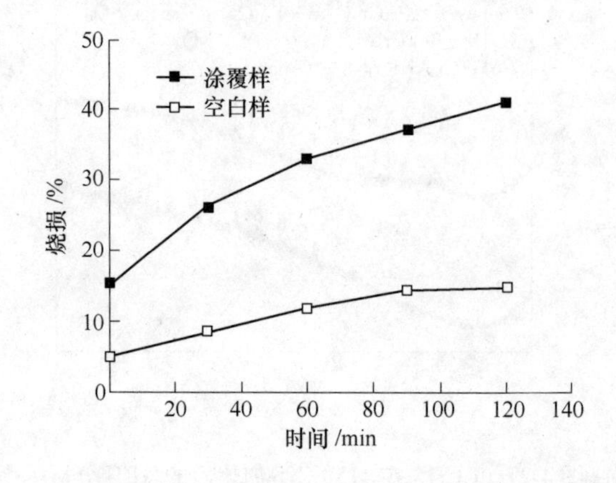

图4-29　轴承钢GCr15在1250℃下保温不同时间的氧化增重图

图4-30显示空白样的脱碳层深度随保温时间的延长而增加。相反，涂覆样的脱碳层深度随时间延长反而下降。当温度刚升高到1250℃时，喷涂 MgO-CaO-Al_2O_3-SiO_2-SiC 防护涂层体系的涂覆样表面存在低于此温度下生成的脱碳层。因

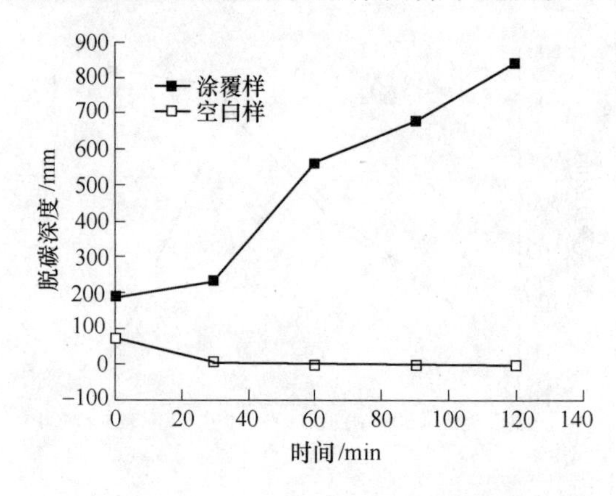

图4-30　轴承钢GCr15在1250℃下的脱碳层深度图

为，生成新致密涂层的反应在低温下还没有开始。尽管铝矾土在低温下的分解生成了玻璃相、方石英和莫来石，具有一定的阻碍氧扩散的作用，但是脱碳在1250℃保温时间少于30分钟时依然存在。

在此温度下随着保温时间的延长，涂层材料已生成的脱碳层以及氧化铁皮迅速开始反应，生成有效涂层，这个过程将之前生成的脱碳层全部消耗。新生成的涂层具有致密性，能够阻挡后续高温保温过程中的二次脱碳。

如图4-31所示，1250℃下保温2小时后，空白样脱碳深度为839.51μm，而涂覆样没有脱碳层存在，涂层防脱碳效果达到100%[16]。

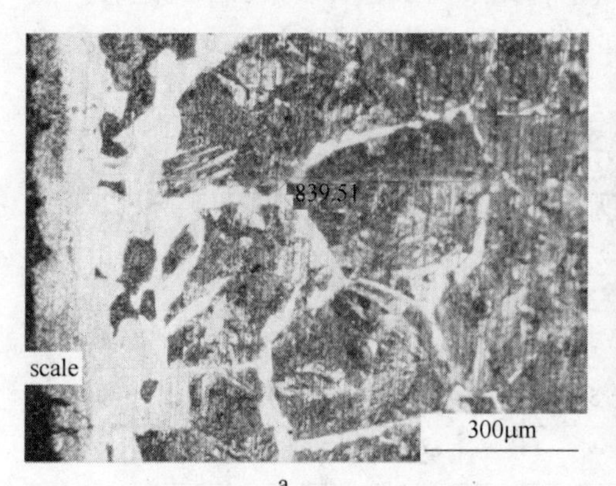

a

b

图4-31　轴承钢GCr15在1250℃下恒温120分钟的金相图

a—空白样；b—涂覆样

4.3.2.2　Al_2O_3-Cr_2O_3-SiO_2-SiC-K_2O防护涂层体系

该防护涂层体系选用Al_2O_3、Cr_2O_3和SiO_2作为涂层的基本原料，加入SiC以增加防脱碳能力，选用硅酸钾（$K_2O·SiO_2$）水溶液作黏结剂。在1100℃以下，对常用钢铁材料有较好的防氧化与防脱碳效果。硅酸钾水溶液既是黏结剂，又有防氧化作用，在15%～40%$K_2O·SiO_2$范围内，随浓度增加，防氧化效果增加，但超过30%后防氧化效果增加不显著。SiC具有减轻氧化和脱碳效果，在15%～36%范围内，SiC增加，防护效果增加[18]。

4.3.2.3　SiO_2-CaO-Al_2O_3-B_2O_3-Na_2O防护涂层体系

该防护涂层体系针对高碳钢的特点，将涂料的骨料成分设计落在SiO_2-CaO-Al_2O_3相图中的假硅灰石区域。该区熔点高、化学活性小，因而腐蚀活性低，但高熔点的涂层在钢坯热加工时会压入钢坯的表面，影响表面质量，因此加入了熔剂，其成分位于SiO_2-B_2O_3-Na_2O相图中的Pyrex区域，这一熔剂在1000℃左右熔化，使涂层在热加工温度区域成为黏流态，塑性变形能力优于钢，保证良好的表面质量。由于高碳钢本身并不抗氧化，因此要求涂料的熔点较低，选用了模数比为2左右的水玻璃作为黏结剂，水玻璃的熔点只有800℃左右，即涂层在800℃左右就会出现液相，使得钢坯在入炉后就能受到保护。

以水作为溶剂，以保证低成本和使用的安全性加入悬浮剂，使涂料溶液搅拌均匀后不会很快沉淀，依据这些原则设计热加工保护涂料。

4.3.3 涂层防护过程

以GCr15防护过程为例，将涂层喷涂到钢表面上，分别升温到950℃、1050℃、1150℃和1250℃，重点考察涂层中各元素及铁、氧在涂层中的迁移。图4-32是升温到950℃至1250℃的涂层断面形貌。图中各区域所含元素原子相对含量见表4-13～表4-16。

表4-13 950℃下主要元素在GCr15钢涂覆样涂层中的分布 (%)

编 号	O	Mg	Al	Si	Cr	Fe
1	27.65	5.59	7.53	58.65	0.04	0.55
2	41.66	30.37	11.25	16.22	0.00	0.49
3	43.81	13.93	21.58	19.85	0.00	0.84
4	48.06	5.57	2.56	1.95	0.06	41.80
5	51.01	0.20	0.40	0.88	1.25	46.26
6	12.51	0.42	2.35	0.99	1.44	82.28
7	11.65	0.35	0.75	0.91	1.37	84.96
8	11.34	0.40	0.44	0.87	1.45	85.49
9	12.43	0.34	1.89	0.92	1.42	82.99

表4-14 1050℃下主要元素在GCr15钢涂覆样涂层中的分布 (%)

编 号	O	Mg	Al	Si	Cr	Fe
1	40.96	13.34	9.37	28.56	0.03	7.74
2	43.73	12.93	10.17	19.91	0.13	13.12
3	51.34	9.45	9.68	1.09	0.09	28.35
4	50.19	6.42	3.91	1.25	0.12	38.11
5	53.46	4.11	1.27	1.15	0.08	39.92
6	44.03	0.77	1.71	1.20	1.27	51.00
7	11.18	0.49	0.48	0.89	1.21	85.74
8	11.52	0.43	1.18	0.99	1.35	84.53

表 4-15 1150℃下主要元素在 GCr15 钢涂覆样涂层中的分布 (%)

编 号	O	Mg	Al	Si	Cr	Fe
1	53.17	8.43	1.05	0.64	0.02	36.69
2	47.63	11.13	2.88	16.81	0.04	21.50
3	51.53	10.29	5.80	3.07	0.04	29.26
4	52.72	7.54	3.63	9.95	0.09	26.07
5	54.16	2.68	3.31	11.42	2.66	25.75
6	10.96	0.82	0.79	1.40	1.35	84.67
7	11.84	0.88	1.27	1.43	1.40	83.17
8	11.20	0.22	0.30	0.90	1.52	85.86

表 4-16 1250℃下主要元素在 GCr15 钢涂覆样涂层中的分布 (%)

编 号	O	Mg	Al	Si	Cr	Fe
1	55.61	1.29	0.30	0.41	0.05	42.34
2	52.88	8.19	1.85	0.67	0.02	36.39
3	52.97	8.24	1.97	0.63	0.04	36.14
4	52.15	8.85	2.28	0.61	0.03	36.08
5	51.57	10.49	2.23	0.69	0.04	34.98
6	54.24	9.20	0.89	0.39	0.10	35.17
7	51.75	4.31	0.59	6.98	0.60	35.77
8	52.35	0.35	0.27	0.81	1.47	44.74
9	10.92	0.25	0.28	0.79	1.33	86.43
10	10.50	0.36	0.41	0.93	1.37	86.42
11	10.59	0.12	0.51	0.70	1.46	86.62

由图 4-32a 可以看出当温度升高到 950℃时，涂覆样钢基体表面覆盖了三层结构，外层主要是涂层的部分，以 Mg、Al 和 Si 的氧化物为主，内层为 Fe 和 Cr 的氧化物；中间是过渡层，铁含量介于内层和外层之间，氧含量相对较高。从图 4-32 中可以看出有少量涂层已经嵌合到氧化层里，涂层的致密化过程已经开始。因而，可以认为此温度下涂层起到的不是单纯的屏蔽作用，而已具有反应型涂层的基本特性。

图 4-32d 是当温度升高到 1250℃时的涂层断面形貌。这个阶段的氧化铁皮复合涂层包含大致两层结构，外层主要含有 Mg、Al 及 Fe，而内层为 Fe、Cr 和 Si 的氧化物。说明在此温度下，前期生成的氧化铁皮参与了形成复合涂层外层的反应，而 Si 则成为复合涂层内层的重要组成元素，推测其生成的 Fe_2SiO_4 能够腐蚀低温下生成的脱碳层。

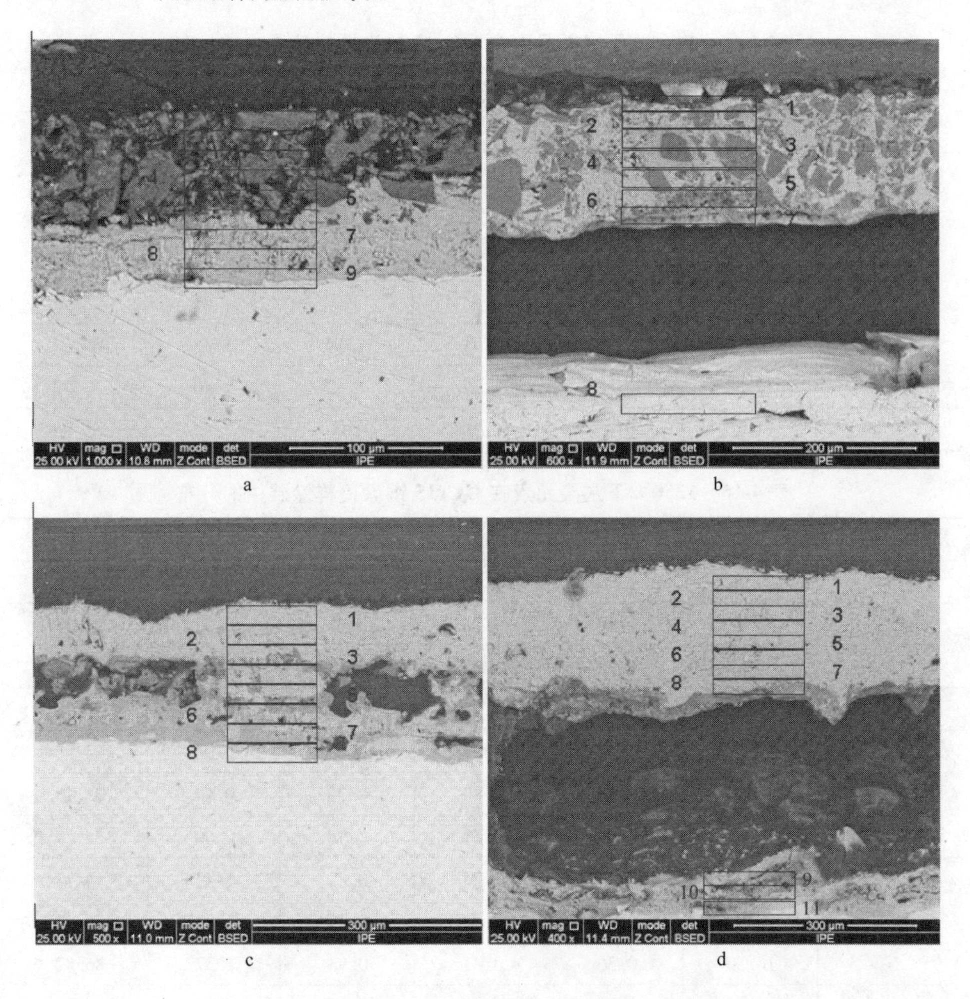

图 4-32　GCr15 钢涂覆样在不同温度下的断面 X 射线能谱分析图（背散射电子模式）
a—950℃；b—1050℃；c—1150℃；d—1250℃

将升温到 950℃、1050℃、1150℃和 1250℃时涂层中各元素及铁、氧在涂层中的迁移过程绘制成曲线，如图 4-33 ~ 图 4-38 所示。

当温度刚升到 950℃的时候，Mg 元素主要以氧化物的形式存在于涂层材料中。之后，随着温度的升高，逐渐向涂层中部迁移，如图 4-33 所示。假设以基体和氧化铁皮之间的界面为原点，涂层和氧化铁皮总厚为 1，那么最终 Mg 以尖晶石的组成元素主要存在于 0. 5 ~0. 95 的位置，起到防护 C、O 互渗的作用。Al 元素的迁移过程与 Mg 的相近，见图 4-34。我们推测 Al 也参与了形成致密尖晶石的反应。

Si 最初也以氧化物的形式存在于涂层外侧。如图 4-35 所示。随着温度的升高，Si 逐渐向内部迁移，外侧的峰值逐渐消失，取而代之在距基体和铁皮界面 45% 的位置有峰值。这时，Si 以铁橄榄石的形式存在，对前期脱碳层进行腐蚀。

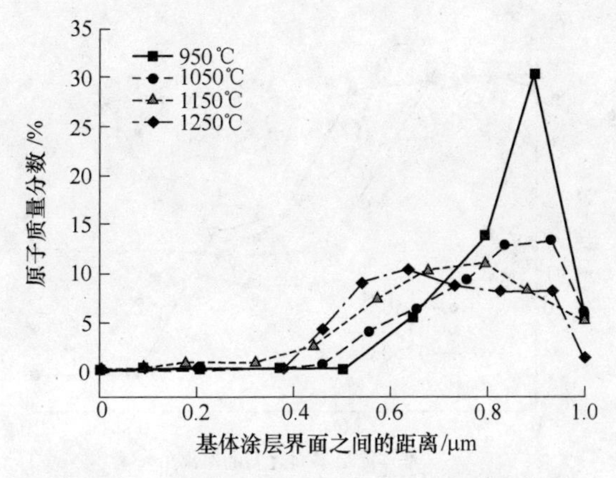

图 4-33 镁元素在 GCr15 涂层中的迁移示意图

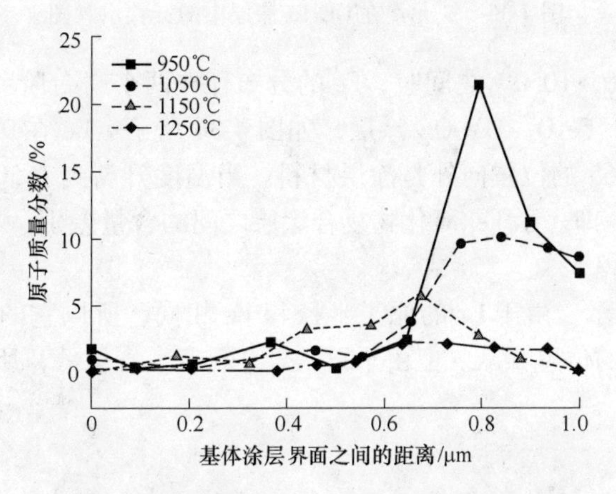

图 4-34 铝元素在 GCr15 涂层中的迁移示意图

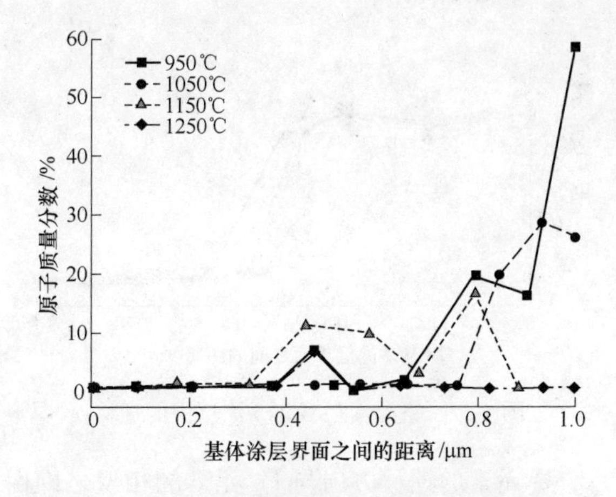

图 4-35 硅元素在 GCr15 涂层中的迁移示意图

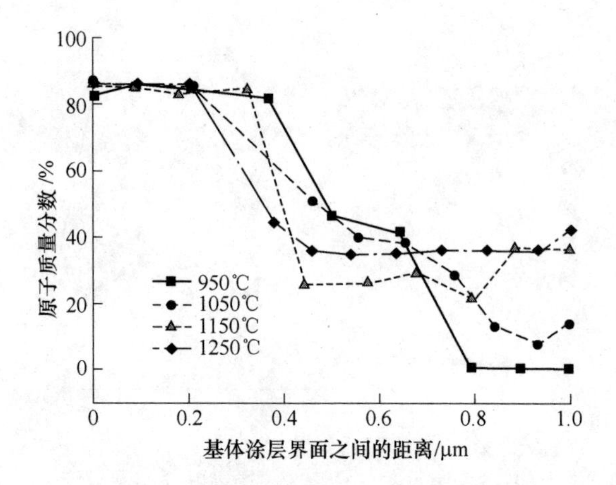

图 4-36　铁元素在 GCr15 涂层中的迁移示意图

在温度为 950～1050℃之间时，Fe 的分布存在两个“台阶”，3 个不同 Fe 含量值。分别是 Fe/Fe_xO_y、Fe_xO_y/涂层，如图 4-36 所示。Fe 在 0.4 的位置出现铁氧化物，而在 0.65 的位置向外是涂层材料。当温度升高到 1150℃的时候，只剩下一个“台阶”，即表示 Fe/氧化物复合涂层之间的含量差别，及 Fe 开始参与形成致密涂层的过程。

如图 4-37 所示，由于 Cr 的原子半径和 Fe 相同，所以它的迁移规律类似于 Fe，在 0.4 左右的位置骤减。但由于只是合金元素，含量低，所以向外扩散的能力有限。

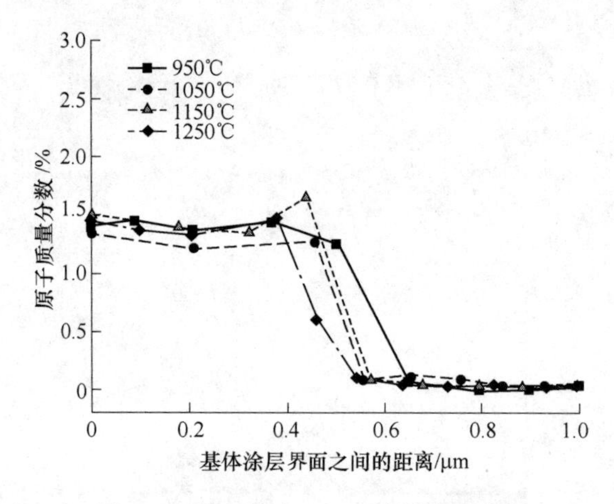

图 4-37　铬元素在 GCr15 涂层中的迁移

如图 4-38 所示，O 元素的迁移方向与 Fe 元素的相反，即由涂层和炉气界面向涂层内部扩散。

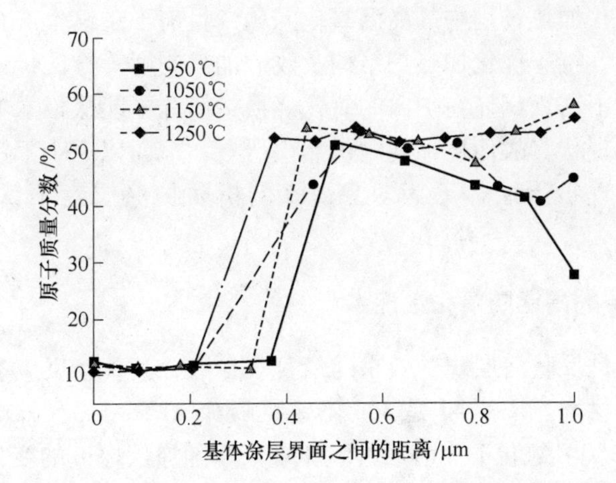

图 4-38　氧元素在 GCr15 涂层中的迁移示意图

图 4-39 显示，1150℃下涂层与基体界面上生成了新的烧结相，包括了几种尖晶石（$MgCr_2O_4$，$(Mg,Fe)(Cr,Al)_2O_4$，$MgAl_2O_4$ 和 $Fe(Cr,Al)_2O_4$），O_2 在它们之中的扩散速率非常小，这保障了涂层的高温防护作用。

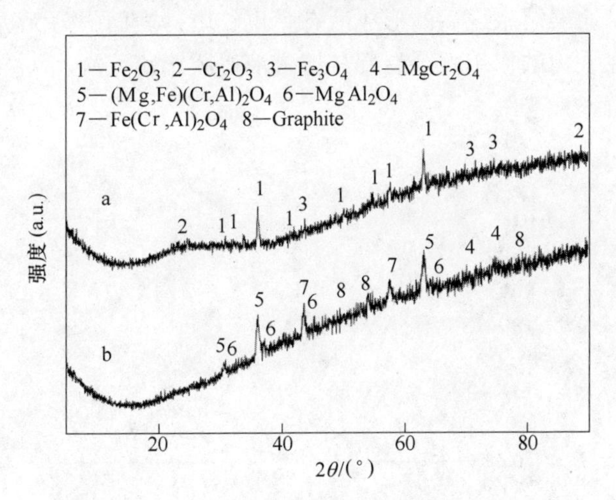

图 4-39　GCr15 在 1150℃下加热后的 XRD 图

a—空白样；b—涂覆样

4.4　不锈钢高温防护涂层

不锈钢作为高合金钢典型钢种，其在轧制前需要在加热炉内加热到 1200～1280℃。在这一过程中，钢坯表面氧化烧损严重。同时，不锈钢高温氧化生成的氧化皮与基体结合紧密，很难清除，直接影响着后续产品的表面质量及成材率。

针对不锈钢钢坯在加热过程中的高温氧化问题，目前不锈钢生产企业采取的对策主要有控制炉内气氛、优化加热炉结构及改进加热制度等方法，这些措施可以在一定程度上减少不锈钢钢坯在炉内的氧化烧损，但并不能从根本上改变钢坯与氧化性气氛接触的现状，故而烧损问题仍然很严重。下面以304不锈钢及其匹配的Al_2O_3-SiO_2-P_2O_5防护涂层体系为对象，来剖析防护涂层对不锈钢加热过程的影响。

4.4.1 防护涂层的高温防氧化性能[19,20]

氧化烧损率是反映涂层防护效果的最直观参数，其直接反应不锈钢在加热工序中的烧损及成材率。图4-40是304不锈钢喷涂Al_2O_3-SiO_2-P_2O_5防护涂层体系的涂覆试样在1250℃氧化1小时后的氧化烧损率随涂层厚度的变化关系。此处的涂层厚度是指初始涂层的厚度。由图4-40可以看出，当厚度为0.5mm时，氧化烧损率为1.7%。根据实验观察，较薄的初始涂层在熔融后无法完全覆盖不锈钢表面，故而造成较严重的氧化。当厚度增加到1mm时，氧化烧损急剧降低到约0.2%，此时涂层完全覆盖不锈钢试样。当涂层厚度为1.5mm时，获得最小的氧化烧损率0.1%。而厚度继续增加时，氧化烧损率并不继续降低。这是由于当涂层厚度较大时，涂层熔融之后的形成液态膜也较厚，表面张力无法将熔融膜完全聚拢。此时，在重力的作用下会有部分熔融液态膜滴落流淌。

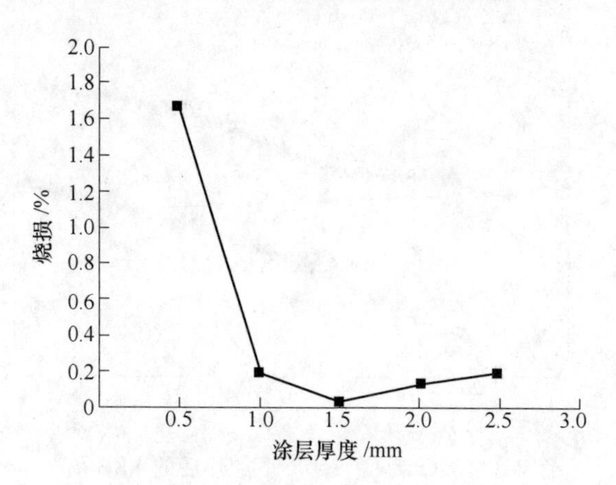

图4-40 氧化烧损率随涂层厚度的变化关系图
（304不锈钢，空气气氛，1250℃氧化1小时）

图4-41是304不锈钢的空白样及涂覆样在不同氧化温度、不同氧化时间下的烧损率，所喷涂料为Al_2O_3-SiO_2-P_2O_5防护涂层体系。在1150℃氧化3小时、6小时和9小时后，304不锈钢空白样及涂覆样的氧化烧损率分变为1.01%、3.29%、7.35%和0.1%、0.275%、0.31%（见图4-41a），涂层使氧化烧损率

分别降低了91%、92%、96%。在1200℃氧化3小时、6小时和9小时后，304不锈钢空白样及涂覆样的氧化烧损率分变为3.21%、5.4%、9.17%和0.2%、0.37%、0.58%（见图4-41b），涂层使氧化烧损率分别降低了94%、93%、94%。在1250℃氧化3小时、6小时和9小时后，304不锈钢空白样及涂覆样的氧化烧损率分别变为6.01%、11.29%、14.33%和0.38%、0.57%、0.6%（见图4-41c），涂层使氧化烧损率分别降低了93%、95%、96%。在1300℃氧化3小时、6小时和9小时后，304不锈钢空白样及涂覆样的氧化烧损率分别变为8.08%、13.61%、20.38%和0.4%、0.71%、1.18%（见图4-41d），涂层使氧化烧损率分别降低了95%、95%、94%。可见，304不锈钢在各种温度下，空白样及涂覆样的氧化烧损率均随时间的增加而增加。说明氧化时间越长，氧化越严重，金属损耗越多；温度越高，涂层对基体的防护效果越明显。综观1150～1300℃温度区间，涂层可使304不锈钢的氧化烧损率降低91%以上，说明Al_2O_3-SiO_2-P_2O_5防护涂层体系具有显著降低不锈钢氧化烧损率的效果且温度越高，涂层对基体的防护效果越明显。

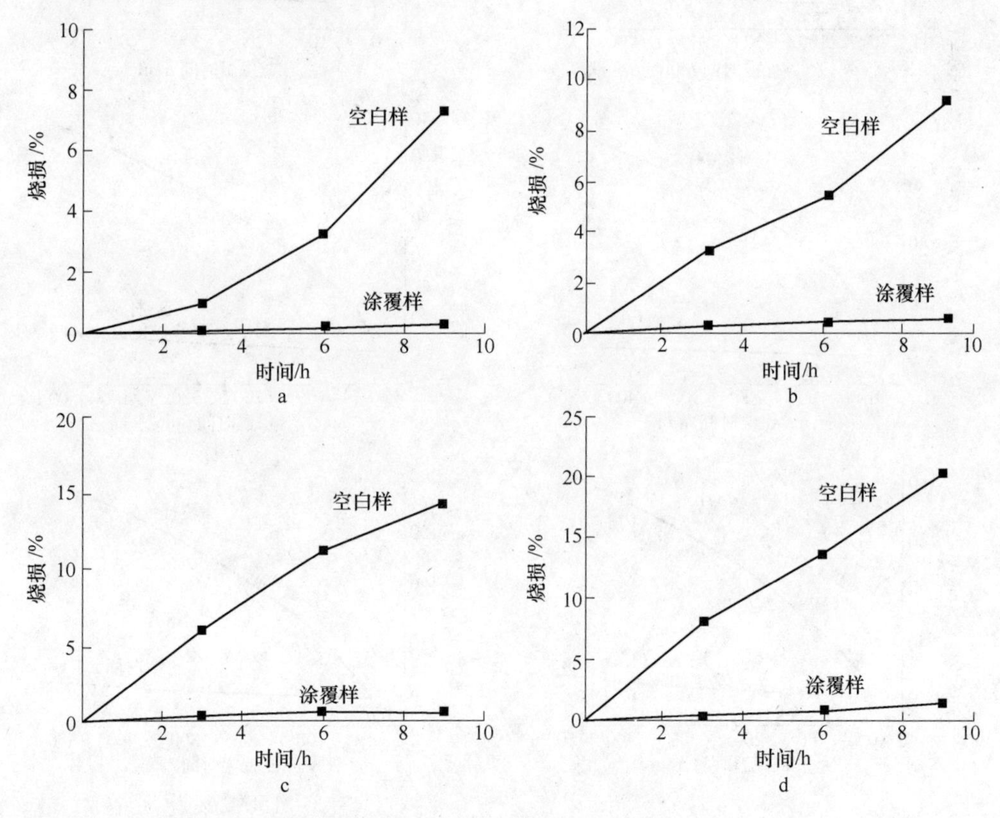

图4-41　304不锈钢在不同氧化温度和时间下的氧化烧损率

a—1150℃；b—1200℃；c—1250℃；d—1300℃

4.4.2　防护涂层对不锈钢氧化动力学的影响[21]

高温下，防护涂层大幅降低了不锈钢的氧化烧损率，说明由于涂层的作用，不锈钢的氧化过程受到了干预。因此，有必要进一步研究涂层对不锈钢氧化动力学过程的影响。实验研究了喷涂 Al_2O_3-SiO_2-P_2O_5 防护涂层体系试样的氧化动力学过程。

图 4-42 是 304 不锈钢空白样及涂覆样在 1050℃、1100℃、1150℃、1200℃、1250℃和 1300℃时的氧化动力学曲线，试样保温时间都为 500 分钟。可见，随着温度升高或氧化时间的延长，304 不锈钢空白样及涂覆样的单位面积增重在不断

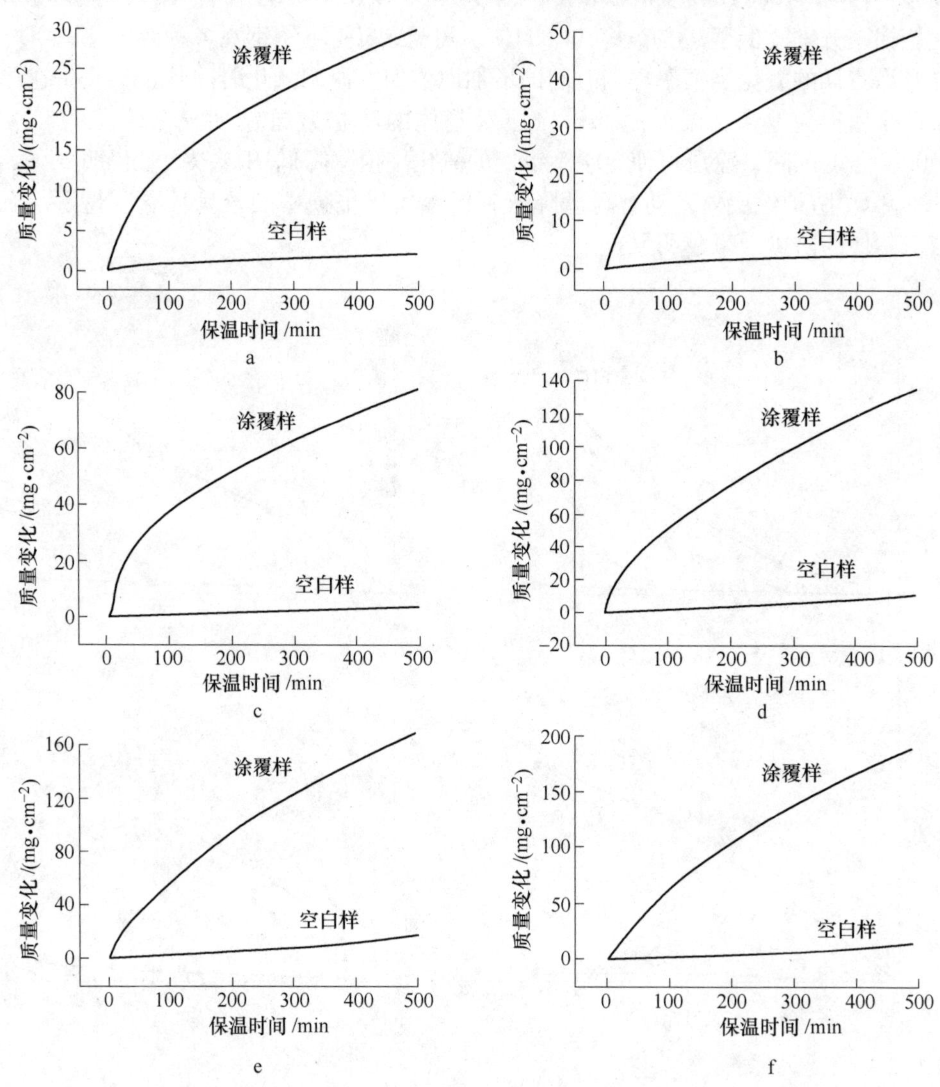

图 4-42　304 不锈钢空白样及涂覆样在空气气氛下的氧化动力学曲线

a—1050℃；b—1100℃；c—1150℃；d—1200℃；e—1250℃；f—1300℃

地增加，即氧化程度不断加重。在温度为 1100℃ 时，其氧化增重分别为 50.05mg/cm^2、2.76mg/cm^2（见图 4-42b），涂层减少氧化增重 94%。在温度为 1100℃、1150℃、1200℃、1250℃和 1300℃时，防护涂层使 304 不锈钢的氧化增重分别降低了 94%、96%、92%、90% 和 93%（见图 4-42c 和图 4-42d）。

根据图 4-42 中的氧化动力学曲线形状，可初步判断涂覆样的氧化过程遵循直线规律。可将各涂覆样对应曲线根据直线规律进行拟合：

$$X = k_l t$$

式中　X——试样的单位面积氧化增重，mg/cm^2；

t——时间，min；

k_l——线性速率常数，mg/(cm^2·min)。

不锈钢空白样在实验温度下的氧化动力学遵循抛物线规律，结合瓦格纳理论[22]，说明穿过不断增长的铁氧化物层和内氧化层的离子迁移控制着不锈钢的氧化速度。经过涂层防护之后，不锈钢的氧化动力学转变为线性规律，表明涂覆样的氧化受已经生成的氧化膜中的离子迁移控制减弱，更多依赖于受穿过固定厚度的熔融涂层中的粒子扩散控制。当其他条件固定、涂层厚度一定时，从空气中向涂层/不锈钢界面扩散的氧的速率是一定的，反映到动力学曲线上即表现为线性规律。

4.4.3　涂层结构与组分的变化[21,23,24]

防护涂层在高温作用过程中，其结构、组分将发生变化。涂层在整个氧化过程中的结构及组分变化可以揭示涂层防护的微观过程。

4.4.3.1　*初始氧化阶段*

在 1250℃的空气气氛中，将制备好的 304 不锈钢试样喷涂 Al_2O_3-SiO_2-P_2O_5 防护涂层体系，加热 10 分钟，然后迅速用坩埚钳将试样取出，置于空气中冷却。冷却的过程中，试样表面的涂层完全剥落。

对剥落涂层外侧进行了 SEM 观察，如图 4-43 所示。由 4-43a 显微照片上可以

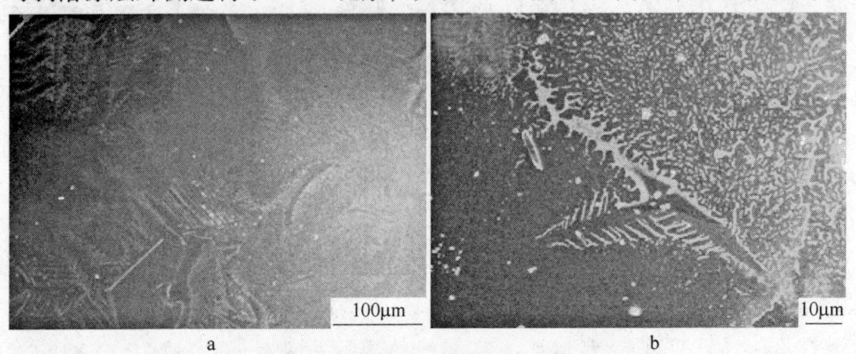

图 4-43　剥落涂层的外侧扫描电镜照片

看出，涂层外侧从微观上非常光滑平整，并且质地均匀，但其中局部存在树枝状形貌。图 4-43b 更高倍数显微照片清楚地显示出树枝状形貌，其在光滑的玻璃状基体中以枝状或者点状的形式存在。树枝状形貌形成于熔融涂层的凝固过程中，最后凝固的熔体熔点较低，在早期凝固的平滑基体中呈现出图中所示的形貌。

图 4-44 及表 4-17 是对涂层外侧的 EDX 分析图谱及相应元素的含量。由于 EDX 有所谓“脉冲堆积效应”，它使主元素的存在干扰微量元素的检测，EDX 的探头前要有铍窗，这对于从 Be 到 Na 的超轻元素及含量较少元素的探测极为不准。对于此分析结果，可见其中大部分元素均由原始涂层组分引入，但涂层中的 Mn 及 Fe 含量远高于原始涂层中的含量。

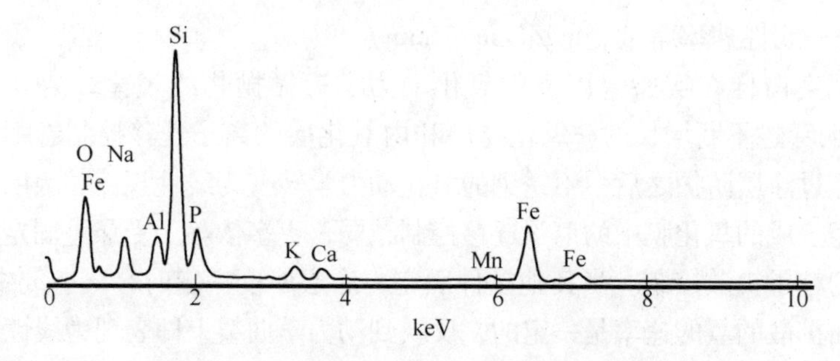

图 4-44　剥落涂层的外侧的 EDX 分析图谱

表 4-17　剥落涂层的外侧元素含量（质量分数）　　（%）

化学成分	O	Na	Al	Si	P	K	Ca	Mn	Fe
含量（质量分数）/%	36.83	9.32	3.96	20.73	5.54	1.52	1.33	1.63	19.16

剥落涂层中，大部分 Mn 及 Fe 元素来自高温下与其接触的不锈钢基体。这说明，在高温时涂层与不锈钢之间发生了化学反应。反应首先从涂层与不锈钢的界面处发生，但由于对高温状态下的界面难于观察，所以对涂层/不锈钢界面—剥落涂层内侧进行分析，来探究高温下所发生的反应。

综合以上分析结果，说涂层防护的初始阶段（前 10 分钟），涂层即已经与不锈钢发生了化学反应，不锈钢中的部分 Fe 与 Mn 进入了涂层，并在涂层内外均有存在；而 Cr 只在涂层内部出现，在剥落涂层外侧没有检出。

4.4.3.2　稳定氧化阶段

在加热 10 分钟后，涂层进入稳定氧化阶段。在此阶段，涂层的结构、组分继续随时间发生变化。

将 304 涂覆样在 1250℃的空气中氧化 30 分钟，出炉空冷，收集剥落的涂层。图 4-45 是涂层内外侧的微观形貌。图 4-45 所示涂层外侧亦是在光滑平整的玻璃基体上存在树枝状形貌，表明其由高温熔体凝固而来，与加热 10 分钟的涂层类似。而内侧却比较粗糙，存在很多形状不规则且彼此相连的凸起物。

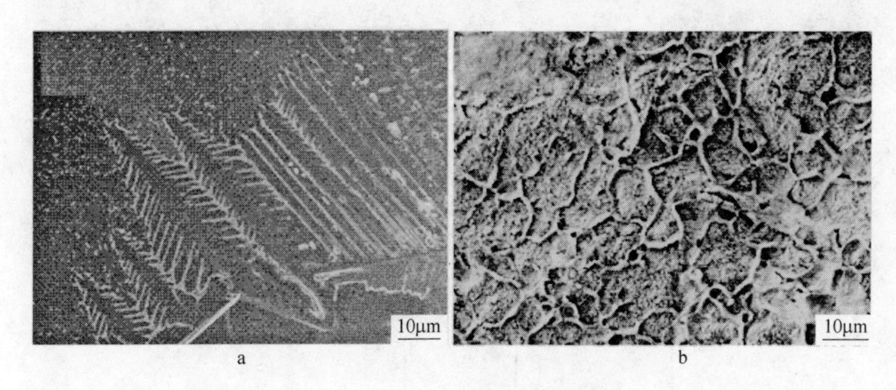

图 4-45 剥落涂层的微观形貌
（304 不锈钢涂覆样，1250℃氧化 30 分钟）
a—外侧；b—内侧

表 4-18 是经由 EDX 全区域分析得到的涂层内外侧的元素含量，可见外侧成分基本与氧化 10 分钟的类似，不存在 Cr，而 Mn 与 Fe 的含量高于原始涂层。但内侧却只检测到了 Si、O、高浓度的 Cr 以及微量的 Fe，没有检测到涂层中的其他元素。

表 4-18 剥落涂层的外、内侧表面的元素含量（质量分数）（%）

定位	O	Na	Al	Si	P	K	Ca	Cr	Mn	Fe
外层	34.70	7.40	3.79	21.11	5.18	1.44	1.91		1.92	22.55
内层	24.32			4.88				70.43		0.37

图 4-46 是图 4-45a 中涂层外侧的 XRD 分析谱图，其主要晶相为 Fe_2O_3，还伴有少量的 SiO_2 晶体。表 4-18 中涂层外侧元素含量表明，Fe 含量为 22.55%，而其他元素在 XRD 谱图中并没有体现，说明其他元素以无定形的玻璃结构形式存在。Fe 以 Fe_2O_3 的晶体形式存在，表明在经过较长的氧化时间后，涂层中相当

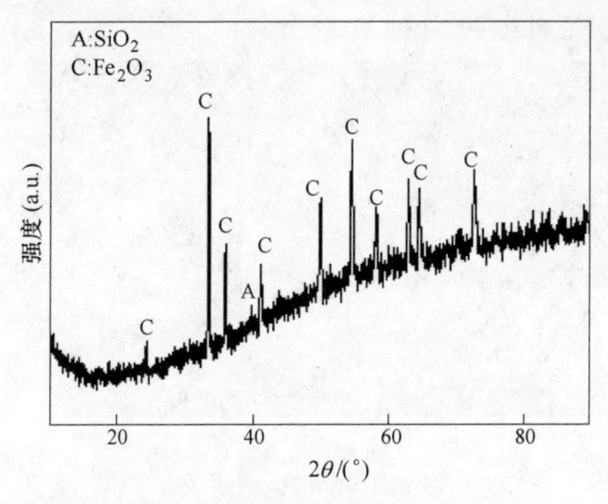

图 4-46 剥落涂层的外侧 XRD 谱图
（304 不锈钢涂覆样，1250℃氧化 30 分钟）

一部分的 Fe 被氧化为 Fe_2O_3。Fe_2O_3 的熔点较高，在玻璃中的溶解度较小，在熔融玻璃冷凝的过程中会以晶体的形式出现。

图 4-47 是涂层内侧的 XRD 图谱，其主要晶相为 Cr_2O_3，夹杂少量的 SiO_2，与表 4-19 中涂层内侧的元素含量一致。图 4-47 中 25°附近的包状衍射峰非常微弱，说明经过 30 分钟的反应，涂层内侧几乎已经被剥落的 Cr_2O_3 完全覆盖。

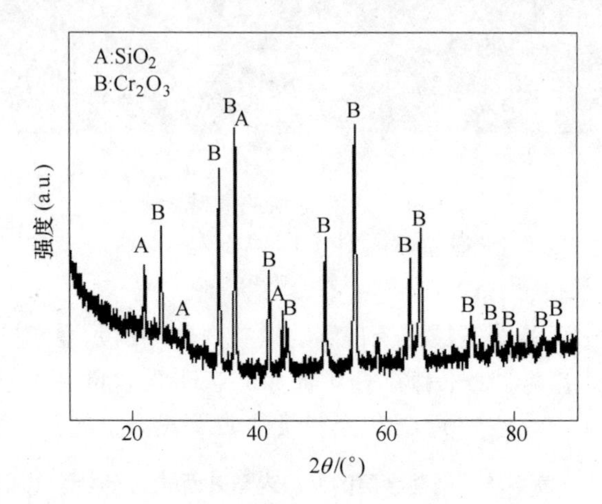

图 4-47　剥落涂层的内侧 XRD 谱图

（304 不锈钢涂覆样，1250℃氧化 30 分钟）

综合以上分析结果，可知经过 30 分钟的氧化，304 不锈钢表面的涂层内部发生了成分与结构的变化。在涂层开始熔融阶段，涂层的 Fe 元素由开始的 Fe^{2+} 逐渐氧化为 Fe^{3+}，而涂层内侧的 Cr_2O_3 富集层也由开始初始阶段的分散状态逐渐变为完全覆盖涂层内表面。

将 304 不锈钢涂覆样在 1250℃氧化更长时间，收集剥落的涂层，并作进一步表征。图 4-48 分别是氧化 40 分钟和 50 分钟的涂层内侧形貌，可见其与加热 30

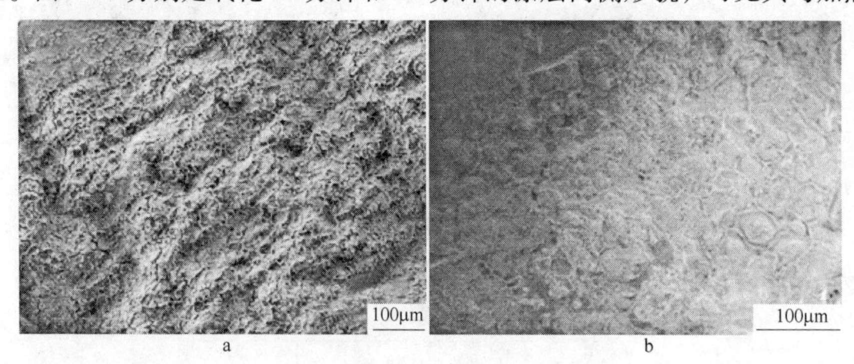

图 4-48　剥落涂层内侧的微观形貌

（涂覆样，1250℃）

a—氧化 40 分钟；b—氧化 50 分钟

分钟的非常相似，都是在粗糙的内表面上存在很多带状凸起。由此可知，这些涂层对应304不锈钢中的晶界。氧化更长时间的涂层内外侧的XRD、EDX元素含量与加热30分钟的非常相似，可以说明，在加热30分钟后，涂层微观形貌与组分基本趋于稳定。

4.4.3.3 涂层组分及断面形貌变化过程

图4-49及表4-19是对涂层断面EDX分析图谱及相应点的元素含量。可以看出，除了涂层的内表面附近（1），涂层的本体中没有探测到Cr元素的存在。Fe在涂层的各处均有发现，其中除在涂层内侧的含量较高外，涂层的本体当中，从涂层内侧到外侧，Fe的含量呈现出逐渐增加的趋势。Mn含量亦呈现出由外而内逐渐增加的特征。涂层中的Fe来源于不锈钢表面的氧化层。当不锈钢涂覆样置于高温环境中的最初阶段，涂层还未熔融成膜，此时空气透过未致密化的涂层直抵不锈钢表面，使不锈钢发生轻微的失稳氧化，生成Fe、Mn、Cr混合氧化层。待涂层熔融之

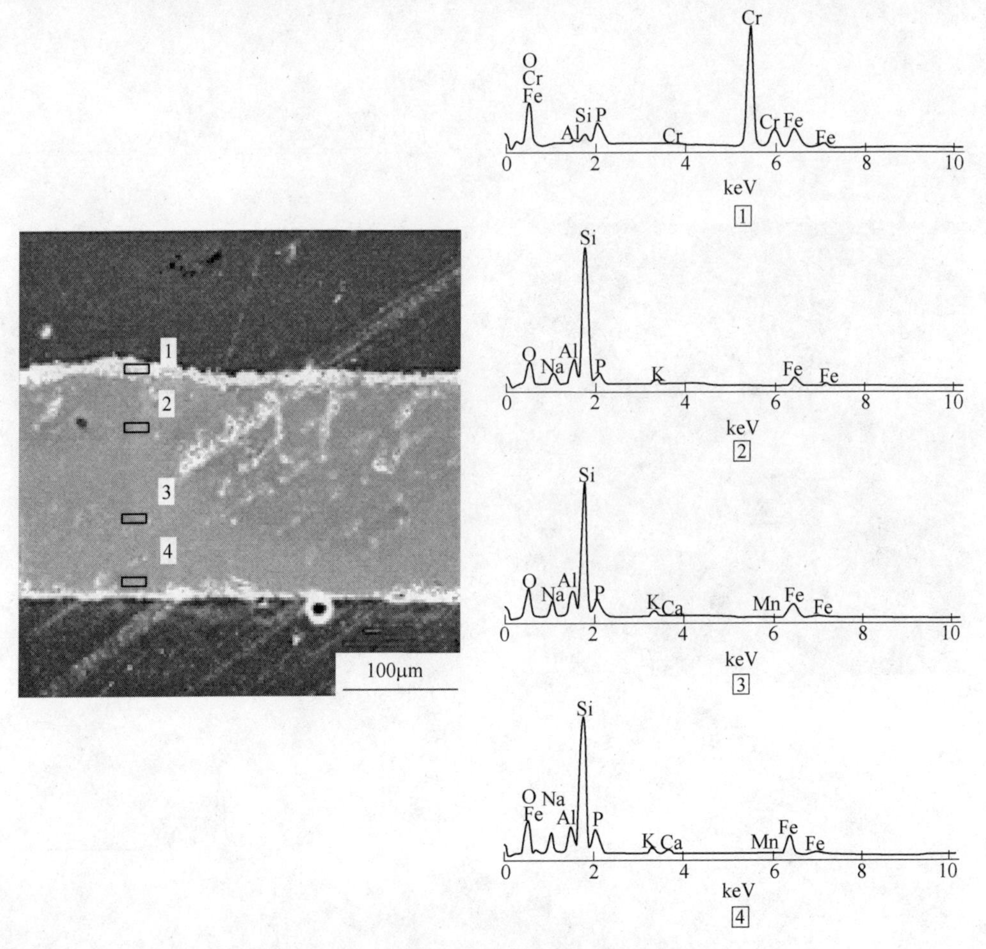

图4-49 剥落涂层断面EDX分析图谱

后，硅酸盐熔体与不锈钢表面的混合氧化层反应，其中 FeO 和 MnO_2 活性很大，可迅速进入熔体，而 Cr_2O_3 因惰性强、熔点高而残留在涂层的内侧——涂层/不锈钢界面。Fe 属于变价元素，在空气中的氧由涂层外侧向涂层内扩散的过程中，Fe 会沿与 O 扩散相反的方向扩散，最终形成由内向外浓度递增的分布状态。

表 4-19 剥落涂层断面的元素含量（质量分数） （%）

定位	O	Na	Al	Si	P	K	Ca	Cr	Mn	Fe
1	22.70		0.48	1.44	3.94			57.93		13.52
2	36.53	6.92	6.09	34.54	4.35	2.29				9.28
3	34.20	8.27	5.45	30.19	4.91	2.13	0.70		0.76	13.40
4	33.44	8.52	5.14	27.08	6.39	1.72	1.11		1.23	15.38

图 4-50 及表 4-20 是涂层断面的 EDX 分析图谱及相应点的元素含量，其中的

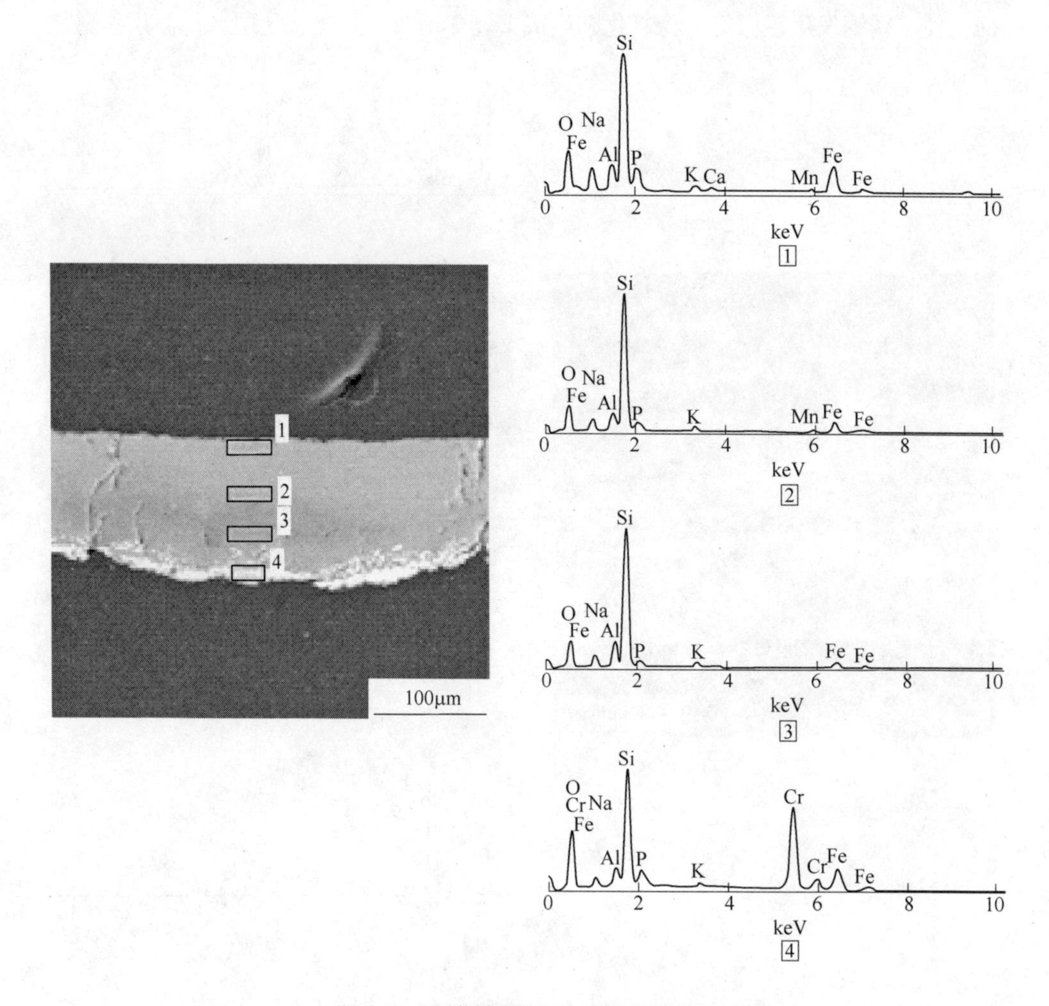

图 4-50 剥落涂层断面 EDX 分析图谱

元素分布趋势与图4-49中的基本一致。但Fe的分布未见明显趋势，推测是由于熔体冷凝过程中，其内部的对流所致。

表4-20　剥落涂层断面的元素含量（质量分数）　（%）

定位	O	Na	Al	Si	P	K	Ca	Cr	Mn	Fe
1	34.49	9.86	4.44	23.93	5.85	1.68	0.94		1.50	17.33
2	37.57	7.53	4.12	33.67	2.55	2.07			0.58	11.90
3	40.31	6.50	6.05	37.11	1.77	2.28				5.97
4	24.61	4.48	2.80	18.39	2.69	1.06		32.96		13.01

综合比较图4-49、图4-50、表4-19及表4-20，可见随着氧化时间由30分钟增加到3小时，涂层内侧的Cr含量及涂层本体中各元素的含量未见明显的变化。这说明涂层熔融成膜后，其内部的元素分布处于比较稳定的状态。

图4-51是对涂层断面所做的元素面分布分析。结果清楚地显示出涂层中的Al、Si分布均匀；Ni含量极其微小；而Cr在剥落涂层内侧高度富集，在涂层本体中几乎未检出；Fe除了在剥落涂层内侧有轻微富集外，在涂层本体中有从内侧向外侧缓慢递增的趋势。

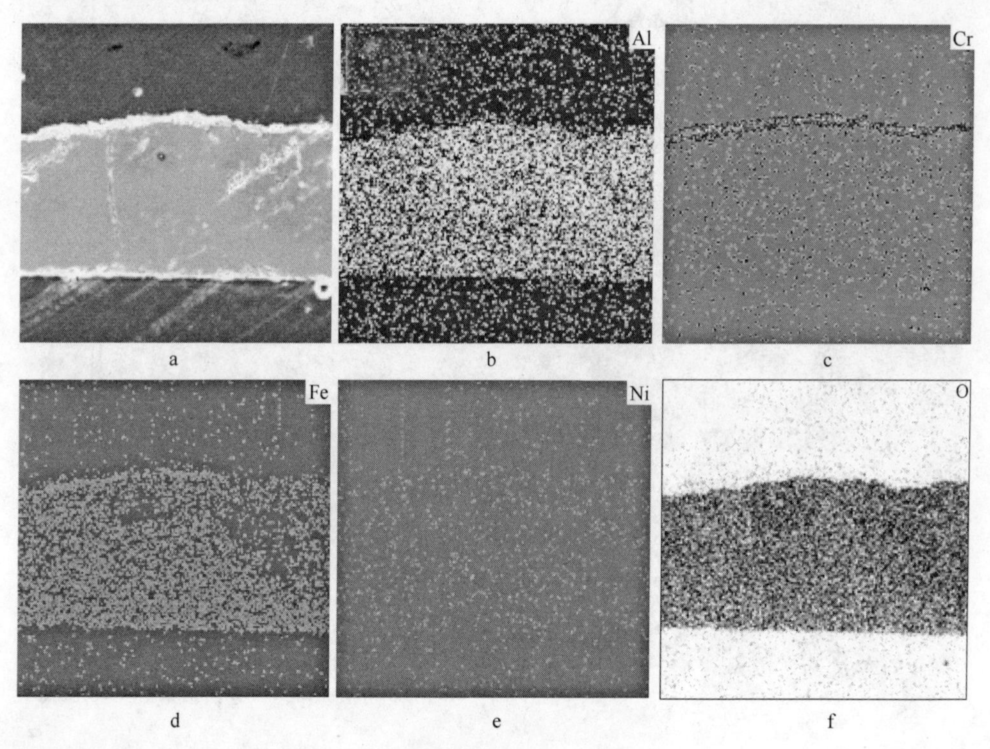

图4-51　剥落涂层断面元素分布面扫描结果
（图4-18c中的涂层）

为了进一步了解涂层中的元素分布，对剥落涂层进行了元素线扫描表征。图4-52是对不同氧化时间的涂层所作的线扫描分析结果。可以非常直观地看出，在

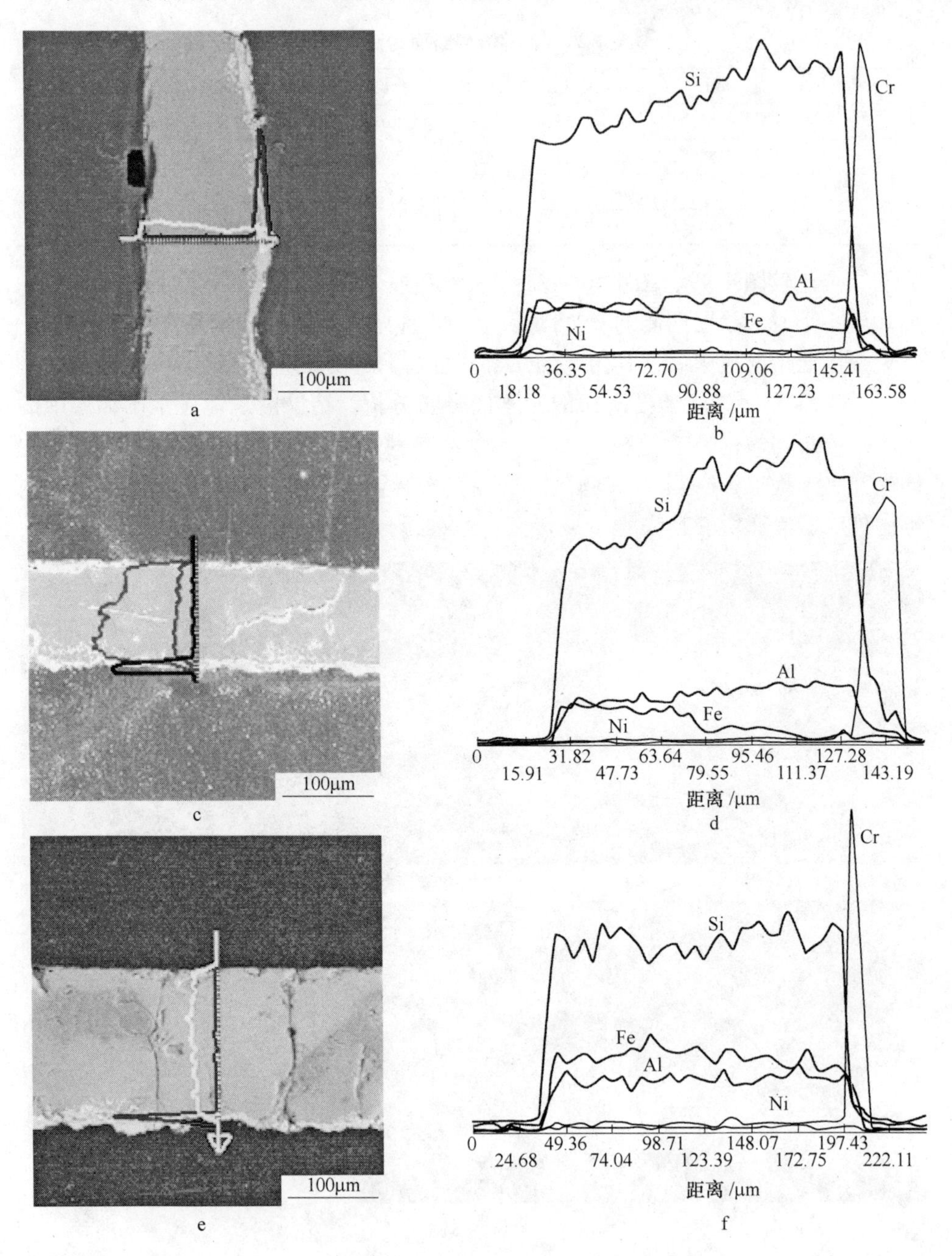

图 4-52　剥落涂层断面元素分布线扫描结果（涂覆样）

a，b—30 分钟；c，d—50 分钟；e，f—3 小时

加热30分钟、50分钟及3小时的涂层中，Al的分布几乎没有变化，且在涂层中分布均匀；而Cr一直都在涂层的内侧富集，在涂层本体中微乎其微；Fe大体上呈现出由涂层外侧到涂层内侧递减的趋势；而Si在靠近涂层内侧的区域有含量增高的趋势，与Fe的分布趋势恰好互补。剥落涂层断面线扫描结果表明，涂覆样的氧化达到稳态之后，涂层中的元素分布基本上保持稳定。

4.4.4 防护涂层对钢表面质量的影响[25]

4.4.4.1 防护涂层对不锈钢基体表面质量的影响

防护涂层对不锈钢基体表面质量的影响表现在以下几个方面。

(1) 表观现象。

为加强对比不锈钢空白样与涂覆样经过氧化实验后的表面质量，进行如下实验：将奥氏体不锈钢加热至约700℃，用坩埚钳取出，对不锈钢表面的一半进行喷涂，而另一半保持空白试样状态，然后在马弗炉中进行加热实验。

图4-53显示的是喷涂一半的304不锈钢在1250℃氧化3个小时，出炉空冷

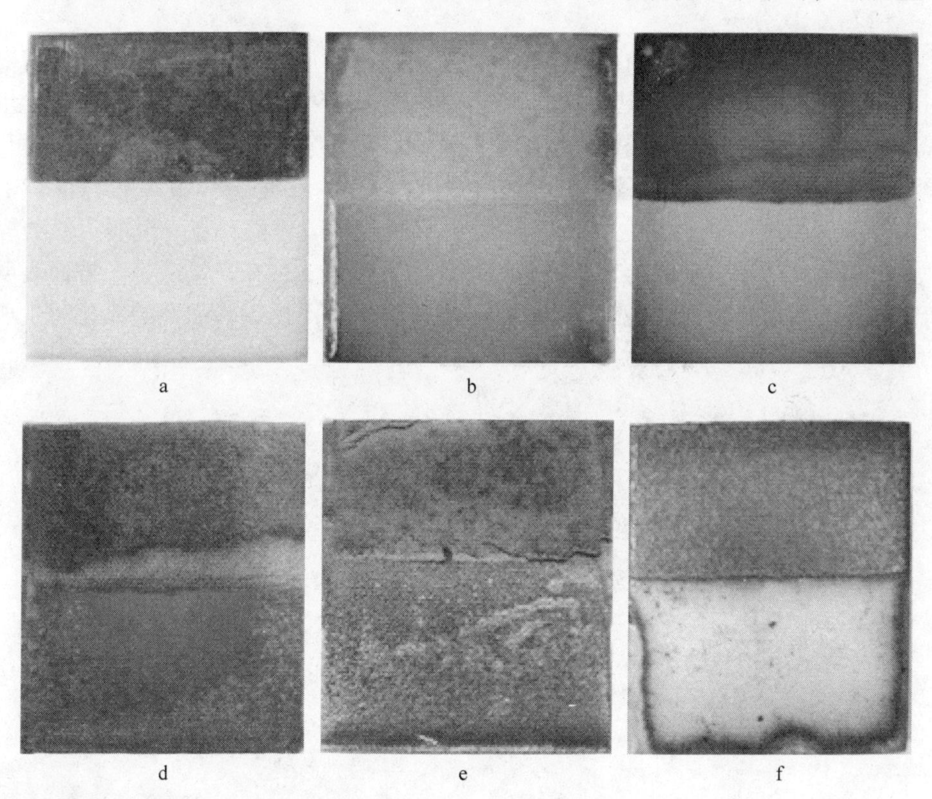

图4-53 304不锈钢1250℃氧化3个小时后的出炉空冷照片

上半部空白；下半部涂覆；a—入炉之前；b—出炉瞬间；c~f—冷却过程

过程中采集的数码照片。图中试样的上半部分保持空白状态，下半部分经过防护涂层涂覆。冷却过程中，不锈钢外层氧化皮自动剥落，基体表面黏附黑色、粗糙的内氧化层。相比之下，经过涂覆的试样下半部分则经历了涂层凝固、自剥落的过程，最终呈现出大部分金属光泽、边缘彩色的外观。

热处理后，在 304 不锈钢表面出现的彩色花纹称为回火色。回火色常见于焊接或修磨过程中。此时，不锈钢在空气中被加热到一定的高温，受热影响的表面与氧反应，就会生成氧化物。其中，温度较高的地方氧化膜较厚、颜色较深；温度低的区域氧化膜较薄、颜色较浅。对于受涂层保护的 304 不锈钢来说，涂层冷却的过程中，试样的边缘处热量流失较快，温度下降迅速，因此涂层的剥落从边缘处开始。涂层剥落之后，仍处于较高温度的不锈钢暴露于空气当中，从而生成氧化膜。随着不锈钢试样整体温度的下降，远离试样边缘的涂层也开始剥落，但此时试样温度已较开始有所下降，因此生成的氧化膜较薄。当试样冷却到室温时，最终反映到试样表面的状态就如图 4-53f 所示：试样边缘颜色较深，而中心区域颜色较浅甚至保持金属光泽。

（2）XRD 分析。

对 304 不锈钢试样的中部呈金属光泽的区域进行 XRD 表征，得到 XRD 图谱图 4-54。由图 4-54 可见，其中只有奥氏体(γ)与铁素体相(α)，而没有氧化物出现。其中奥氏体相属于奥氏体不锈钢的特征相，而铁素体相是由于合金元素贫化导致的奥氏体相在冷却过程中相转变生成的。图 4-55 是试样边缘彩色区域的 XRD 谱图。除了奥氏体相之外，还发现有（Cr，Fe)$_2$O$_3$ 的存在。说明边缘处较中心部位氧化严重，但仍能观察到金属基体中奥氏体的存在，又从另一方面表明氧化膜厚度较小，X 射线仍能穿透。涂层剥落之后，不锈钢表面开始氧化时生成

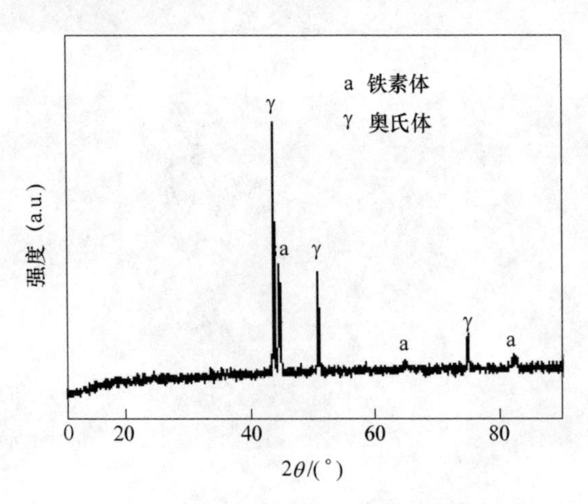

图 4-54　304 不锈钢涂覆试样表面的 XRD 图谱
（图 4-53b 试样中部呈现金属光泽区域）

Cr_2O_3，但由于试样处于较高温度，会发生失稳氧化，此时 Fe 进入 Cr_2O_3 的晶格，从开始生成的尖晶石 $FeCr_2O_4$ 到最后的 Fe_2O_3。Cr_2O_3 与 Fe_2O_3 具有相同的晶体结构，且阳离子半径相近，它们可以完全互溶[26]。因此，从 XRD 分析结果很难确定表层氧化物的具体成分。

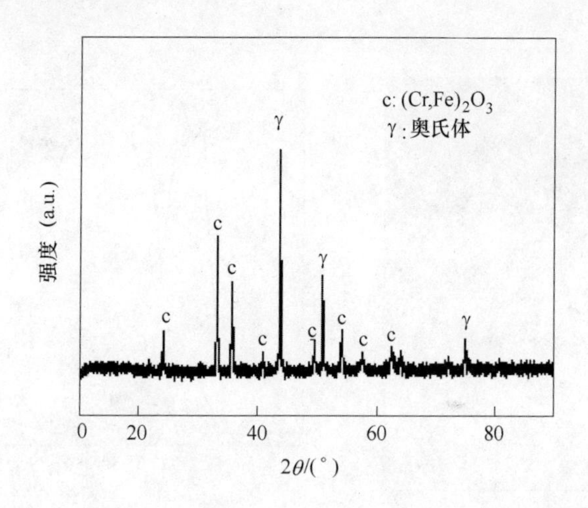

图 4-55 304 不锈钢涂覆试样边缘的彩色区域的表面 XRD 图谱

（3）涂覆样断面结构及组分。

将涂覆样氧化层剥落后的不锈钢试样进行镶嵌、磨抛，图 4-56 是在 1250℃ 氧化 3 小时的 304 不锈钢试样断面的光学显微镜照片，图片下侧的金属基体呈现出银白的光泽，与上侧呈黑灰色的环氧树脂形成鲜明的对比，两者之间未见明显氧化层。

图 4-56 光学显微镜照片（中心呈金属光泽区域）

对图 4-56 的试样断面进行元素线扫描分析，图 4-57 为得到的试样断面形貌及元素分布曲线。可以看出，在 304 不锈钢试样的表面，存在厚度约为 7μm 的氧化层。与金属基体内部的 Cr/Fe 相比，氧化层内部的 Cr/Fe 较大，并且 Mn 元素在氧化层内也有一定程度的富集。观察金属基体内部的元素分布，发现从基体内部到氧化层/基体界面，Cr 含量有降低的趋势，但其下降的趋势不明显。

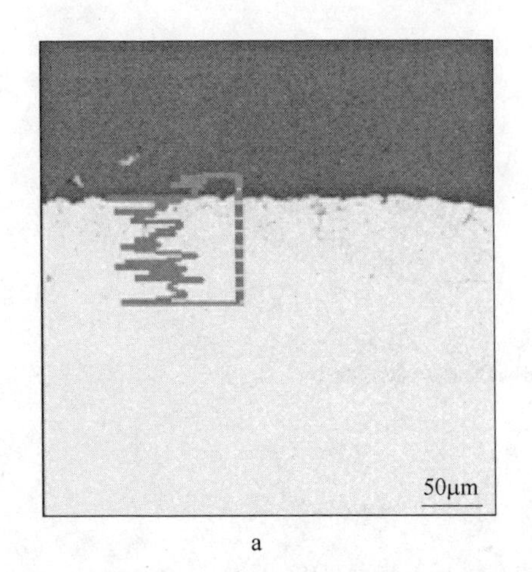

a

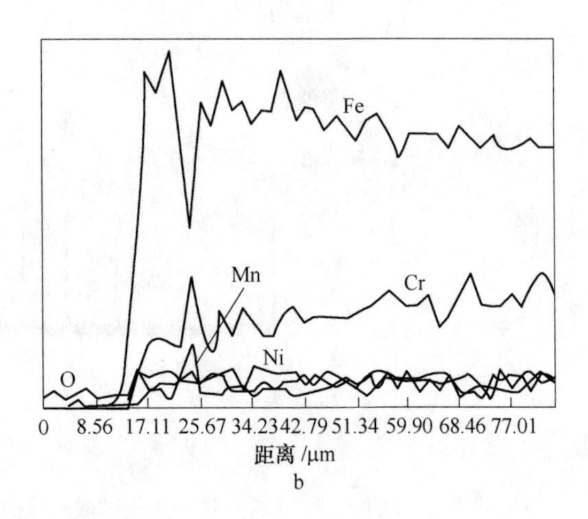

b

图 4-57　304 不锈钢涂覆试样的断面形貌及元素线扫描分析结果（中心呈金属光泽区域）

对 304 不锈钢表面回火色较深的区域进行镶嵌、磨抛，并进行断面观察，图 4-58 是其断面金相照片。图片上侧为树脂，下侧为不锈钢基体，可见在不锈钢表面有一层厚度约为 10μm 的氧化层。

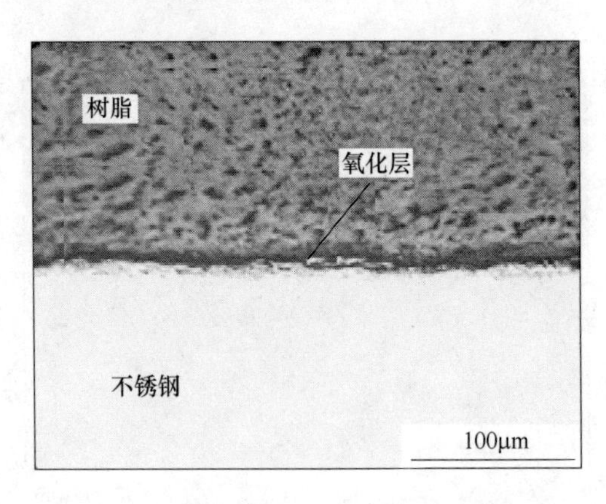

图 4-58　304 不锈钢试样的断面金相照片（边缘呈彩色区域）

图 4-59 是对图 4-58 试样的 SEM-EDX 联合分析结果。从更高倍数的扫描电子显微镜照片上，可以清楚地观察到颜色较深区域表面黏附有厚度为十几微米的氧

化层。从特征观察，此氧化层与空白样表面的内氧化层比较相似，都是与基体结合紧密，且其中都夹杂有亮白色的金属质地颗粒。元素分析结果表明，氧化层成分主要为富 Cr 氧化物，还伴有 Fe、Ni 等合金元素，但金属基体内部的 Cr 无明显的贫化现象。

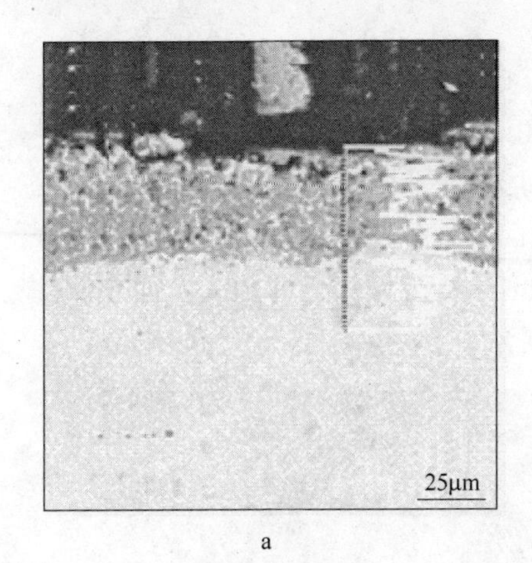

a

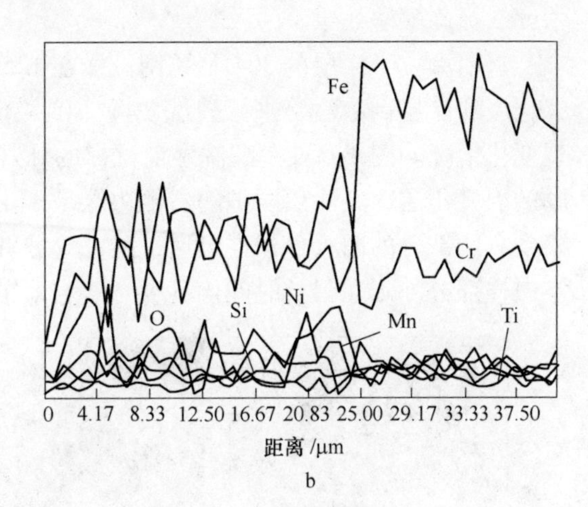

b

图 4-59 断面形貌及元素线扫描分析结果（边缘呈彩色区域）

对 304 不锈钢涂覆样（氧化并涂层剥落后）表面颜色较深区域的综合分析表明，涂层剥落之后，由于高温不锈钢与空气接触，也会发生较严重的氧化，尤其是剥落较早的试样边缘处。氧化时温度较高，发生的是失稳氧化，故而生成了内氧化层。但总体来看，只有试样的边缘处存在约 10μm 的氧化层，其他区域基本无明显的氧化物，与空白样相比氧化程度大为减轻。

综合分析涂层防护试样的测试结果，与奥氏体空白样相比，涂层可大幅提高不锈钢的表面质量。涂层剥落之后，金属表面大部分区域呈现出金属光泽，表面无明显氧化物附着，即使回火色较深的区域，其氧化层厚度仍远远小于空白样的内氧化层。而且，金属基体内部、靠近表面的区域存在 Cr、Mo 贫化而 Ni 富集的状况。

4.4.4.2 防护涂层对酸洗过程的影响

冷轧不锈钢带钢的生产在不锈钢生产中占有十分重要的地位。大约 70% 的不锈钢转化成冷轧带钢，成为市场消费的主要产品形式。冷轧工序的原料是不锈钢热轧材。由于加热炉内的氧化，不锈钢热轧钢材的表面会有一层黑色、紧密黏附的氧化层，这会影响后续轧制工艺及冷轧材质量。所以冷轧之前，需要有一道工序来去除这层附着氧化物，该过程在不锈钢生产工艺中称为黑皮白化过程。目前，普遍采取酸洗工艺来除掉附着氧化物，具体是使用酸性化学溶液来清洗不锈钢基体表面。恰恰由于酸洗工艺的增加，致使市场上奥氏体不锈钢产品由黑皮到白化后，直接生产成本大幅提高。

通过涂层防护的方式得到的涂层剥落后的不锈钢基体，直接可以看到银白色的基体颜色，说明涂层使不锈钢的内氧化程度得到有效缓解。由此可推测得出，在不锈钢生产工艺流程中对高温基体进行涂层防护，必然会缓解下游酸洗工艺的强度，提高酸洗效果。

将喷涂一半涂层的304不锈钢试样在1250℃的空气气氛中氧化3小时，待外氧化层和涂层剥落后，进行酸洗实验。图4-60是不锈钢试样在酸洗过程中的外观变化情况。图4-60a是酸洗之前试样的外观形貌，此时裸露的左侧部分黏附较厚的内氧化层，经涂层防护的右侧边缘呈现出回火色外观。酸洗过程中，可以观察到右侧部分的回火色消退迅速，酸洗6分钟时大部分回火色即褪去。而左侧的空白样部分外观在很长时间内无明显变化，直至约30分钟时，才开始观察到银

图4-60 不锈钢试样酸洗过程的外观变化

左侧—空白样；右侧—涂覆涂层；1250℃保温3小时

白色的金属基体。随着酸洗时间延长，涂层防护部分无明显变化，左侧空白部分表面的氧化层逐渐脱离试样基体。

涂层保护部分的回火色在酸洗6分钟时即大部分消退。这主要是由于产生回火色的氧化层较薄，并且内氧化程度轻微。而空白样部分经过约60分钟才基本完成酸洗，原因是其氧化层较厚，且内氧化层较深。而其中的凹凸不平的外观形貌是由于不锈钢表面贫铬引起的敏化状态导致。可见，经过涂层防护，304不锈钢的酸洗时间大约减少了90%，由此推断其酸洗耗酸量也大为降低。钢铁企业酸洗现场采用的是机械压制成浪板形状破鳞，然后通过紊流酸洗，这样本身提高了酸洗的效率，但耗酸量与涂层防护的基体耗酸量比较，仍然会产生可观的节约，可加快生产节奏，降低能耗及酸洗成本。同时，冷轧工序原料的表面质量也得到了显著提高。

参 考 文 献

[1] 周旬．难除鳞合金钢坯高温多功能防护涂层及其作用机制研究[D]．中国科学院大学博士学位论文，2012.

[2] Patrik W，Yang W H，Wlodzimierz B，et al. The Influence of Oxide Scale on Heat Transfer during Reheating of Steel[J]. Steel Research International，2008，79(10)：765～775.

[3] Zhou X，Ye S F，Xu H W，et al. Influence of Ceramic Coating of MgO on Oxidation Behavior and Descaling Ability of Low Carbon Steel[J]. Surface & Coatings Technology，2012，206：3619～3625.

[4] 周旬，魏连启，叶树峰，等．X80管线钢多功能耐高温暂时性涂层防护研究[J]．电镀与涂饰，2010，9(1)：46～49.

[5] Mascia A C. Reduction of Work Roll Wear by Controlling Tertiary Scale Growth [J]. Iron and Steel Engineer，1998(6)：48～51.

[6] Mitra S K，Roy S K，Bose S K，et al. Improvement of Nonisothermal Oxidation Behavior of Fe and Fe-Cr Alloys by Superficially Applied Reactive Oxide Coatings [J]. Oxidation of metals，1990，34(1-2)：101～120.

[7] Shen J N，Zhou L J，Li T F，et al. High-Temperature Oxidation of Fe-Cr Alloys in Wet Oxygen [J]. Oxidation of metals，1997，48(3-4)：347～357.

[8] 徐海卫，周旬，魏连启，等．混合气氛下SO_2对低碳钢高温氧化行为的影响[J]．材料热处理学报，2012，3(11)：98～104.

[9] 周旬，魏连启，刘朋，等．普碳钢用陶瓷基高温暂时性防护涂层制备及性能表征[J]．过程工程学报，2010，10(1)：167～172.

[10] Kuiry S K，Roy S K，Bose S K，et al. A Superficial Coating to Improve High Temperature Oxidation Resistance of a Plain-carbon Steel under Nonisothermal Conditions[J]. Oxidation of metals，1994，41(1-2)：65～79.

[11] 王晓婧．中高碳合金钢高温防脱碳涂层制备及其机理研究[D]．中国科学院大学博士学位论文，2013.

[12] Kitayama M, Odashima H. Method for Preventing Decarburization of Steel Materials [P]. US Pat.: 4227945, 1980, 10, 14.

[13] Wang L Y. Phosphate Gelatinization Materials of High Temperature Resistance [M]. Beijing: China Industry Press, 1965.

[14] 魏连启，刘朋，王建昌，等．钢坯防氧化涂料中高温喷涂用无机复合黏结剂的研制[J]. 涂料工业，2007，31(11)：4~6.

[15] Wang X J, Wei L Q, Ye S F, et al. Protective Bauxite-Based Coatings and Their Anti-decarburization Performance in Spring Steel at High Temperatures [J]. J. Mater. Eng. Perform, 2013, 22(3): 753~758.

[16] Wang X J, Wei L Q, Zhou X, et al. A Superficial Coating to Improve Oxidation and Decarburization Resistance of Bearing Steel at High Temperature [J]. Appl. Surf. Sci., 2012, 258 (11): 4977~4982.

[17] Wang X J, Ye S F, Xu H W, et al. Preparation and Characterization of the Decarbonization Preventing Nano-Coating Applied in Spring Steel Protection [J]. Material Science Forum, 2011, 688: 238~244.

[18] 符长璞，赵麦群，符亚明，等．钢铁材料热处理防氧化涂层的研究[J]. 金属热处理学报，1996，17(3)：52~56.

[19] 刘朋，魏连启，周旬，等．不锈钢热处理用高温防氧化涂层制备与性能表征[J]. 材料热处理学报，2010，31(10)：90~95.

[20] Liu P, Wei L Q, Ye S F, et al. Preparation and Property of Ceramic Matrix Coating of Anti-Oxidation for Stainless Steel at High Temperature by Slurry Method [J]. Advanced Materials Research, 2010, 105-106: 448~450.

[21] Liu P, Wei L Q, Zhou X, et al. A Glass-based Protective Coating on Stainless Steel for Slab Reheating Application[J]. Journal of Coatings Technology and Research, 2011, 8(1): 149~152.

[22] Young D J. High Temperature Oxidation and Corrosion of Metals [M]. Cambridge: Elsevier, Corrosion Series, 2008.

[23] Liu P, Wei L Q, Ye S F, et al. Protecting Stainless Steel by Glass Coating during Slab Reheating[J]. Surface and Coatings Technology, 2011, 205(12): 3582~3587.

[24] 刘朋．奥氏体不锈钢加热过程防氧化涂层制备与性能研究[D]. 中国科学院大学博士学位论文，2011.

[25] Zhang X M, Wei L Q, Liu P, et al. Influence of Protective Coating at High Temperature on Surface Quality of Stainless Steel[J]. Journal of Iron and Steel Research, International, 2014, 21(2): 204~209.

[26] 李铁藩．金属高温氧化和热腐蚀[M]. 北京：化学工业出版社，2003.

5 高温涂层防护机理

5.1 反应机理概述

关于涂层防护机理研究颇多，归纳起来，防护机理可以分为以下四类。

（1）熔膜屏蔽型防护机理。

此类保护机理是利用涂层在加热过程中形成的致密而牢固的玻璃状物和玻璃陶瓷状物黏附在工件表面上，隔绝气氛和基体的接触，以达到保护的目的。涂料在室温下是由不同粒度的玻璃料、玻璃陶瓷料、玻璃金属粉末等黏结剂和溶剂混合在一起形成的糊状胶体物质，采用浸涂或喷涂等方法将其附着在金属基体上，形成一定厚度的保护涂层。这种涂层在室温下是多孔的，并不致密，大气中的氧化性气氛能通过扩散接触到金属基体造成氧化。因此，在涂料呈熔融状态前，其保护作用并不好。由于金属低温时氧化速度较慢，因此低温阶段的氧化烧损并不严重。当温度达到涂层软化温度时，涂层孔隙率急剧下降，随着温度进一步提高，涂层熔融为液态，形成致密的不透气液态黏附层，达到隔绝氧化性气氛、保护金属的目的。防护过程如图 5-1 所示。

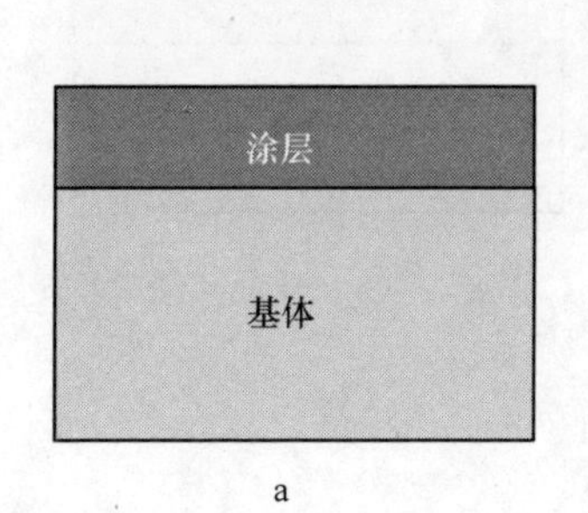

a

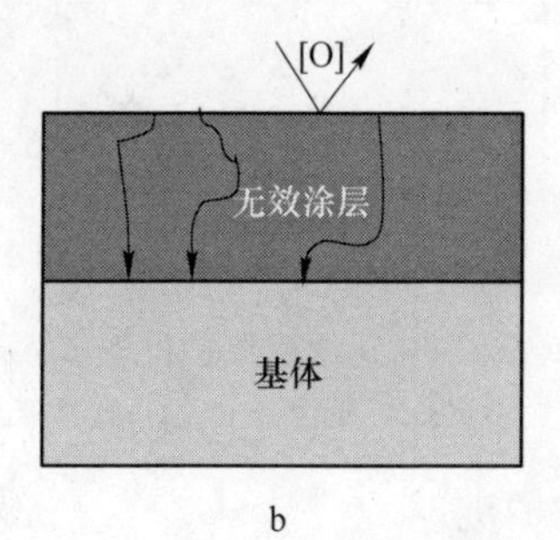

b

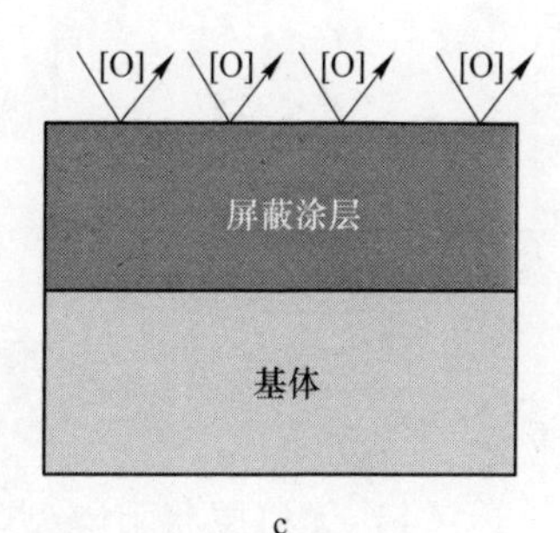

c

图 5-1　熔膜屏蔽型保护机理示意图

a—加热前；b—低温阶段；c—高温阶段

（2）化学反应型防护机理。

此类保护机理是利用涂料附着于钢的表面，当加热至一定温度时，钢表面的微量氧化皮在涂层作用下被熔融；随着温度提高，与涂层中的成分发生化学反应，形成薄的半熔融状态的黏稠熔膜，均匀而牢固地覆盖在基体表面上，隔绝了气氛和基体的接触，达到加热过程中的保护目的[1]。防护过程如图 5-2 所示。

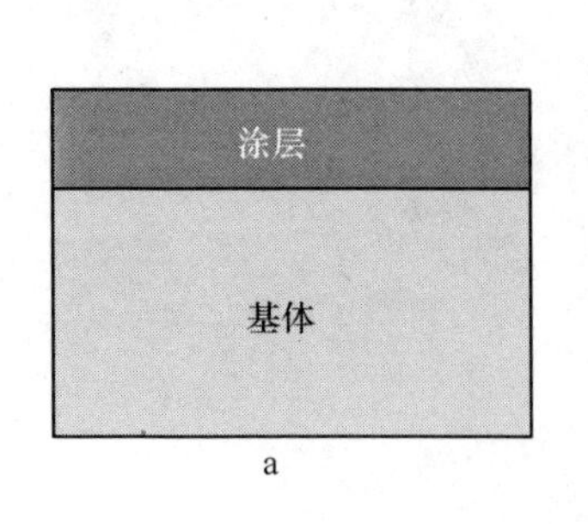

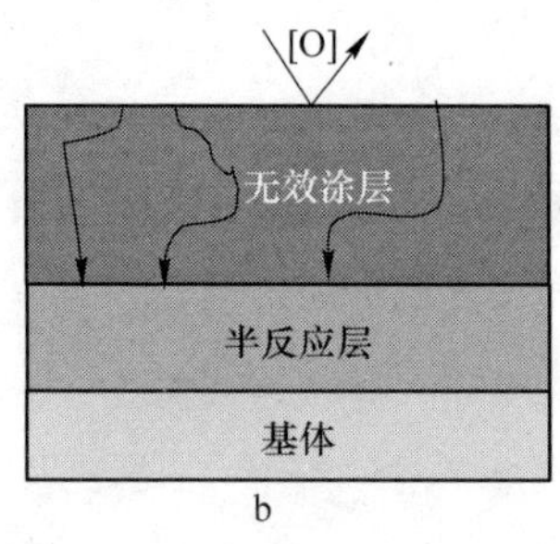

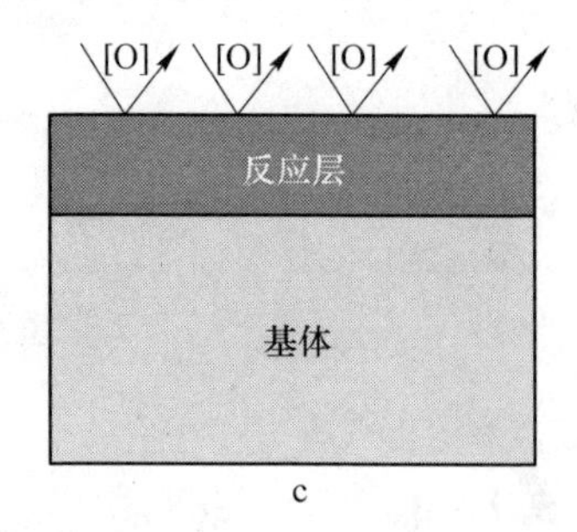

图 5-2　化学反应型保护机理示意图

a—加热前；b—低温阶段；c—高温阶段

（3）氧化还原型防护机理。

该机理是指在涂层材料中添加还原性组分，使涂料中的这些组分在高温下优先与环境中的氧化性组分发生反应，生成保护层，降低钢坯表面附近的氧浓度，从而起到保护作用。如在防渗碳涂料中加入 CuO，高温下 CuO 首先与炉内或扩散到涂层中的活性炭原子发生反应，不仅消耗了扩散到涂层中的碳原子，且新生成的铜原子黏附在钢件表面阻止碳原子渗入。因此，达到保护基体不被碳原子渗入的目的。防护过程如图 5-3 所示。

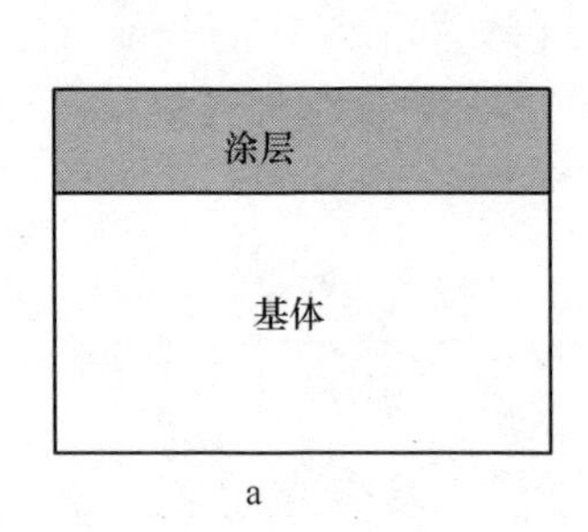

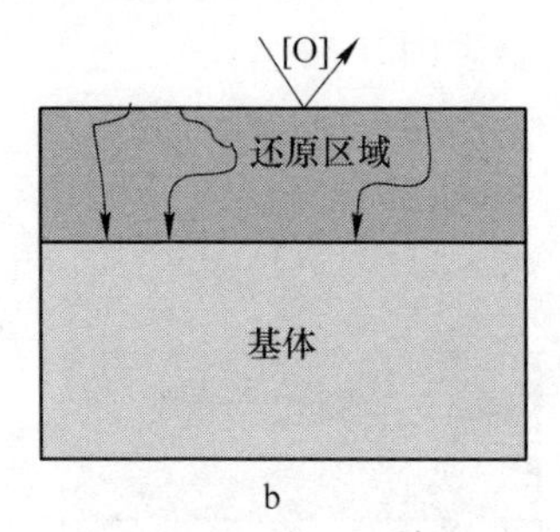

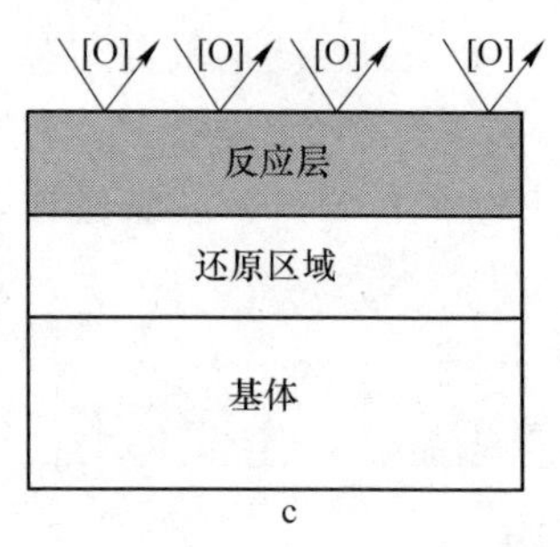

图 5-3　氧化还原型保护机理示意图

a—加热前；b—低温阶段；c—高温阶段

（4）无机层状阻隔型防护机理。

层状组分在高温下均存在层状机理，无机熔体对片层的作用也会引起层间距变宽而与层状材料发生插层作用，形成不同组分并存的纳米二维层状结构。防护过程如图 5-4 所示。

以上四种机理之间存在着相似点和不同点。熔膜屏蔽型保护机理较适合高温下的基体保护，被认为是高温防护涂层能起保护作用的最主要原因。而化学反应型机理与基体关系更密切，微量氧化铁皮已成为防护涂层的必要组成部分，更适合 1100℃ 以下的涂层保护。氧化还原型与化学反应型的相似点在于涂层本身都发生了本质性的化学反应，这与熔膜屏蔽型区别较大，但这两种化学反应的对象

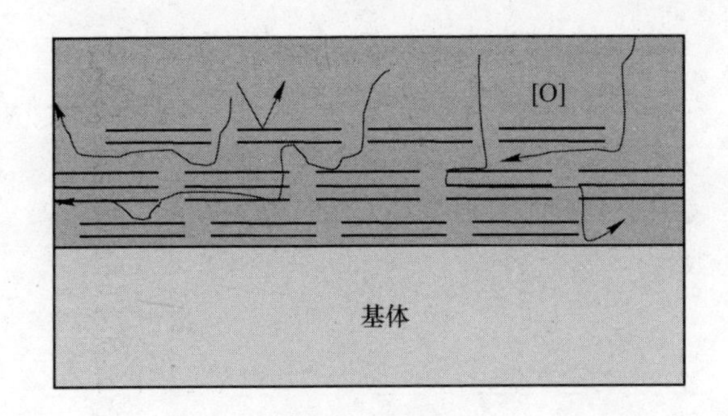

图 5-4 无机层状阻隔型防护机理示意图

存在差异，化学反应型是通过与氧化皮反应形成致密保护层，如硼基涂料在500~900℃下优先与基体反应生成 FeB 和 Fe_2B 致密层，有效阻碍铁氧互渗[2]。除硼化物外，高熔点氧化物在高于1000℃的温度下与微量氧化皮生成致密尖晶石结构，有效保护基体，同时尖晶石为离子结构，基体为金属结构，二者不互溶[3]。对于此种保护机理，高温下反应生成物的致密性及耐高温性至关重要，且产物是否会进一步反应也是制约很多涂层应用的因素。氧化还原型机理则主要是靠还原性成分自身发生反应，在基体表面形成还原性气氛从而进行保护。例如，在涂料中加 SiC，当加热到约850℃时，SiC 首先与炉内气氛中的氧发生反应，涂层在一定时间内吸收了扩散到涂层中的氧，造成紧贴钢材表面的缺氧环境，从而达到保护钢材不被氧化的目的。前三种机理存在着化学变化，而无机层状阻隔型机理则单纯依靠涂层结构达到保护效果，如利用蛭石、石墨的层状结构对加热过程中的物质扩散进行有效阻隔，同时纳米级片层具有高温表面活性，在高温状态下无机熔体可通过层间插入实现层间空隙的封闭填充作用。这些差别需要在实验中根据钢种和加热工艺的需求不同进行选择，实际上效果较好的保护涂层往往是通过原料合理配比，同时利用上述四种防护机理共同作用的结果[4]。

5.2 镁系涂层防护过程[5]

Mg 系涂层在钢坯涂层防护领域占据着重要的地位，其防护过程主要依据上述四种防护机制。Mg 系涂层对 Fe 基合金的防护与 Mg-Fe-O 体系有直接关联，通常存在 NaCl 结构的 $Mg_xFe_{(1-x)}O$ 体系和尖晶石结构的 $Mg_xFe_{(1-x)}Fe_2O_4$ 体系。镁系防护涂层高温过程的反应主要包括以下3个阶段（见图5-5）：

第一步，当温度超过570℃时，FeO 开始形成；当温度达到1000℃时，FeO 占总氧化层量的50%以上，FeO 有一定的塑性，通过塑性形变包裹 MgO 颗粒，发生固溶反应。

第二步，内层的固溶体逐渐被氧化为外层的 Mg-Fe 尖晶石结构。刚开始是

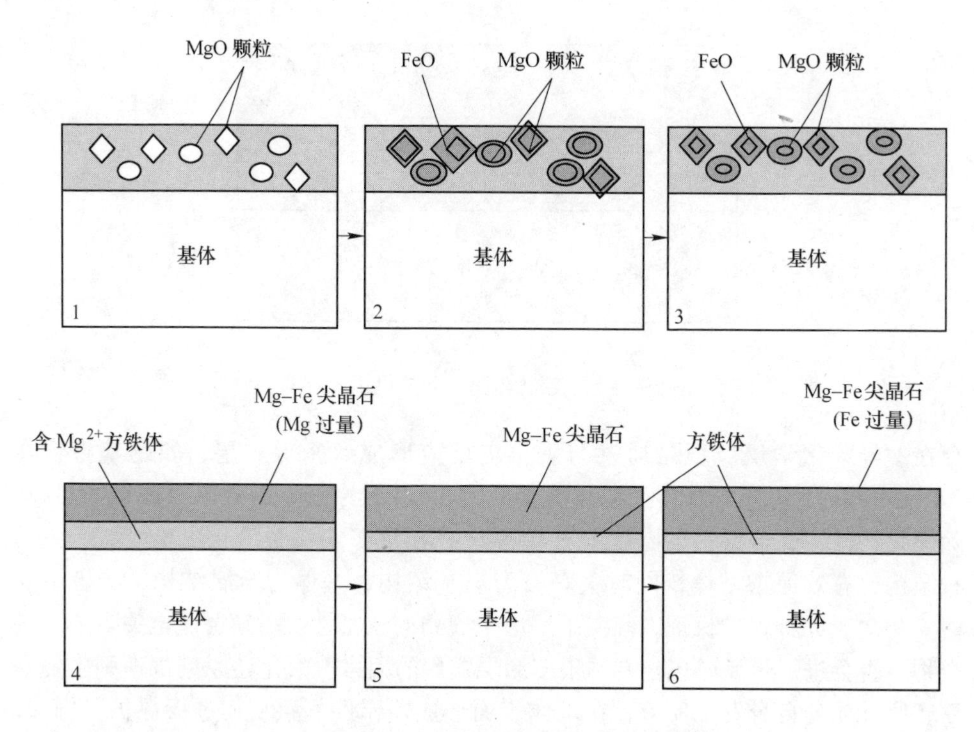

图 5-5 镁系涂层防护机理示意图

Mg 过量的 Mg-Fe 尖晶石，随着 Fe 的不断氧化，逐渐生成比较完美的尖晶石，也就是 $MgFe_2O_4$。此阶段也是防护效果最好的阶段。

第三步，随着基体的 Fe 不断氧化，外扩散到氧化层中，不断稀释氧化层中的 Mg，最终导致 $MgFe_2O_4$ 转变为 Fe 过量的尖晶石，其结构和成分趋于 Fe_3O_4，最终逐渐丧失防护效果。

镁系防护涂层对钢基体的防护主要有两种形式，如图 5-6 所示：（1）Mg^{2+} 填充内层 Wusitite 的空位，降低空位浓度，减小阳离子穿过 Wusitite 的扩散速率，从而降低氧化速率；（2）Mg^{2+} 取代外层 Fe_3O_4 中氧八面体中心的 Fe^{2+}，生成 $Mg_xFe_{(1-x)}Fe_2O_4$，通过提高八面体扩散能垒，降低阳离子穿过该层的扩散速率。

$Mg_xFe_{(1-x)}O$ 体系的 x 值小于 1，在高温还原性气氛下可以和 MgO 形成具有 NaCl 结构的连续固溶体，掺杂可以明显降低部分阳离子扩散速率。在研究阳离子在尖晶石结构 $Mg_xFe_{(1-x)}Fe_2O_4$ 体系的扩散过程，一般认为阳离子和八面体中的任何 1 个 O 作用都会增加边界能，提高扩散的能垒，这种边界能为八面体扩散能垒。当有几种阳离子存在时，它们的位置主要取决于相对的八面体扩散能垒，Fe^{2+} 的八面体扩散能垒小于 Mg^{2+}，所以当 Mg^{2+} 占据了八面体阳离子晶格点时，即离子扩散通过 Mg^{2+} 晶格点难度要高于扩散通过 Fe^{2+} 晶格点的难度。实际反应过程中，Mg^{2+} 不仅是占据了 Fe^{2+} 空位，而且部分 Mg^{2+} 直接取代 Fe^{2+} 原来的位

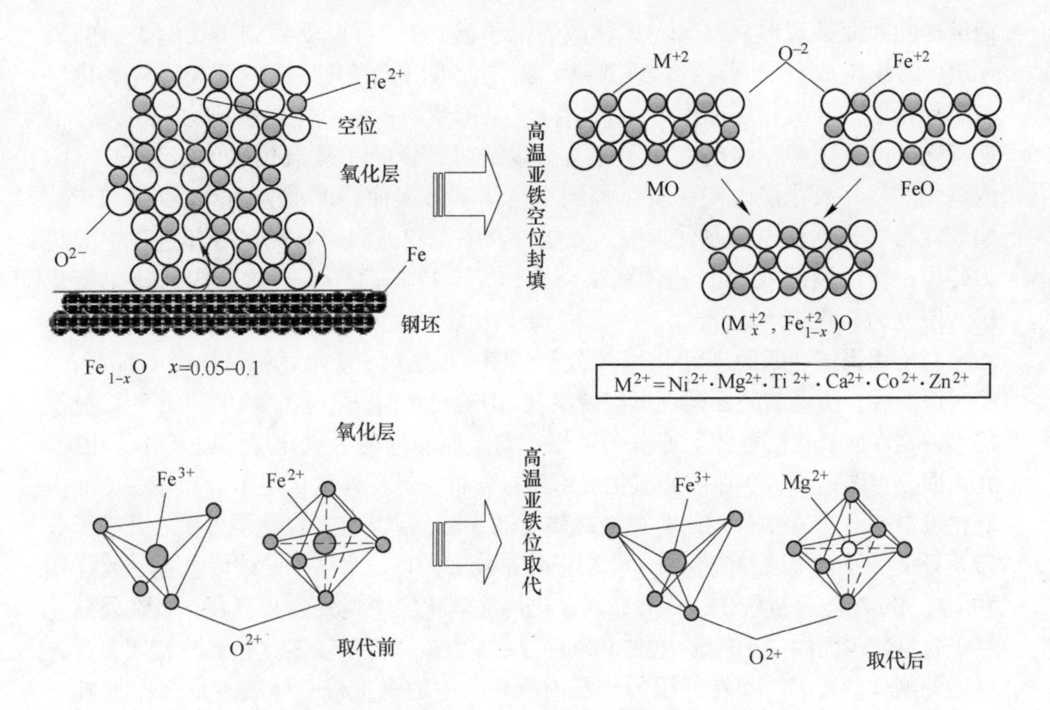

图 5-6 镁系涂层对钢基体防护作用机理示意图

置。填充空位降低了 Wusitite 的空位浓度，降低阳离子通过氧化层的扩散速率，从而降低 Fe 基合金的高温氧化速率。同时，Mg^{2+} 对 Fe^{2+} 的取代也降低了晶格参数，提高了晶体的微观致密性。

5.3 不锈钢涂层防护机理[6,7]

以 304 不锈钢防护过程为例，我们研究了涂层作用机理。图 5-7 是 304 不锈

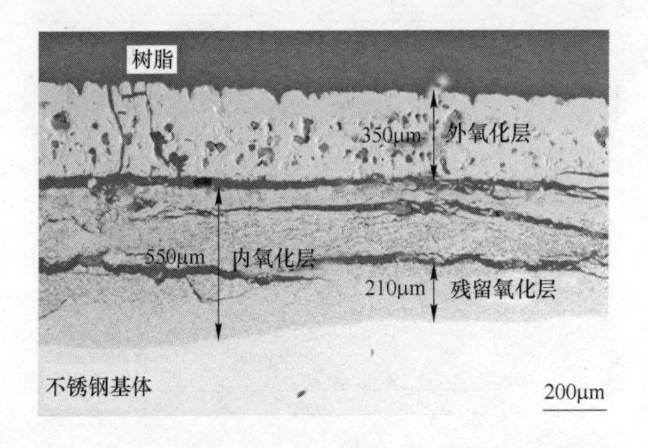

图 5-7 304 不锈钢在 1250℃ 保温 3 个小时后的断面形貌

钢试样的断面微观形貌（SEM，背散射电子模式），可以观察到不锈钢表面的氧化层由多层组成，层间存在较多裂缝。大体上可以将氧化层分为两类：外氧化层与内氧化层。外氧化层厚度约为350μm，结构致密；外氧化层质地均匀一致，根据背散射电子图像反映出的原子序数衬度结果，说明了外氧化层的组分均一性。内氧化层从外氧化层内侧一直延伸到不锈钢基体表面，厚度为300～400μm，结构较疏松，并且其内部亦分为很多亚层。其中，较外侧的亚层在冷却过程中破裂为碎屑。而内侧的亚层与基体紧密结合，完全冷却后亦不剥落，成为残留氧化层，厚度为200～250μm。

对不锈钢试样断面进行了EDX分析，图5-8是对304不锈钢试样经1250℃，3小时保温后，所做的断面微观形貌观察及EDX元素面分布表征结果。图5-8a显示的不锈钢表面氧化层整体上亦分为两层：与金属相连的内氧化层，以及外氧化层。元素面分布图显示，O在内外氧化层中都有分布，但在外氧化层中分布较多，而内氧化层中的O分布由外向内有递减趋势（图5-8b）；Cr在外氧化层外侧中几乎无分布，只是在外氧化层外侧及内氧化层中分布较多，且与基体中的浓度基本一致（图5-8c）；Mn虽然含量较少，信号较弱，仍可在氧化层中观察到其存在，且在外氧化层中含量较少而内层中较多（图5-8d）；Fe因为整体含量较多，趋势非常明显，外层的外侧含量较多，而在外层内侧及内氧化层中的含量较基体减少很多；Ni在外

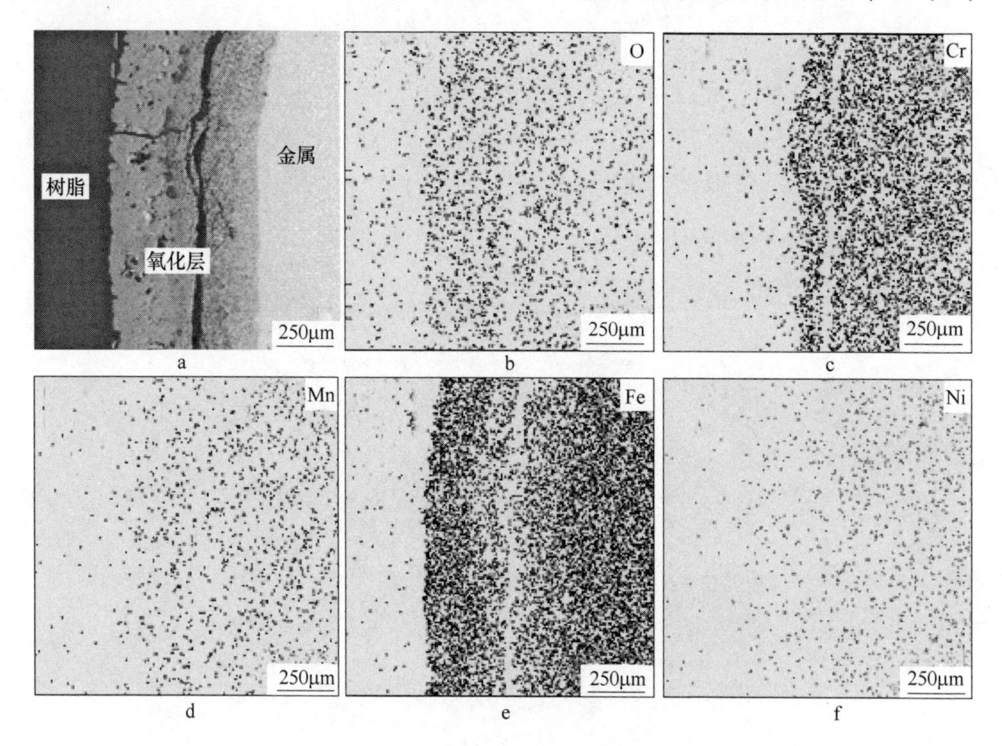

图5-8 304不锈钢试样断面形貌及EDX元素分布表征（1250℃ 保温3小时后）

氧化层外侧含量较少，其他位置与基体含量相似。通过对氧化层断面元素分布的分析，可以得知外氧化层外侧基本上由铁氧化物组成，而内氧化层及外氧化层内侧主要由 Cr、Fe 氧化物组成，并含有少量的 Mn 氧化物。

结合图 5-7 及图 5-8 的分析结果，可以得出：内氧化层的厚度大于外氧化层厚度，外氧化层是由于金属阳离子的向外扩散生成的，而内氧化层是由于氧离子的向内扩散生成的，说明不锈钢发生氧化时，同时存在铁离子的向外扩散及氧离子的向内扩散两种现象。不锈钢发生失稳氧化后，Fe 开始参与氧化反应，在原来 Cr_2O_3 膜处，Fe、O、Cr_2O_3 反应，生成（Fe，Cr)$_3$O$_4$ 尖晶石。Cr_2O_3 和尖晶石都是阳离子不足的 p-型半导体，都存在着阳离子空位。Fe^{2+} 通过空位快速向外扩散而在外侧形成 FeO 层，并进一步氧化为 Fe_3O_4。FeO 也是阳离子不足的 p-型半导体，其偏离化学计量可以很大。例如，在 1000℃ 时，可以从 $Fe_{0.95}O$ 到 $Fe_{0.88}O$ 变化。由于如此高的阳离子空位浓度，FeO 中阳离子和电子的迁移率是极高的。因为，不锈钢中 Fe 的含量比 Cr 大得多，且 FeO 的生成速率比 Cr_2O_3 大得多，故有大量 FeO 夹杂于生成的尖晶石层中。基体中的 Fe 通过这些 FeO 的阳离子空位继续向外扩散，在 FeO 与 Cr_2O_3 继续反应（包括接触反应与扩散反应）生成尖晶石的同时，扩散到氧化皮和空气的界面处与氧反应继续形成 Fe_3O_4 或 Fe_2O_3，成为几乎完全由氧化铁组成的外氧化层。

在氧化反应驱动力的作用下，大量的 Fe 从基体内部向外扩散，生成铁氧化物层。快速生长的铁氧化物层内有大量结构缺陷，导致 O 也在反应驱动力的作用下透过外氧化层达到不锈钢表面。一部分与扩散出来的 Fe 和 Cr 反应生成氧化物；另一部分则在化学位驱动力的作用下向基体内部扩散，在浅处即与一部分 Cr 建立起脱溶形核的临界溶度积，发生 Cr_2O_3 的脱溶形核并长大，从而发生内氧化，但内氧化开始阶段处的氧分压或氧活度低于对 Fe 或 Ni 氧化的临界溶度积，从而不能形成 FeO 或 NiO。随着氧化反应的继续进行，O 源源不断地向基体内部扩散，在浅处已经生成 Cr_2O_3 的地方，会生成 FeO 和 NiO。这样在内氧化层的外侧（即浅处），金属已经几乎完全氧化。在冷却的过程中，由于温度梯度及线膨胀系数的差异，外氧化层和内氧化层的外侧都会从基体上剥落。

去除外层氧化皮后，对带有残留氧化层的不锈钢氧化试样进行了断面形貌观察。图 5-9 是 304 不锈钢在 1250℃ 氧化 3 小时，去除外氧化层试样断面的电镜及光学显微镜照片。可以看到内氧化层结构相对较疏松。图 5-9 中，靠近不锈钢基体的残留氧化层中存在有规则的线条（图 5-9a 中箭头所指处），此原为不锈钢试样中奥氏体晶粒的晶界；图 5-9b 中还显示出残留氧化层中存在与基体颜色相似的浅色质点，而奥氏体晶粒的晶界处未发现浅色质点，并且越接近不锈钢基体，其含量越多，推测此为未经氧化的金属相。

不锈钢的内氧化过程中，O 通过金属中的奥氏体晶粒和晶界向基体中扩散。

其中，晶界是氧扩散的快速通道，O活度也最高，故而晶界优先氧化。Cr在金属基体内优先脱溶形核发生内氧化，而Fe和Ni会由于O活度较低无法全部氧化，未氧化的部分金属夹杂在已经生成的复合氧化物中，形成图5-9b中的浅色或亮白色质点。因为，金属本身自有的延展性，会缓解在冷却过程中内氧化层内产生的热应力。所以，内氧化层不会自动剥落，并且即使在高压水的冲击下也很难去除干净，导致了不锈钢的除鳞困难。

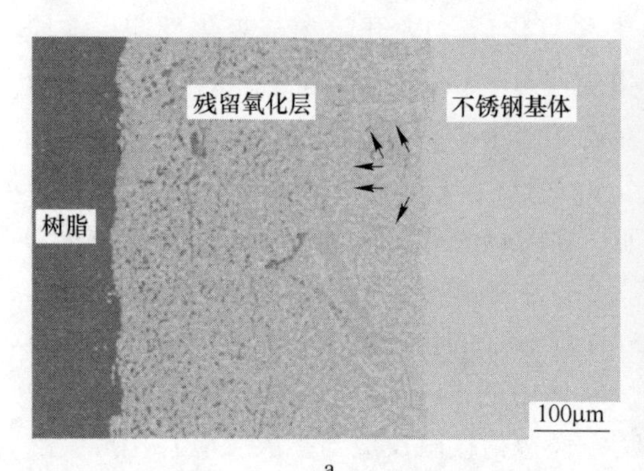

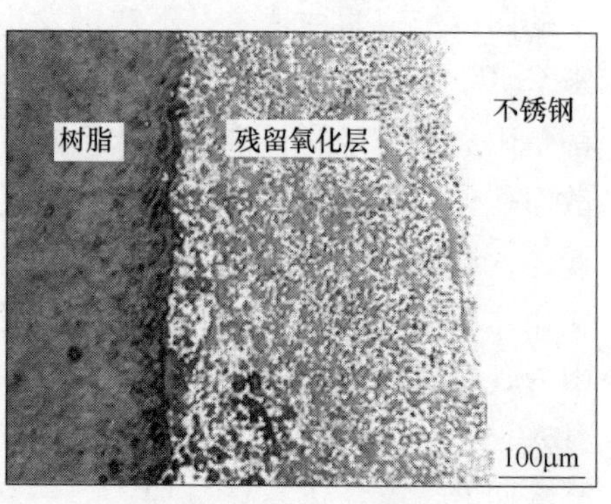

图5-9　304不锈钢试样断面的电镜及光学显微镜照片(1250℃氧化3小时,去除外氧化层后)

通常300系列的不锈钢在涂层防护时可以采取玻璃基防护涂层，利用玻璃基涂层的熔模屏蔽机理可以很好地防止不锈钢在高温下的氧化。防护涂层的防护机理示意图如图5-10所示。

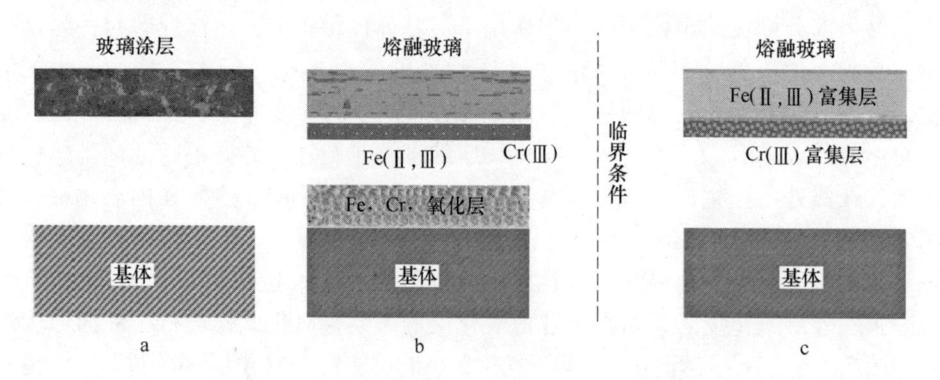

图5-10　304不锈钢涂层防护机理示意图

a—<~1000℃；b—>1000℃；c—>1000℃

原始状态下及较低温度下的涂层疏松多孔，此时Cr_2O_3保护膜通过涂层微孔与大气直接接触，Cr_2O_3保护膜表面的氧分压与大气氧分压相等（$P' = P$）。但此时温度较低，不锈钢处于保护性氧化模式。随着温度升高，涂层逐渐熔融铺展。在升至不锈钢的氧化模式转变点温度之前，涂层熔融完全形成致密、完整、高黏度的液态膜，阻碍了氧气的扩散侵入，大幅降低了 Cr_2O_3 保护膜表面的氧分压（$P' \ll P$）。这样在高温时，Cr_2O_3 膜的生长速度（k'）也会大幅降低，从而使高温时经涂层防护样品的 k'/D_{Cr} 较空白样大幅降低。Cr_2O_3 保护膜的完整性不会受到破坏，不锈钢一直处于保护性氧化模式，不会发生室温氧化，这可从涂层剥落后不锈钢的表面状态得到证明。但根据涂覆样的氧化动力学曲线，即使通过涂层防护，涂覆样的氧化增重一直在随时间增加，说明 Cr_2O_3 膜一直在生长。Cr_2O_3 生长的过程中，会产生生长应力。

生长应力的产生因素较多，归结起来主要有[8~10]：（1）氧化物和形成该氧化物所消耗体积不同（PBR）；（2）氧化物在基体金属上取向生长；（3）金属或者氧化膜成分变化；（4）膜内晶格缺陷；（5）新氧化物在已经形成的氧化物内生成；（6）氧化物固相反应、再结晶及相变；（7）材料表面的几何形状。通常认为第一种因素是最重要的。

膜内应力的释放机制主要有3种：（1）氧化膜塑性变形；（2）金属基体塑性变形；（3）氧化膜发生开裂和剥落。其中大部分应力可以通过氧化膜和基体金属的塑性变形得到释放。当膜内应力不能通过膜或者金属的塑性变形即使释放而累积达到较高值时，氧化膜就会发生开裂。开裂剥落的 Cr_2O_3 碎片进入临近的熔融涂层中，因其在硅酸盐熔体中溶解度较小，会在涂层的内侧堆积，形成 Cr_2O_3 的富集层，隔绝了熔融膜与不锈钢的接触，从一定程度上对基体起到防护作用。

5.4　防脱碳涂层防护机理[11]

防脱碳涂层设计思路为涂层材料优先侵蚀初期脱碳表面，在低温环境下与贫碳表面新生成致密的复合铁氧化物，抑制碳氧互渗，当温度升高后涂层能够完全去除脱碳层，并防止后续脱碳层的形成，防护过程如图5-11所示。

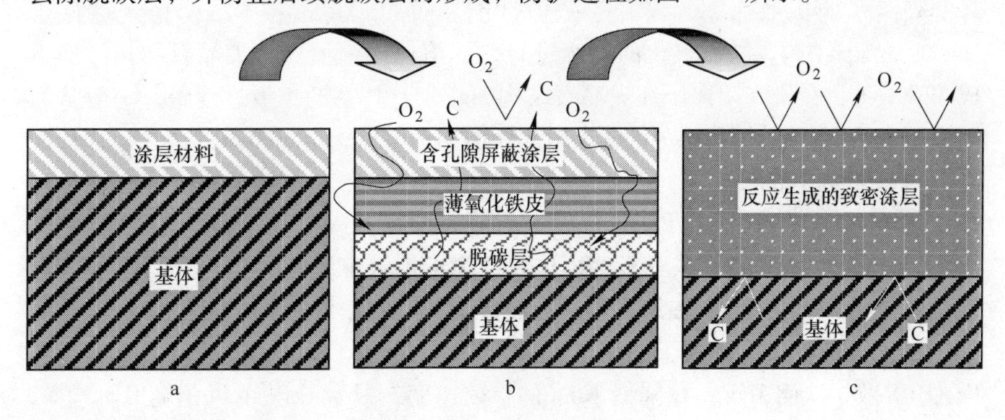

图5-11　涂层防护过程示意图

a—加热前；b—中温段；c—高温段

加热前，涂层只是简单地覆盖在钢基体表面。中温段，涂层依靠单纯的屏蔽作用阻碍钢中碳原子向炉气中扩散和炉气中氧原子向钢中扩散，以屏蔽作用为主的涂层具有一定的防护效果。但涂层不够致密，依然会在涂层和钢基体之间生成薄的氧化铁皮，同时在靠近氧化铁皮的钢基体外侧产生贫碳层，即脱碳层。高温段，涂料的活性增加，此时的涂层材料，脱碳层和氧化铁皮发生了能够形成有效涂层的反应，消耗了中温段生成的脱碳层。同时，新生成的致密涂层能够有效防止后期加热过程中碳和氧的二次扩散，最终实现零脱碳的目标。

涂层的防护作用不仅仅是熔膜屏蔽作用，更来自于高温下的化学反应膜的综合作用。涂层在高温下能生成的新烧结相包括尖晶石（$MgCr_2O_4$，（Mg，Fe）（Cr，Al）$_2O_4$，$MgAl_2O_4$、$Na_2Al_6P_2O_{15}$和 Fe（Cr，Al）$_2O_4$）等产物，新相具有氧不可穿透性。随着保温时间的延长，涂层材料已生成的脱碳层以及氧化铁皮迅速开始反应，生成有效涂层，这个过程将之前生成的脱碳层全部消耗。涂层中的非晶 SiO_2 可消耗初期脱碳层在涂层与基体界面生成 Fe_2SiO_4 层。所以，随着保温时间的延长，防护效果提高。新生成的涂层具有致密性，能够阻挡后续高温保温过程中的二次脱碳。

5.5 含镍难除鳞合金钢涂层防护机理[12]

含镍合金钢在加热后，表层氧化皮往往难以清除干净。提高含镍合金钢除鳞效果也是涂层防护技术的重要应用领域。

在涂层与钢坯基体反应过程中，一方面由于 Mg^{2+} 和 Fe^{2+} 两种离子半径接近，另一方面由于 FeO 为非化学计量化合物，含有较多阳离子空位，Mg^{2+} 也具有类似 Zn^{2+} 一样填充阳离子空位或取代阳离子的作用。在高温下，MgO 与 FeO 会趋向于生成具有 NaCl 结构的连续固溶体 $Fe_xMg_{1-x}O$，降低了晶体的空位浓度，进而降低阳离子的扩散速率，提升了防护性能。而 Mg-Fe 固溶体结构稳定性低于 Mg-Fe尖晶石结构，随着氧化的持续进行，固溶体逐渐演变为尖晶石结构，即生成 $MgFe_2O_4$。在研究阳离子在尖晶石结构 $MgFe_2O_4$ 体系的扩散过程中，一般认为阳离子和八面体中的任何一个 O 作用都会增加边界能，提高扩散的能垒，这种边界能为八面体扩散能垒。

在 W. Chen[13] 和 S. L. Blank[14] 等人的研究中提到 Mg^{2+} 的八面体扩散能垒大于 Fe^{2+}，即当 Mg^{2+} 占据尖晶石八面体位，离子扩散难度要高于 Fe^{2+} 占据尖晶石八面体位的情况。由于在高温下，一部分 Mg^{2+} 取代了八面体位上的 Fe^{2+}，而 Mg^{2+} 的八面体扩散能垒大于 Fe^{2+}。因此，Fe 在 $MgFe_2O_4$ 中的扩散难度要高于在 Fe_3O_4 扩散，从而 $MgFe_2O_4$ 降低了 Fe 的扩散速度，减少了 Fe 的氧化烧损。这样，一方面通过 Mg^{2+}、Zn^{2+} 填充阳离子空位降低空位浓度；另一方面 $MgFe_2O_4$ 提升了八面体扩散能垒，从而降低基体中 Fe 的氧化速率，相对的抑制了合金元素 Ni、

Si 的选择氧化行为，减缓了富集层的生成，涂层实现对钢基体的高温防护。其防护机理如图 5-12 所示。

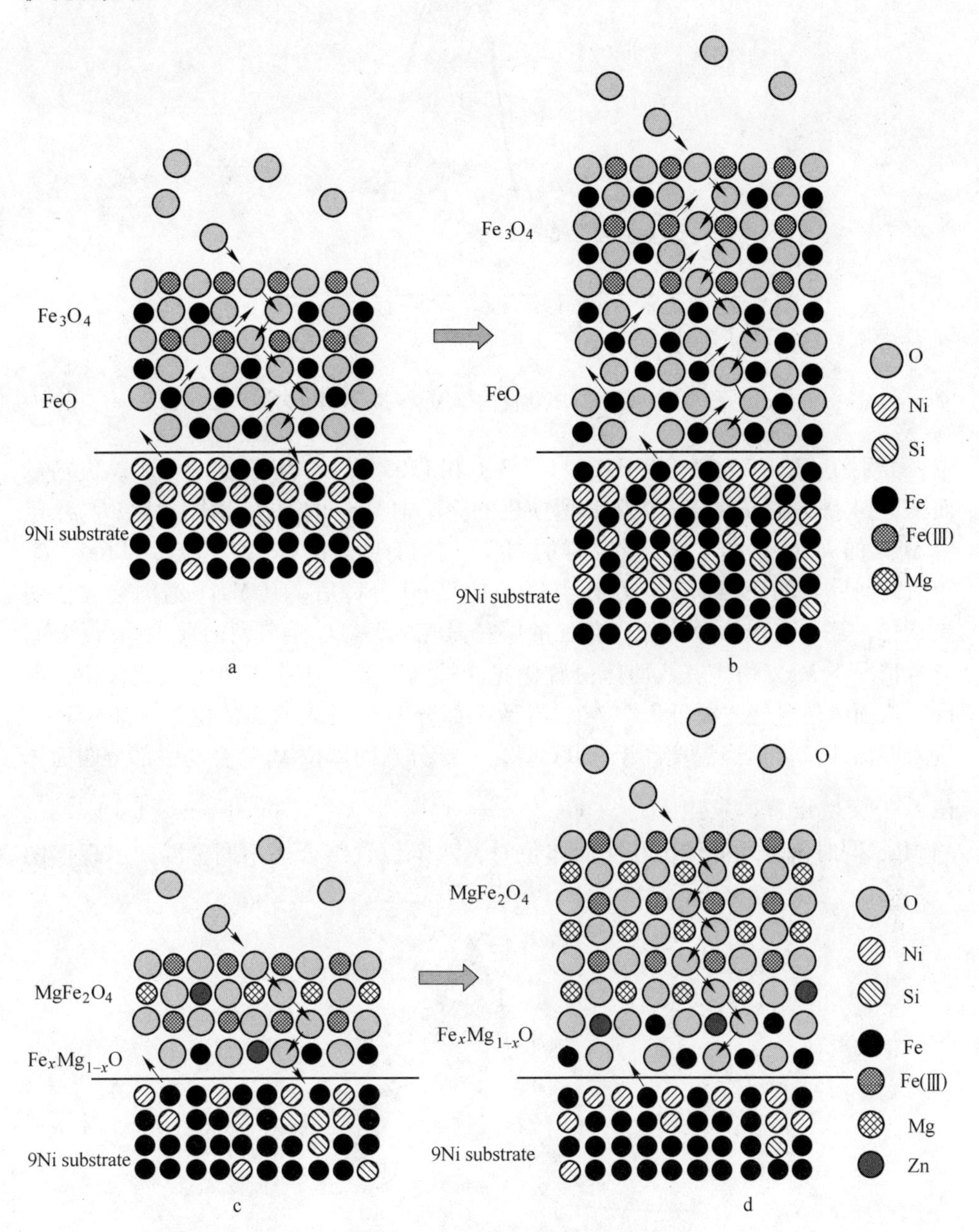

图 5-12　涂层防护过程示意图

a—空白样 1100℃；b—空白样 1250℃；c—涂覆样 1100℃；d—涂覆样 1250℃

图 5-13 是涂覆样氧化皮内侧 Mg1s 拟合图。由原始图形状可以拟合出两个峰

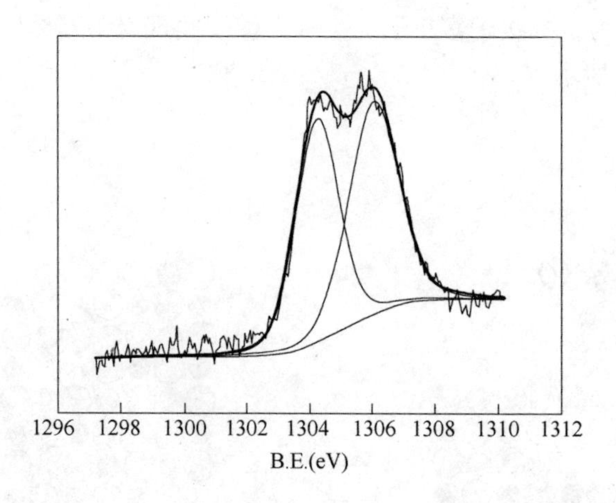

图 5-13　涂覆样氧化皮内侧 Mg1s 拟合 XPS 谱图

位，分别在 1304.71eV（FWHM 1.447eV）和 1305.95eV（FWHM 2.051eV）位置。而图 5-14 是涂覆样氧化皮内侧和所使用的涂层中 MgO 的 Mg1s 谱图对比。与涂层中 MgO 的 Mg1s 谱图对比，涂覆样的 Mg1s 谱图有明显的宽化的趋势。Mittal[15,16] 等人的研究表明，当 $MgFe_2O_4$ 在 1000℃加热 60 分钟后，其 Mg1s 谱图会发生明显宽化，甚至出现两个峰位。合理的解释是：$MgFe_2O_4$ 是典型的反尖晶石结构，通常情况下 Mg^{2+} 由于其八面体位置优先能较大，倾向于全部占据八面体位，而 Fe^{3+} 八面体位置优先能低于 Mg^{2+}，导致一部分 Fe^{3+} 进入八面体位，一部分 Fe^{3+} 进入四面体位。但当温度高于 950℃时，一部分八面体位 Mg^{2+} 会与一部分四面体位 Fe^{3+} 交换位置，发生 $Mg_{oct} + Fe^{3+}_{tet} \xrightarrow{\text{disorder}} Mg_{tet} + Fe^{3+}_{oct}$（Mueller rate law）[17,18]。当 Mg^{2+} 同时占据八面体位和四面体位时，两个位置结合能不同，因此出现谱图

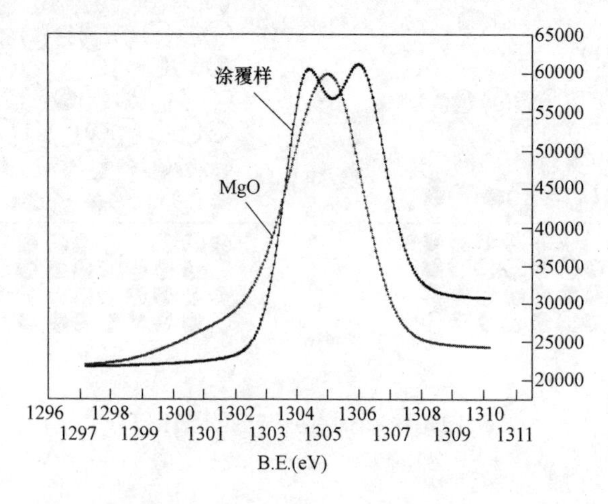

图 5-14　Mg1s 拟合 XPS 谱图对比

的宽化。当 Mg^{2+} 占据量达到一定程度时，出现两个峰位形状的谱图。所以，涂覆样氧化皮内侧 Mg1s 拟合图中出现两个峰位可以解释为 $MgFe_2O_4$ 尖晶石中的 Mg^{2+} 同时占据八面体位和四面体位。

含镍合金钢高温防护涂层的防护机理，其出发点在于对钢中 Fe 元素的高温防护，即降低 Fe 元素的氧化，抑制铁氧元素的扩散，相对地降低 Ni、Si 元素的选择性氧化，从而达到降低氧化皮黏附性、减少钢材高温氧化烧损、减少内氧化的现象等目的。

5.6 Fe-Cr-Mn-Ni 合金钢涂层防护机理

Fe-Cr-Mn-Ni 合金钢常被用在高温环境中，长期在高温条件下服役，更容易受到外界气氛化学反应的影响，SiO_2-Al_2O_3-B_2O_3-CaO-ZnO 体系防护涂层可缓解此类合金钢的热腐蚀现象，并提高其抗热震性能[19]。

图 5-15 为空白样和涂覆样的 TG-DTA 分析。从 800℃左右开始，涂层多孔且并不致密，在此阶段涂层尚未烧结，有一个小的放热峰为合金钢经历初试氧化生成 FeO，涂层尚未起到防护作用，Mn 与 Fe 竞争 O，导致锰铁共氧化物的生成，该氧化层减缓了阳离子向外扩散的速率以及氧元素向内扩散的速率，在一定程度上减缓了氧化反应的继续进行；在 970℃附近有一个小的吸热峰，为 FeO 和 SiO_2 发生反应生成铁橄榄石，该固相反应为继续升温时的涂层基体界面液相生成提供了条件，界面处液相形成有利于涂层润湿基体；从涂覆样的热重曲线可知，从 700℃到 1050℃涂层的失重不明显，涂层中物相组成趋于稳定。

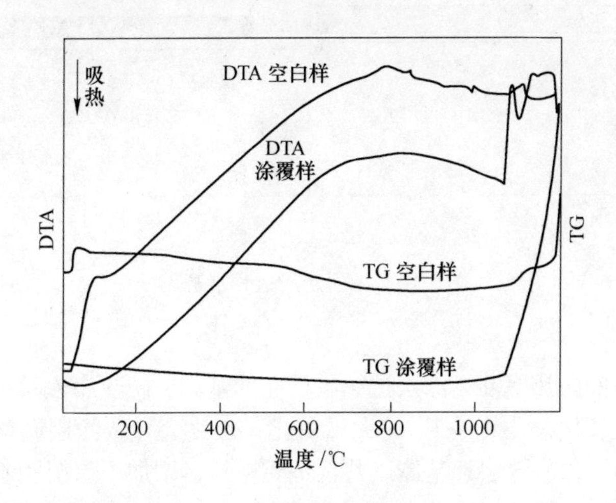

图 5-15 涂层防护 TG-DTA 分析

合金钢基体在涂覆涂层前后都有氧化反应进行，Fe 和 Mn 氧化反应，可生成铁锰尖晶石，涂层中 Zn^{2+} 参与了铁锰尖晶石形成反应，生成 $Zn_{0.6}Mn_{0.4}Fe_2O_4$，铁锰尖晶石在熔融的玻璃相中溶解，使得涂层和基体之间具有良好的润湿性，涂层和基体之间的高温黏附性优良，涂层在基体表面具有良好的润湿性和高温黏附性是涂层具有良好抗热震性能的有效保障。

涂层的耐热腐蚀性能和抗热震性能相辅相成，涂层耐热腐蚀性能优良有利于提高涂层的抗热震性能。在1100℃保温得到涂层与基体界面形成了新的烧结相，涂层中的BaO/CaO和Al_2O_3以及SiO_2发生反应生成了钡长石$BaAl_2Si_2O_8$和钙长石$CaAl_2Si_2O_8$，界面两相填充效应使得涂层具有优良的抗热腐蚀性能，也有利于涂层抗热震性能的提高。

涂层防护过程如图5-16所示。在低温阶段，涂层多孔不致密，合金钢基体中合金元素向外扩散与氧作用，基体中的Si向外扩散至界面，与O结合生成SiO_2，Cr、Mn、Fe与O作用生成Cr_2O_3、MnO和FeO，升高温度，Cr和Mn竞争O，生成铁铬锰氧化膜；温度继续升高到970℃时，FeO和SiO_2反应生成铁橄榄石，为形成界面液相膜提供条件；继续升温，在合金钢基体表面熔融铺展，在基体表面形成有效而致密的防护膜，以屏蔽作用为主，阻止了O元素向内扩散，同时涂层中的有效组分在高温下发生反应，形成烧结相，高温下生成的钙长石和钡长石，在1100℃下稳定存在。

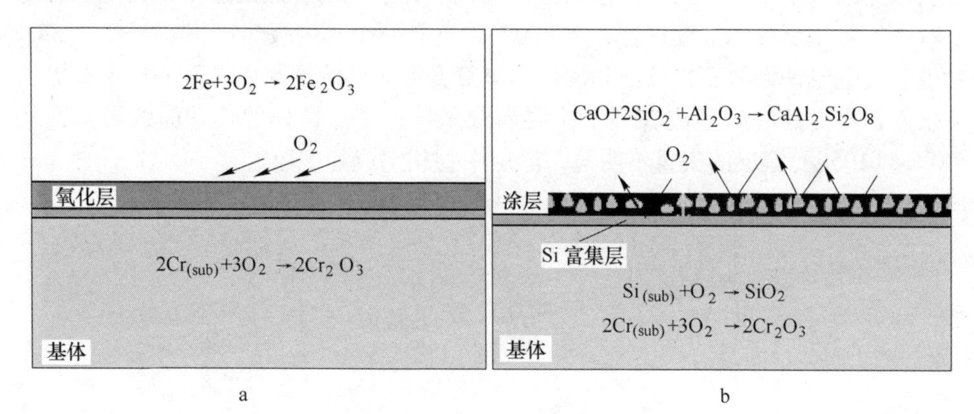

图5-16　涂层防护过程示意图

a—空白样；b—防护样

涂层的有效的防热腐蚀是涂层抗热震性能的基础，防热腐蚀膜失效，意味着更多合金元素发生氧化，尤其是Fe的大量氧化，最终会导致涂层剥落。涂层和基体间形成了铁橄榄石，将涂层和基体以共价键相连接，增加了涂层和基体之间的结合强度，该过渡层有效缓解了冷热循环时释放的热应力，使得抗热震性能大大提高。涂层抗热震性能的提高，在一定程度上又能够持续的保持涂层防热腐蚀烧损。

除此之外，涂层在高温下熔融形成的钙钡长石具有高温黏附性，能起到高温热塑和胶接作用。冷却后的长石熔体构成陶瓷的玻璃基质，即构成微晶玻璃涂层的玻璃相主体，富钼的物质以及部分石英构成陶瓷相，形成了微晶玻璃涂层。微晶玻璃涂层在较宽的温度范围内与基体的线膨胀系数可以匹配，抗热震性能优良。

参 考 文 献

[1] 符长璞. 金属加热保护涂料保护原理及应用[J]. 热处理，1998，51(3)：27～32.

[2] Suwattananont N，Petrova R S. Oxidation Kinetics of Boronized Low Carbon Steel AISI 1018 [J]. Oxid. Met.，2008，70(5/6)：307～315.

[3] 李楠. 耐火材料与钢铁的反应及对钢质量的影响[M]. 北京：冶金工业出版社，2005.

[4] 王晓婧，叶树峰，徐海卫，等. 钢坯热轧高温防护功能涂层研究及应用进展[J]. 过程工程学报，2010，5：1030～1040.

[5] Zhou X，Ye S F，Xu H W，et al. Influence of Ceramic Coating of MgO on Oxidation Behavior and Descaling Ability of Low Carbon Steel[J]. Surface & Coatings Technology，2012，206：3619～3625.

[6] Liu P，Wei L Q，Ye S F，et al. Protecting Stainless Steel by Glass Coating during Slab Reheating[J]. Surface and Coatings Technology，2011，205(12)：3582～3587.

[7] 刘朋. 奥氏体不锈钢加热过程防氧化涂层制备与性能研究[D]. 中国科学院大学博士学位论文，2011.

[8] Zhou H，Cherkaoui M. A Finite Element Analysis of the Reactive Element Effect in Oxidation of Chromia-Forming Alloys. Philosophical Magazine，2010，90(25)：3401～3420.

[9] Kemdehoundja M，Dinhut J F，Grosseau-Poussard J L，et al. High Temperature Oxidation of Ni70Cr30 Alloy：Determination of Oxidation Kinetics and Stress Evolution in Chromia Layers by Raman Spectroscopy[J]. Materials Science and Engineering：A，2006，435～436：666～671.

[10] Garcia-Vargas M J，Lelait L，Kolarik V，et al. Oxidation of Potential SOFC Interconnect Materials，Crofer 22 APU and Avesta 353 MA，in Dry and Humid Air Studied in situ by X-Ray Diffraction[J]. Materials at High Temperatures，2005，22(3-4)：245～251.

[11] 王晓婧. 中高碳合金钢高温防脱碳涂层制备及其机理研究[D]. 中国科学院大学博士学位论文，2013.

[12] 何影. 含镍合金钢高温防护涂层制备与性能研究[D]. 中国科学院大学硕士学位论文，2014.

[13] Chen W，Peterson N. Effect of the Deviation from Stoichiometry on Cation Self-diffusion and Isotope Effect in Wüstite，$Fe_{1-x}O$[J]. Journal of Physics and Chemistry of Solids，1975，36(10)：1097～1103.

[14] Blank S L，Pask J A. Diffusion of Iron and Nickel in Magnesium Oxide Single Crystals[J]. Journal of the American Ceramic Society，1969，52(12)：669～675.

[15] Mittal V，Bera S，Nithya R，et al. Solid State Synthesis of Mg—Ni Ferrite and Characterization by XRD and XPS[J]. Journal of Nuclear Materials，2004，335(3)：302～310.

[16] Mittal V，Chandramohan P，Bera S，et al. Cation distribution in $Ni_xMg_{1-x}Fe_2O_4$ studied by

XPS and Mössbauer Spectroscopy[J]. Solid State Communi cations, 2006, 137(1): 6 ~ 10.

[17] Antao S M, Hassan I, Parise J B. Cation Ordering in Magnesioferrite, $MgFe_2O_4$, to 982℃ Using in Situ Synchrotron X-ray Powder Diffraction[J]. American Mineralogist, 2005, 90(1): 219 ~ 228.

[18] Harrison R, Putnis A. Determination of the Mechanism of Cation Ordering in Magnesioferrite ($MgFe_2O_4$) from the Time-and Temperature-dependence of Magnetic Susceptibility[J]. Physics and Chemistry of Minerals, 1999, 26(4): 322 ~ 332.

[19] Shan X, Wei L Q, Zhang X M, et al. A protective Ceramic Coating to Improve Oxidation and Thermal Shock Resistance on CrMn alloy at Elevated Temperatures[J]. Ceramics International, 2015, 41(3): 4706 ~ 4713.

6 钢坯高温防护涂层技术的规模化应用

6.1 规模化应用历程

中国作为世界第一大钢铁产能国，“低端过剩、高端不足”是我国钢铁业的现实写照。一方面处于落后及中等水平的钢铁产能过多，竞争处于无序状态，价格上不去；另一方面，高端钢铁产品还不能充分满足战略性新兴产业及部分传统产业升级的用钢需要，高端市场拿不下，利润赚不着。当前，在钢铁行业产能过剩矛盾尚需逐步化解的情况下，企业仅靠技术挖潜、降低成本只能维持运行而已，要实现良性发展必须依靠创新驱动。加快产品升级，实现进口替代，理应成为钢铁企业的一个努力方向。

经过30多年的快速发展和积累，我国钢铁业在生产规模提升的同时，装备水平也得到实质性进步，很多企业拥有了国际一流装备。然而，在硬件不差的情况下，高端产品仍难以替代进口，凸显了能力不足、创新不够的软肋。我国钢铁行业核心技术缺乏，先进生产技术、新工艺仍主要依靠引进和模仿，新产品自主研发的能力欠缺，在高技术领域明显落后于国际钢铁强企。有鉴于此，钢铁行业应在创新机制、研发投入、基础研究、产品开发上力求突破，破解瓶颈因素，加快技术进步，早日赢得更大市场空间。特别需要指出的是，提升高端产品竞争力，实现品种、质量、效益型发展是国内大型钢企面临的主要问题。

在钢坯加热过程中，氧化烧损必然降低钢坯的成材率。如果钢坯表面的氧化铁皮在轧制过程中不能脱落，会造成钢坯表面压痕，直接影响钢材表面质量。同时，加热过程中氧化烧损发生的过程实际上也是钢坯表面元素的选择性氧化过程，活泼元素的氧化必然会带来该元素在钢坯表面贫化及相应的其他元素表面富集等一系列问题[1,2]。元素的区域迁移从本质上已经改变了钢坯原有的物理化学性能，在后期轧制过程中，会出现由于比表面增大而造成二次氧化严重；一些元素的富集也会造成表面鳞面、粗糙、压痕等一些恶劣的表面质量问题[3~5]。直接影响了产品的合格率和优级品率，间接影响了下游用户的产品质量和水平。近年来，钢铁企业在控制钢坯表面氧化烧损和提高轧材表面质量方面做了大量的工艺改进和优化，不同程度地降低了加热过程的氧化烧损，较为突出的轧材表面质量问题得到了一定的改善[6~12]。但从钢铁企业在此方面的技术进步和潜在的技术需求过程看来，工艺上的技术进步越来越受到工艺装备投入资金大、见效缓慢，对人员操作水平要求高等问题制约。多年来，涂层防护在钢铁企业现场的试验研究、试应用和规模化应用表明，化学涂层方法能够改善冶金行业面临的高温热烧损及一系列轧材表面质量问题，从而成为企业解决类似问题的一个新途径，这也逐渐为企业和现场工程技术人员所接受和采纳。

钢坯高温防护涂层技术工业化应用历程可追溯到 20 世纪 50 ~ 60 年代[13]。但是，随着国际上对钢铁大生产技术的不断革新与发展，涂层技术降低钢铁高温过程中的氧化烧损及提高表面质量方面的研究与应用仅仅局限于特殊钢种的防护应用；市面上应用防护涂层的钢铁领域依然主要倾向于在取向硅钢上防氧化、改善产品表面质量[14]；在中高碳钢涂层防护方面，主要集中在重轨钢表面防脱碳及在低镍钢表面的涂层防护来提高表面除鳞效果[15~17]；对大规模生产的普碳钢、低合金钢等大宗钢种的涂层防护应用[18]则受到来自工艺和技改倾向的制约。

6.2 规模化应用进程

自 2004 年开始，中国科学院过程工程研究所（原化工冶金所）就针对普通低碳钢、碳素结构钢、低合金钢、不锈钢、中高碳钢及品种钢材，在轧制、锻造和模锻工序前的加热过程基体表面的氧化烧损和元素贫化脱碳、表面除鳞性能差等问题开展了系列高温防护涂层技术体系的研究和现场应用[19~41]。具体研究与应用进程如下：

（1）2004 ~ 2008 年，在实验室对普碳钢材的 MgO-Al_2O_3-SiO_2-CaO 系列的高温防氧化涂层的研究取得了突破。针对 Q235-B、Q195 和 Q345 钢等碳钢系列的现场应用表明，涂层防护下的高温氧化烧损降低 50% 以上[20~24]，并于 2008 年在某企业现场建立了 150 万吨钢/年涂层产业化应用示范工程。

（2）2006 ~ 2008 年，主要针对 38CrMo、42CrMo、60MnSi 、20CrNiMo、60Si2Mn、20Cr2Ni4A、18Cr2Ni4WA 等低合金钢，进行了 TiO_2-Al_2O_3-SiO_2 系列的高温防护涂层研究，并在内蒙古某机械制造企业锻造车间进行了现场试用。结果表明，该体系高温防护涂层减少了氧化烧损 50% 以上，提高了除鳞效果 100%，降低了表面元素贫化 40%，间接提高了产品的性能[25~27]。

（3）2006 ~ 2008 年，主要针对 200、300 和 400 系列不锈钢进行了 SiO_2-Al_2O_3-P_2O_5 系列的高温防护涂层研究。研究结果表明，该防护涂层体系可降低基体氧化烧损 80% 以上，提高了产品成材率[28~33]。

（4）2008 ~ 2012 年，针对中高碳钢的脱碳严重问题开展了 SiO_2-Al_2O_3 系列的高温防脱碳涂层体系的研究，开发成功的硅铝基高温防脱碳涂层可以改善 GCr15、60Si2Mn、49MnVS 等中高碳钢种的加热过程表面脱碳，从而有效地缓解了后续修磨工序的加工强度及提高了轧材表面质量[34~37]。

（5）2008 ~ 2014 年，针对品种钢中的 X80 管线钢、SPHC 汽车板、含硅/镍钢以及合金等突出的除鳞效果差、表面烧损缺陷严重、红鳞、裂纹等问题，开展了 TiO_2-Al_2O_3-SiO_2-MgO 系列的高温防护涂层体系的研究，高温防护涂层改变了氧化铁皮结构性能，提高了除鳞效率[38~40]。

经历了十多年时间的研究积累，在对国内外防护涂层技术剖析的基础上，创新了涂层选配及制备工艺并建立了技术实施整套装备，逐渐完善了从涂层设计到连续化喷涂设备应用[41]的钢坯高温防护涂层制备与应用集成技术。

在近几年的推广应用过程中，钢坯高温防护涂层技术取得了长足进步。通常在钢坯加热高温工艺中，涂层技术应用广泛，主要包括：普碳钢、低合金钢、铬钢、镍铬钢、奥氏体/马氏体过渡型的高强耐蚀钢、工具钢、高速钢、模具钢、中合金高强度钢、滚动轴承钢、弹簧钢和其他特种钢，以及常用的质量要求较高的优质结构钢。但对于某一具体的钢种选择何种防护涂层首先要根据应用目的，比如是要求涂层防氧化还是防脱碳，或者改善后期钢坯除鳞效果等，相应的涂层成分也要根据具体钢种的成分、加热制度、钢表面氧化膜结构、钢组分的活性及其与氧的亲和力、氧化反应动力学等来进行选择匹配。

6.3 工艺流程与设备

钢坯高温防护涂层技术应用是一个系统的工艺集成过程。相应的工艺流程主要包括钢坯的前处理工艺、涂层涂覆干燥工艺、涂层高温防护应用工艺和涂层脱除工艺。相应的喷涂系统也以此为设计依据。

6.3.1 钢坯的表面前处理

钢坯的表面上一般都有铁锈、一次氧化铁皮，有时还会有油脂、油漆等杂物。根据钢坯于涂覆涂层材料前的表面状态和在涂层防护下进行加热过程的质量要求，钢坯的表面前处理包括以下工作：

（1）清理钢坯表面的赃物、油漆油脂材料、灰尘杂质等。此类附着物在喷涂前都应该清除掉，一般钢坯灰尘杂质较多，用简易的压缩空气喷吹即可实现清除。

（2）清理表面氧化铁皮和铁锈。钢坯表面松散的氧化铁皮对涂层应用效果有直接的影响，主要是由于氧化铁皮在入炉后会与钢基体的线膨胀系数不匹配，氧化铁皮会连同涂层一起发生局部脱落，无法实现后期的防护。因此，板坯一次氧化铁皮的适当清除工序是必不可少的，可以包括用砂轮、高速旋转的钢丝刷进行接触式清理，然后再以压缩空气吹扫。尤其对防脱碳、提高除鳞效果等表面质量的防护涂层，氧化铁皮和铁锈对涂层的影响更是不可忽视。因此，一般情况下该类涂层实施前应该对钢坯表面进行吹砂或喷丸处理。轧钢现场二火开坯后的钢坯表面本身就非常光洁，或者一些钢种在加热前就已经进行过扒皮或修磨处理，所以这类现场的钢坯表面为涂层实施提供了便利。

6.3.2 涂覆干燥工艺

钢坯高温防护涂层的涂覆工艺主要分为刷涂、浸涂和喷涂三种。其中，刷涂和浸涂主要针对小的工件或不规则工件的防护需求，一般在锻造和热处理过程中应用较多，在热轧工艺现场主要以喷涂为涂覆方式。

涂层浆料为水性体系，因此在涂覆到钢坯表面后需要将涂层阴干或低温干燥才能保证涂层在升温过程中不会破裂，影响加热过程的防护效果。但在涂层材料设计过程中，通常都考虑到涂层与基体可能发生的这种升温破裂问题，因此在一般的高温防护涂层应用过程在工艺上可以忽略涂层材料的干燥过程，涂层涂覆实施后直接入炉即可。但对于针对防护作用为改善轧材表面质量的涂层应用则最好能够有针对性地辅助涂层干燥工艺，推钢式加热炉可利用炉口的温度梯度直接实现逐步干燥，步进式加热炉则需要在炉口前补充一段辊道梯度升温罩来保证涂层入炉后处于完全脱水干燥状态。

6.3.3 实施工艺参数

针对钢坯高温防护涂层，不同的工况条件对应不同的原料、含量及实施方式匹配。有许多现场由于钢种/品种的差异，对高温防护需求的目的不尽相同，对应的涂料也会发生变化；涂料作用目的不同及作用机理差异，对涂料的物理性能、喷涂装备及喷涂用量要求不同，相应工艺中应该匹配对应的参数调整和涂料切换等工艺。一般情况下，应用现场对涂料的选择尽量以满足大宗的两三类钢种为宜，对一些用量较小又确实有防护涂层需求的现场，可以考虑采用手动线下喷涂的方式，目前在一些企业已经采用。

6.3.4 脱除工艺

一般情况下，涂层应用的现场要考虑涂层的后期脱除问题。因为，在企业热轧现场都设有高压水除鳞系统，所以涂层会结合少量氧化铁皮在高压水除鳞过程一同清除干净。但有少量热处理工艺，由于本身没有高压水装备，这就要求涂层本身具备良好的自剥落性能。

6.3.5 工艺设备

钢坯高温防护及系列涂料的推广应用最重要的一个因素是如何通过简易的工艺方法和设备完成涂料向钢坯表面的均匀涂覆。所谓简易，主要是从喷涂方法和设备本身的复杂程度及应用过程的烦琐程度来界定的，也体现为设备可操作性强和人员维护成本低。

目前，钢坯高温防护涂层采用的涂覆方法主要有人工刷涂、手工喷涂及机械喷涂三类。在应用对象生产规模小、工件小的生产现场，涂层以人工刷涂和手工喷涂为主，如一些特种钢的表面涂层应用在不影响现场生产节奏的前提下，可提前由人工对钢坯表面进行喷涂或涂刷，但对于多次表面喷涂或刷涂的钢坯则需要必要的翻钢环节，增加了现场工作量，应用时可操作性差。对于大宗钢坯坯料表面防护涂层的涂覆，一般采用自动喷涂系统或手动喷涂工艺系统装备。在规模化生产的钢铁企业现场，必须有相应的自动化程度较高的喷涂装置才能实现防护涂层材料的自动化喷涂实施。喷涂设备要放在加热炉前方，当钢坯沿辊道输送通过喷涂设备时，装置能自动监测到并通过中央控制系统开启喷涂程序，将涂料自动喷涂在钢坯的表面上形成防护层，随后钢坯进入炉内加热。

高温钢坯防护涂层技术由实验室研究向现场推广应用的一个关键性问题是防护涂料自动化喷涂工艺。对喷涂工艺需要关注的关键技术可归纳如下：

完整的喷涂工艺包括如下几部分：涂料储存部分、涂料输送部分、涂料喷涂部分、喷涂信号采集部分、涂装前处理部分、系统清洗部分、系统粉尘收集及废料回收部分、系统控制部分等。以上各部分，可以依据现场的实际情况进行必要的调整。

（1）涂料储存部分。主要是依据实际现场涂料用量而制作的涂料储存罐及配套组元。高温防护涂料大多以高温耐火材料为主的高固含量浆料，在储存的过程中必需考虑到涂料自身的稳定性尤其是悬浮性能，因此需要匹配相应的搅拌措施。搅拌优化设计是对涂料性能维护的关键，可通过导流板设计、搅拌桨叶形式、搅拌速度可调性等的论证来确定装备工艺参数。同时，涂料储存罐出料进料过程管路拐点死角处的沉积及体系中大颗粒杂质的过滤清除，必须通过相应的气体反吹扰动及多道过滤来实现。另外，实施现场的环境因素也至关重要。喷涂系统一般在加热炉前，环境温度对涂料体系水分蒸发、涂料自身组分化学稳定性的影响都会直接改变涂料的可喷涂性和最终的应用效果。在北方等一些寒冷地区，冬季环境温度过低也会使涂料体系变黏甚至冻结，影响喷涂或造成无法喷涂。因此，应考虑匹配相应的防冷防热措施。储存罐和搅拌桨叶的材质依涂料自身酸碱性质来定；现用现配的涂料品种还要匹配罐体上料机构、高速剪切部分。为了方便罐体的维护和清理，需匹配必要的人工扶梯、护栏、人工检修孔及排气孔，便于自动化管理的液位测量及故障诊断系统。

（2）涂料输送部分。主要包括管路设计、阀门设计、输送泵体选择等。管路设计应依据涂料性质选择管路材质规格，合理布局管路走向，以便提高流速和尽量避免沉淀；并减少管路拐点和接口，便于降低涂料易沉淀死角和磨损及输送压降。阀门设计以提高阀门灵活性和使用寿命为宗旨，尽量避免阀门启停时涂料对阀门的磨损、夹死等问题，通常采用高硬度高质量气动球阀或蝶阀。输送泵体依喷涂雾化方式和涂料用量而定，并保证泵体的耐磨损性。通常采用的输送泵体包括螺杆泵、柱塞泵、隔膜泵、泥浆泵等。无气喷涂模式可采用螺杆泵和柱塞泵，气液混合喷涂模式则以低压输送的隔膜泵、泥浆泵为主，具体型号和规格视现场所需喷涂流量和压力情况而定。

（3）涂料喷涂部分。是整个系统的关键部分，是保证防护涂层的合理厚度、均匀性、喷涂连续性是对涂料喷涂部分设计的核心要求。涂料的喷涂用量和均匀性取决于喷嘴雾化方式。雾化方式大体分为两类：无气喷涂和混气喷涂。无气喷涂较适宜喷涂黏度低、质地软的涂料体系，对雾化及喷嘴磨损的影响应相对较小；对流动性好的涂层体系，喷涂的均匀性对性能影响较小。对于高黏度、颗粒体系较硬的涂料体系，无气喷涂受到喷嘴堵塞和磨损的影响较大，喷嘴雾化效果也会受到严重影响。混气喷涂在高黏度涂料体系中可以克服雾化困难的问题，涂层体系的喷涂均匀性能够得到很好的保证。但不论哪种喷涂方式，喷嘴的堵塞问题是直接制约喷涂连续稳定的关键。喷嘴的堵塞源于上游各个环节可能发生的固体沉积，只要有拐点或死角，沉积就难以避免；只要有停顿，固体颗粒沉积分层就难以避免。因此，管路中必要的大颗粒杂物过滤同样必不可少。为了避免涂料在管路内的停留造成的堵塞沉积，可以采用整个管路系统长期大循环回流的方式，通过在喷涂过程中调整回流量来保证喷涂用量，对此，已有成熟的工艺可以借鉴。另外，针对不同企业现场钢坯规格变化，涂料喷涂系统能够自动调节喷涂喷嘴的个数，以保证涂料的最大利用率。

（4）喷涂信号采集部分。包括钢坯通过和结束信号，根据具体的现场还可以附加钢坯规格信号，以保证多个喷嘴有效开启喷涂。温度检测信号和钢种识别信号保证喷涂的启停。一般的来料信号采用光电传感器或位移传感器来实现，钢坯规格、温度及钢种识别信号可采用热轧车间控制室信号源进行操作。

（5）涂装前处理部分。主要包括钢坯表面氧化铁皮刷扫和吹扫。原则上用普通的钢丝绳滚刷就能实现，但要根据具体的情况安排滚刷，包括板坯上下面，步进式加热的方坯还要对钢坯的两侧面进行刷扫。针对温度高的钢坯也要考虑到滚刷钢丝的受热变软等问题；针对在线钢坯不是全部喷涂防护的现场，滚刷设计要有拆装方便；对氧化铁皮难刷扫的热态钢坯，可在刷扫前喷水预除鳞；同时滚刷的设计要包括对翘曲的异型钢坯可以自动避让的机构，以避免撞坏整个装置。涂装前处理也包含吹扫部分，主要目的清除刷扫下来的氧化铁皮，吹扫采用气体动力，因此要保证气体压力和流量。同时，必要的吹扫喷嘴结构也是提高吹扫力度的关键，风刀和吹风喷嘴能够明显加大气体在喷嘴前的流速，有利于对残留包括翘起的未脱落氧化铁皮的进一步清理。

（6）系统清洗部分。主要包括喷嘴部分的清洗及管路系统的清洗。原则上，在等待下一块钢坯喷涂的时间内，喷嘴和系统可以不用清洗；在对热态钢坯进行喷涂时必须要保证喷涂停止后喷嘴残留涂料的及时清洗，可选用气体清洗或水清洗，以保证下次喷涂的稳定性；在检测信号检测到长时间无钢坯通过时，可以对喷嘴部分涂料进行清除，以免涂料在喷嘴处出现分层，造成下次喷涂堵塞喷嘴；在一批钢坯喷涂结束后需要长时间等待或者设备出现故障等情况下，一定要做到系统能够自动清洗整个管路系统不留死角。

（7）系统粉尘收集及废料回收部分。包括氧化铁皮粉尘收集和涂料粉尘收集，以保障现场的空气环境清洁，并收集集尘罩处及下方滴落的涂料以循环利用。涂料喷涂过程中，粉尘和涂料滴落到循环水系统会对废水处理带来影响。因此，根据车间的环保标准要求，系统中粉尘收集及废料回收部分是必不可少的单元。粉尘收集目前有多种模式，但对于涂料这类高湿度粉尘，水膜法除尘应该为首选，引风机的规格和水膜降尘后泥浆的进一步处理也是设计的关键。废料回收以后，将涂料体系进行进一步调整加以再利用，即在涂料体系中补充适当的水和有机助剂，同时将混杂在涂料粉尘中的氧化铁皮经过合理的过滤或磁选清除掉。

（8）系统控制部分。此部分是其他部分集成形成联动的关键。各部分之间有着必然的联系和不同，通过系统控制部分能够将各单元有机的组合在一起。系统控制应该包括手动和自动两个模式，手动模式包括联动模块，阀门关路的开关互斥，电动机构的互相关联以及动作间隔上的延时差异。自动模式下各部件的相应的起始状态恢复也是必须要保证的，以免带来不必要的失误。因此，在系统控制部分要求技术人员对整套系统有一个非常清晰的认识，各部分单元的作用和动作模式都应该清晰地纳入系统控制机构里。

6.3.6 典型示范

中国科学院过程工程研究所在品种钢高温防护涂料集成技术研发的基础上，开发了一套钢坯高温防护涂料自动喷涂设备系统[41]，是专门为轧钢生产线中（厚）钢板（坯）高温动态防护涂料的喷涂应用而设计的。该设备能自动在线检测并实现适时喷涂，涂料喷涂均匀致密。该设备具有自动化程度高、结构紧凑、布局合理、检修方便的特点。喷涂设备布置位置如图 6-1 所示。

钢坯高温防护涂层喷涂设备主要包括涂料现场搅拌储存罐、涂料压力输送泵组、气体平衡罐、清洗水箱、清洗水变频恒压输送泵组、冷却循环水输送泵组、阀门柜、喷嘴及板坯氧化铁皮前处理装置、信号检测装置、自动控制系统等。

经过几年来的工艺条件的摸索，目前已逐步形成了一套简易的高温钢坯防护涂料喷涂工艺流程。涂料从储料罐沿管路通过过滤系统到达柱塞泵，柱塞泵将涂料压送到喷嘴，钢坯检测信号控制喷嘴阀门开关实现喷涂起停。在喷涂未

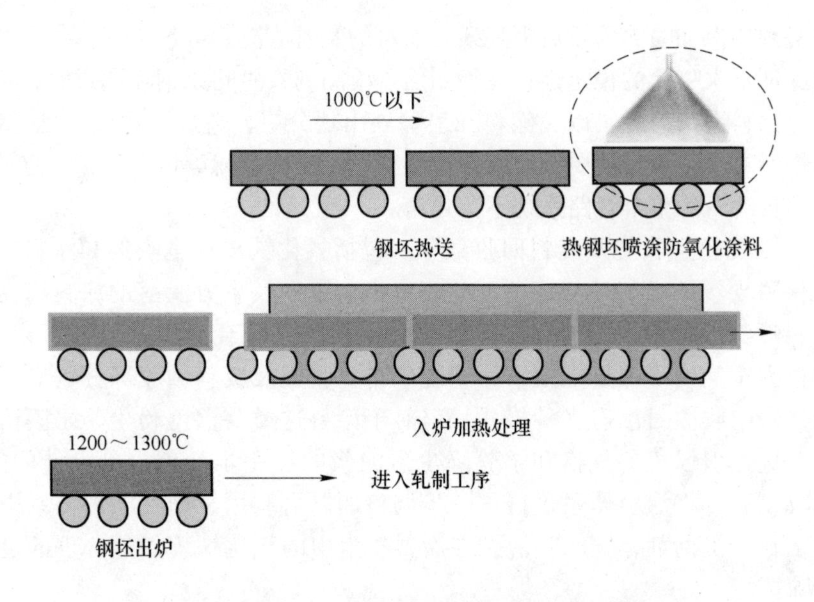

图 6-1　钢坯高温防护涂层喷涂装置位置示意图

进行时，液压站通过柱塞泵后方缓冲罐顶部压力传感器感应调整柱塞工作频率，以保证柱塞泵缓冲罐内压力恒定，在下次喷涂开启时保证涂料及时供应。当现场出现长时间停止喷涂时，控制系统根据设定的信号检测计时，来决定现场是否需要进行水和气对末端喷嘴进行清洗，避免涂料在喷嘴处的干燥凝固。更长时间的喷涂间隔，系统需要对管路和输送泵体部件内所有残留涂料进行清洗。当过滤装置内出现过滤网堵塞或杂质颗粒较多时，可通过过滤器排污口进行手工排污，同时通过气路反吹将粘在过滤网上的杂物吹下排出。整个子系统涉及多阀门的集成控制，自动化程度要高，同时对阀门控制系统的质量也提出了严格的要求。

该工艺流程主要包括以下几个组元（如图 6-2 所示）：涂料存储搅拌子系统、涂料压力输送子系统、系统及管路清洗、辊道线上子系统及电控子系统。

（1）涂料存储搅拌子系统。

该子系统主要用于涂料储存。由于系列高温防护涂料一般都具有很高的固含量（65%左右，密度 $1.5 \sim 2 \times 10^3 kg/m^3$ 左右），涂料仅仅靠悬浮剂的作用很难实现长时间悬浮不分层。因此，搅拌罐配备可控时间的搅拌系统，可以设定规定时间内搅拌自动运行时间（如每隔 5 小时搅拌 10 分钟），这样就可以避免涂料体系应用过程因为分层而造成的成分作用不均的问题。同时，该组元也考虑了涂料体系中不可避免的一些大颗粒/沉淀物甚至外部带来的杂质大颗粒沿系统输送到喷嘴会对喷嘴造成堵塞，影响系统的连续稳定运行。因此，在搅拌罐出料口设计了一用一备的涂料过滤器，涂料必须通过过滤器才能进入管路输送。

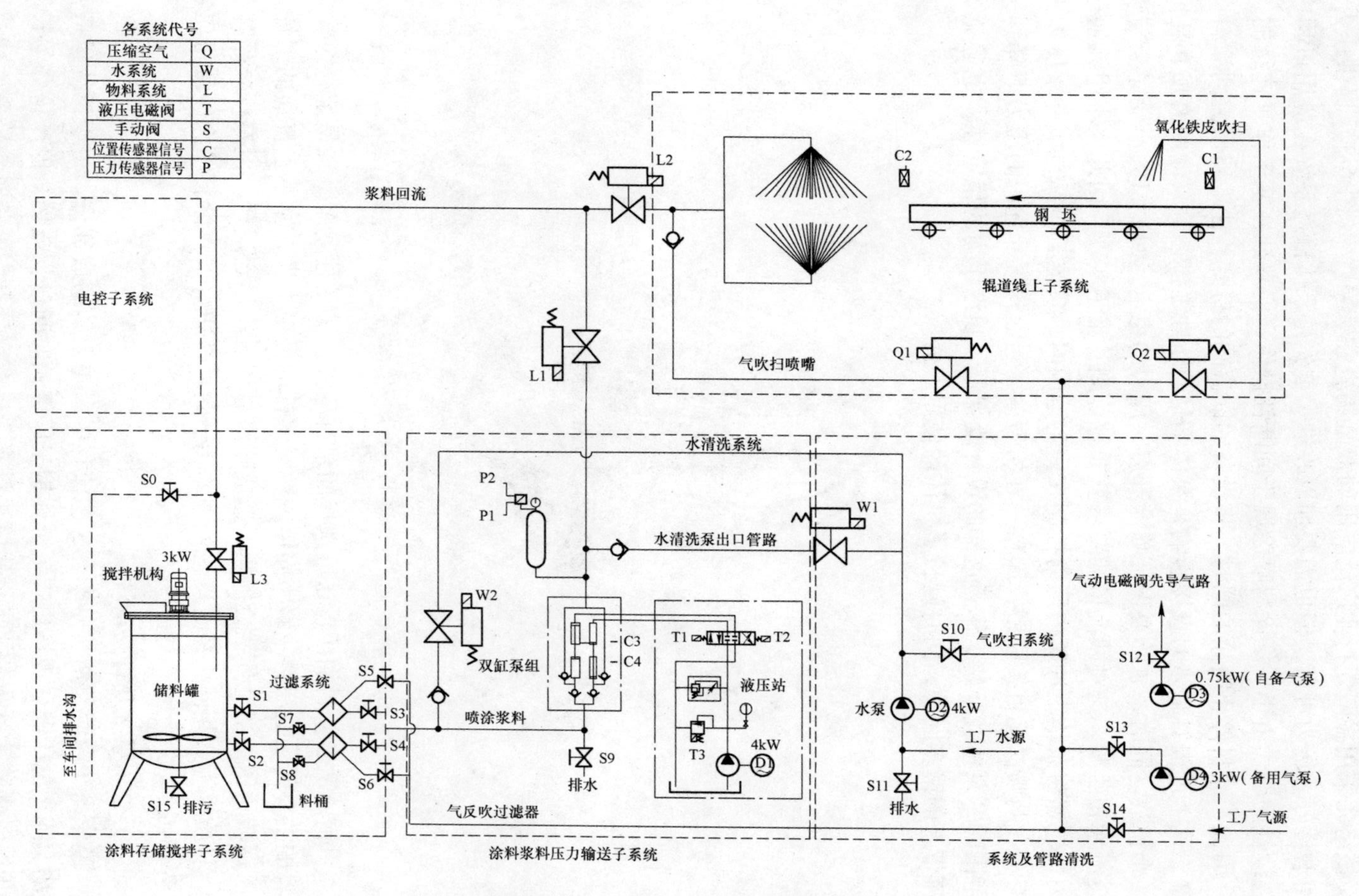

图 6-2 高温防护涂料喷涂工艺流程图中的组元划分图

（2）涂料浆料压力输送子系统。

该组元采用在陶瓷行业广泛应用的双缸陶瓷柱塞泵[42]（图 6-3）提供压力，需耐磨性好、压力可调，但也需要加以改进。首先是泵体输送系统在应用过程中的连续性问题，由于现场涂料喷涂属于间断性操作，但双缸柱塞工作是连续的过程，因此在涂料停止喷涂的同时，将设备的回流阀门打开，让涂料回流到涂料搅拌罐。这个过程对泵体的直接影响是泵体不是间断性工作，对泵体的磨损和耗能是一个挑战。同时，泵体要保证喷涂开启时压力的稳定，回流口大小要完全与喷涂总流量相匹配，这对回流口的要求就非常苛刻，难于实现。因此，本组元通过压力传感器将泵体缓冲罐内压力控制在一定范围内，泵体工作仅与缓冲罐压力大小有关，与喷涂无直接联系，涂料一开始喷涂，当涂料缓冲罐内的压力下降到一定范围时，泵体就开始工作。这样的设计既保证了喷涂压力的稳定性，也避免了回流带来的诸多问题，同时延长了泵体的使用寿命。

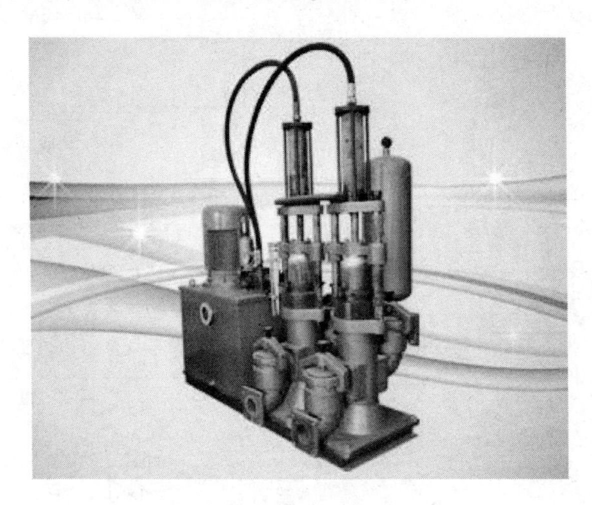

图 6-3　涂料浆料压力输送泵

目前，适合浆料加压输送可选择的泵有两种，一是柱塞泵，二是螺杆泵。但后者的主要问题是涂料浆料中固体颗粒对螺杆的磨损太大，基本上普通的螺杆泵不锈钢转子用上半个月就会损坏，造成喷涂过程无法稳定运行。但螺杆泵品种很多，材质也不大相同，经过硬化处理的转子耐磨性很好，在涂料喷涂领域可以考虑采纳。

（3）整个系统及管路清洗。

整个系统及管路清洗是本套工艺流程中最重要的组成部分。由于系统运行受现场实际工况所限，现场出现下游轧钢工序停顿时间过长或例行停产检修等长间断工况时，喷涂系统必须进行残留涂料清洗。本部分考虑了先将管路系统残留涂料通过气路全部吹出，然后采用水清洗管路。该环节主要涉及多处管路的阀门开停切换和组合阀门切换。最直接的问题是一定要保证阀门质量和开关及时性，否则会直接导致水、气、涂料在管路间的互串，严重时会导致直接影响涂料储罐中的涂料质量（水路意外进入）。因此，根据需要接在不同的管路部位，一定要充分考虑到阀门的质量（耐磨损性、耐酸碱性、开停灵敏性、对应管路口径和方便对接方式）。这部分工作需要有一定的工程经验的设计单位和技术人员参与选型设计。

另外，管路清洗还要充分考虑现场的气源和水源。气源要保证压力在0.4MPa以上，压力稳定，气体清洁干燥（尤其在南方空气湿度大，需要加滤水压力缓冲罐）；水源要保证一定的水压（0.2MPa以上），水压不足时要考虑中间加增压泵增压，以保证对管路系统清洗的效果。

（4）辊道线上部分子系统。

辊道线上子系统是喷涂得以实现的主体，这部分包括信号检测、铁皮刷扫、铁皮吹扫、喷涂、烟尘收集、废料收集等。该部分环节繁多，工艺设计的细节很关键。

信号检测决定整个系统运行的起始与结束。主要有两个信号，一个是来料监测信号，可供选择的有光电传感器和位移传感器；另外一个是温度监测信号，温度传感器，可根据现场实际情况选择。目前的信号传感器的质量和性能非常成熟，可以依据现场的实际需求选择合适的信号传感器，传感器示例如图6-4所示。

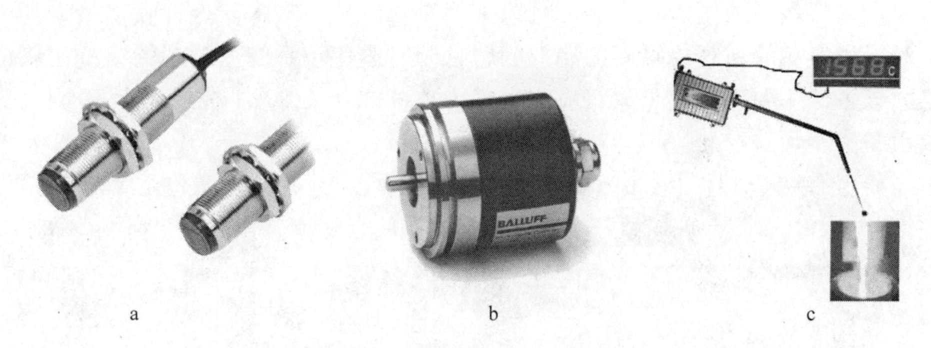

图6-4 信号检测传感器示例

a—光电传感器；b—位移传感器；c—非接触温度传感器

铁皮刷扫环节要根据实际的钢坯表面状况和高温防护涂层喷涂保护面确定刷扫钢坯的哪些表面，一般上下表面的刷扫可采用钢丝滚刷（图6-5）来实现，对滚刷电机的功率、滚刷转速、滚刷钢丝稀稠长短要根据现场实际情况进行选择。

喷涂部分的设计主要是要考虑好两个细节问题：其一是喷嘴和压力的匹配。这个匹配包括喷嘴选型（流量、雾化角度、耐磨性能、雾化效果、加工精

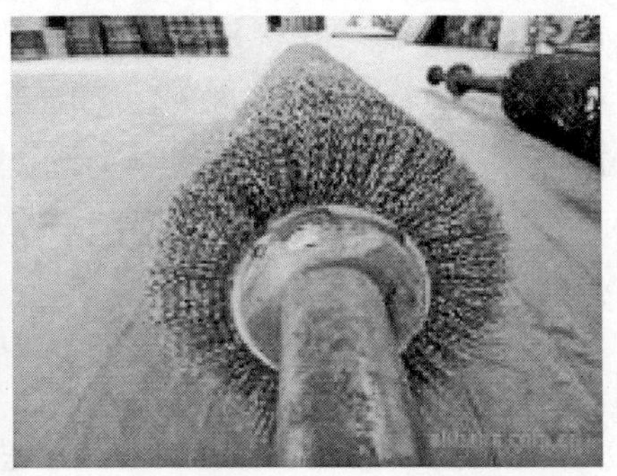

图 6-5　铁皮刷扫装置和滚刷外观

度），压力也决定了流量、雾化角度、耐磨性能、雾化效果的几个参数。目前，碳化钨喷嘴能维持两周左右。除了碳化钨喷嘴以外，还可以采用内衬陶瓷的喷嘴以及旋转雾化喷嘴，旋转雾化喷嘴无论是雾化效果还是涂料对喷嘴的磨损都要小得多，工业上喷雾干燥领域应用很多。对于喷涂高温防护涂料来讲，旋转雾化喷嘴唯一的不足是喷出来的涂料颗粒呈环形区域，对于在辊道上移动的钢坯来讲，涂料相对喷布量过高，容易造成涂料喷涂整体不均匀。若采用平面多组喷嘴，可通过喷涂环面交叉来保证喷涂的整体均匀性。同时，还有一种空气雾化或扇形浆料加压雾化方法，可以采用全自动顶针喷嘴。这种喷嘴最大的好处是可以避免涂料开停瞬间的滴漏问题，同时避免子系统上过多的清洗用阀门组。该方法主要瓶颈在于涂料应用过程中顶针的开关弹簧能否到位，否则失灵后设备完全无法控制。

粉尘的收集处理（图 6-6）和涂料的回收（图 6-7）是大型企业比较关注的。这部分主要是要结合现场做好收集罩、槽、罐的合理布局和操作便利性设计。目

图 6-6　粉尘的收集处理模拟图

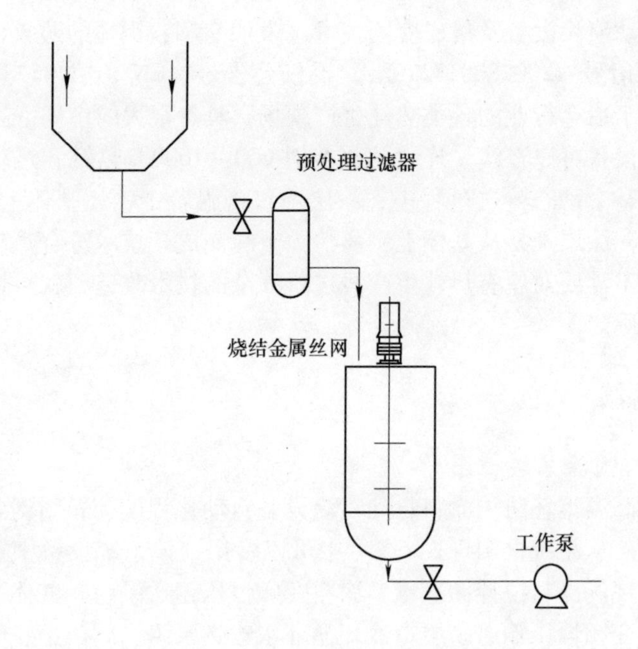

图 6-7 涂料回收处理工艺示意图

前，粉尘收集主要采用引风机将粉尘引出，这里可能会涉及粉尘含水量高造成在引风管路附近的沉积，影响除尘正常工作，下游工序采用布袋或旋风除尘均会受到影响，所以建议采用水膜除尘。对于特殊喷涂过程而言，为保证喷涂的完整性，会有一定的涂料浪费发生。这些涂料在冷态钢坯上的喷涂，过量的涂料会以浆料的形式从辊道下方流出。为此，需要设置废料回收处理装置，对涂料进行回收再利用。

主要回收过程要包括过量浆料的引流收集、浆料中铁皮等杂质的过滤（多道过滤）、搅拌和浓度调整、输送再喷涂环节。一般规模化的现场应该将回收的浆料进行工艺外再加工处理。

（5）电控子系统。

电控子系统是整套自动化喷涂装备的指挥中心，根据整套系统的匹配程度，对检测信号指令的处理实现铁皮刷扫、吹扫、涂料喷涂、粉尘收集、废料回收机械元件的动作执行；由延时信号系统实施管路清洗、根据压力信号指令实现泵体的启停。电控子系统可实现阀门间的协调组合，操作模块化。同时，根据条件，电控系统应匹配必要的故障报警及处理方案。

6.4 自动喷涂设备

中国科学院过程工程研究所与企业合作，共同研发了一套具有自主知识产权的动态过程自动喷涂设备及集成应用技术（发明专利：钢坯的防氧化喷涂方法及喷涂设备，申请号：200780017270.1，授权公告号：CN 101448578 B）。该设备可以广泛应用于冶金行业的各类热轧生产现场，具有很大的市场空间。

自动喷涂设备可以在线、连续的直接对600～1000℃热钢坯进行喷涂，形成保护涂层。在整个动态输送过程中，涂层都致密附着于钢坯基体上，不会脱落；加热过程之后，涂层又易从基体上剥离清除干净。成套技术符合热轧生产线的实际生产工艺，不需要对原有热轧生产线进行复杂的技术改造，就可以直接应用在热轧工艺流程中。

6.4.1 设备系统

6.4.1.1 喷涂系统框图

动态过程高温钢坯防护涂料自动喷涂设备自动化程度高，结构紧凑，布局合理，检修方便。从系统框图（图6-8）中可以看出，该系统设备中主要包括液态涂料配制站、现场涂料搅拌储存罐、涂料变频恒压输送泵组、气体平衡罐、清洗水箱、清洗水变频恒压输送泵组、冷却循环水输送泵组、阀门柜、喷嘴及冷却装置、补喷装置、喷嘴机械传动装置、排烟及烟气处理装置、板坯氧化铁皮前处理装置、检测装置、自动化控制系统等组件。

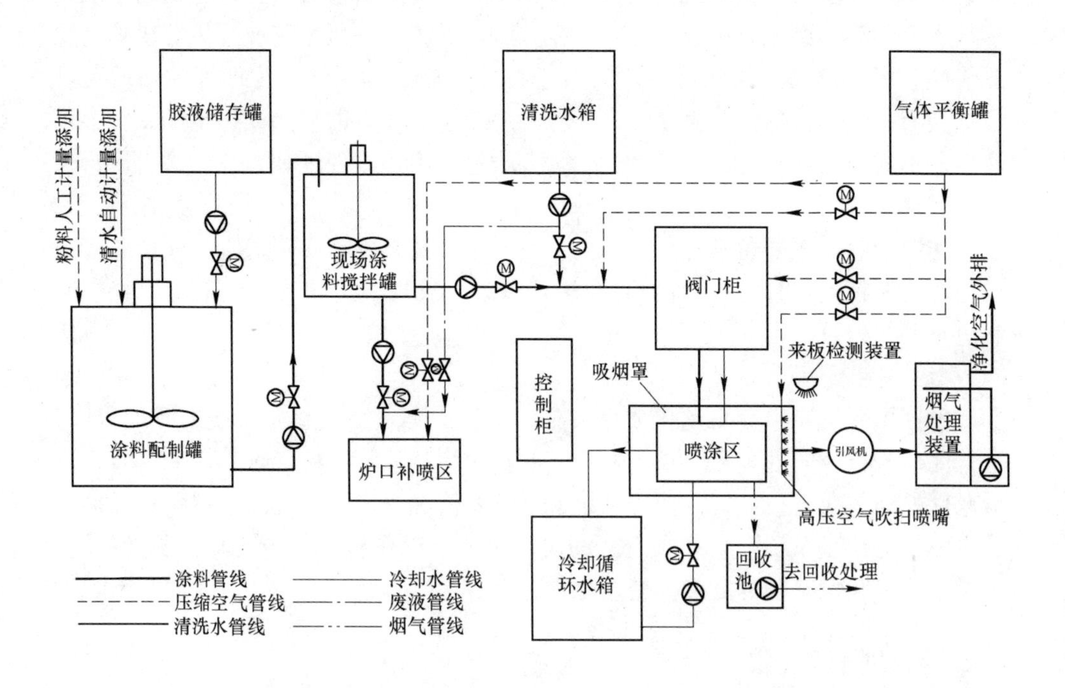

图6-8 动态过程钢坯高温防护涂料自动喷涂系统流程图

6.4.1.2 设备系统流程

防护涂料采用气液两相流雾化方式实施动态高温喷涂，喷嘴采用外混合雾化喷嘴。主要通过对涂料输送、压缩空气输送、清洗水输送、冷却循环水输送等管路系统的控制来完成动态喷涂过程。防护过程主要设有板坯前处理、动态喷涂、喷嘴清洗、烟雾处理和炉口补喷等几个环节。

喷涂开始前，检测装置检测到待喷涂工件要进入喷涂区时，立即反馈信号启动前处理装置，延时再启动涂料和压缩空气控制阀实施动态喷涂，涂料经搅拌均匀后由涂料泵恒压变频输送，经阀门柜调压阀调压控制之后输送到喷嘴处，同时压缩空气经阀门柜调压阀调压控制之后到达喷嘴处，气液两相流在喷嘴处混合，涂料被气体雾化成雾状细颗粒，并以一定的冲击力均匀喷涂到工件表面，从而在板坯表面形成致密的喷涂覆盖层。当所有工件移出喷涂区时，工件检测装置发出信号关闭涂料和压缩空气控制阀，同时立即执行清洗。

清洗采用水-气-水联合清洗方式，按水洗→气洗→再水洗的顺序来依次切换管路控制阀和压缩空气控制阀，清洗时间为水洗 5s→气洗 5s→再水洗 5s，清洗水采用恒压变频方式输送，清洗完成时则表明一个喷涂周期结束。

工件经过动态喷涂后，传送到加热炉口。由于辊轨与板坯间摩擦可能会损坏板坯下表面涂层，故在板坯入炉前再进行必要的补喷处理。

喷涂区上部管路采用水冷方式冷却，冷却水由循环泵供给；下部管路与补喷喷嘴采取隔热措施。

喷涂开始时，烟气处理装置即投入运行。喷涂过程中产生的烟雾由引风机抽送到烟雾处理装置经处理后直接外排。烟气处理装置中产生的废液需要定时外排并添加新的处理液，喷涂结束时烟气处理装置延时停止运行。

6.4.2 技术特点

自动喷涂设备系统具有以下技术特点：

（1）采用 PLC 编程控制，操作方式有半自动和手动控制两种，能够在线实时动态显示涂料罐液位、喷涂压力、涂料瞬时流量与累计流量、气体平衡罐供气压力与输出压力、清洗水箱液位、清洗水压、冷却水压等。

（2）液态涂料配制采用全自动或半自动方式完成，即采用自动计量胶液与清水添加量，自动或人工手动添加粉料组分的控制方式，液态涂料配制好后由输送泵自动输送到现场涂料搅拌罐。涂料配制设在厂房外。

（3）所有喷嘴按分组控制供料喷涂或清洗，为了使所有喷嘴的喷涂压力接近均衡，采用分组调压控制。

（4）设有板坯喷涂前处理装置，可以清扫掉板坯表面由于高温氧化而形成的毛刺，有利于动态喷涂涂层的附着。

（5）每个炉口设置一个补喷区。

（6）采用水冷装置，确保喷嘴及喷嘴管路系统低温运行，减小结垢几率。

（7）采用气—水联合冲洗装置，确保喷嘴停用时管路系统的洁净，减少喷嘴堵塞几率。

（8）采用引风排烟及烟气处理装置，确保喷涂过程产生的高温烟雾及时排出并得到妥善处理，减少工作环境空气污染。

（9）喷嘴装置采用机械传动机构，一方面可以根据板坯尺寸适时调整喷嘴最佳喷涂距离，另一方面可以确保喷嘴快速离线检修。

6.4.3　基本参数

自动喷涂设备系统的基本参数如下：

（1）设计在线喷涂钢坯（板）温度在 400 ~ 800℃。

（2）设计穿越喷涂装置的钢板线速度 0.8m/s。

（3）设计最大喷涂供气压力 0.7MPa，最大供液压力 0.2MPa。

（4）设计涂料颗粒最大粒径 200 目，涂料固液比为 1∶4，常温下黏度约 100cp，设计喷涂量 $3kg/m^2$。

（5）设计可喷涂最大板幅 $B \times H$ = 1400mm × 210mm，最小板幅 1200mm × 170mm。

（6）设计冷却水箱最大瞬时流量 $3m^3/h$。

（7）设计喷涂区排烟及烟气处理装置最大瞬时烟气量 $11000m^3/h$，风机功率 22kW。

动态过程高温钢坯防护涂料自动喷涂系统已经在山东某钢铁企业现场建立了稳定运行的示范工程（图 6-9）。运行结果表明，该套设备体系符合热轧生产线的实际生产工艺，不需要对原有热轧生产线进行复杂的技术改造，就可以直接应用在热轧工艺流程中，钢坯高温防护涂料在现场通过该套集成设备系统的自动化运行，不仅为应用的企业用户节约大量能源资源，同时还为用户带来可观的经济收益。

图 6-9　防护涂料自动喷涂设备系统示范工程照片

6.5 普碳钢方面的应用

通过对国内多家普碳钢热轧企业现场调研表明，普碳钢热轧前加热炉炉温相对较高，尤其是独立轧钢企业仍然采用钢坯冷送，最高热冲击火焰可达到1300℃以上，钢坯在炉内的加热时间相对较长，基本上为3～4小时，长时间高温下加热造成钢坯表面生成氧化铁皮，烧损严重。见图6-10现场取样铁皮照片。

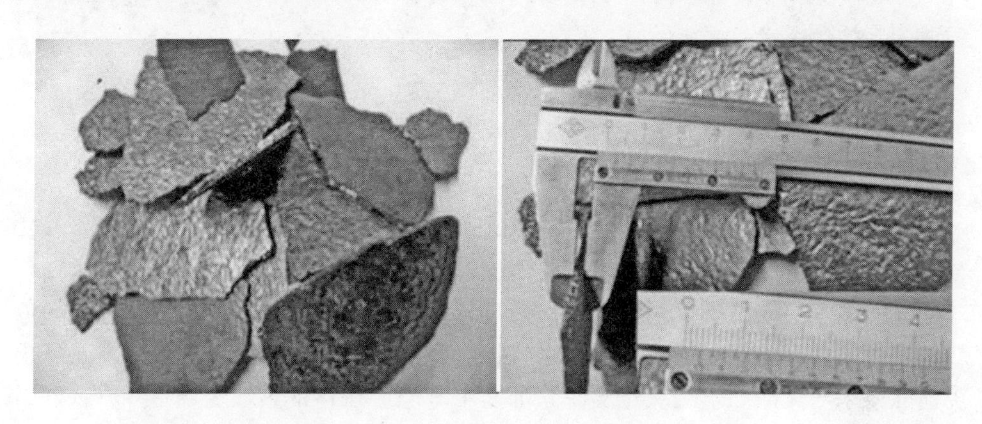

图6-10 某钢厂氧化铁皮随机取样照片

粗略统计，普碳钢加热过程的氧化烧损平均在1.0%左右。连铸连轧企业相对烧损较低，烧损率在0.5%～0.9%；独立轧钢企业加热过程烧损率约在0.8%～1.5%甚至更高。

中国科学院过程工程研究所自行研制的MgO-Al_2O_3-SiO_2-CaO体系防护涂层系列（发明专利：一种高温普通低碳钢防氧化涂料及其应用．中国发明专利，申请号：200610076257.0，授权公告号：CN 100532466 C；一种钢材防氧化涂料及钢材的防氧化方法．国际发明专利，美国授权号：US 7494692 B2 中国授权号：CN 101426938 B），针对Q195、Q235、Q345、SS400等多种钢种钢坯进行了高温防护涂层应用试验。高温防护涂料试验现场的应用对象包括轧制工字钢、槽钢、角钢、棒材、线材、螺纹、带钢等的方坯，也包括轧制卷板、中厚板等多种规格产品的板坯表面；钢坯加热炉的加热介质包括水煤气、天然气以及高炉/焦炉混合煤气。通过现场试验考察了不同应用对象、不同加热工况环境下的涂料防护效果。高温钢坯喷涂防护涂料后的照片如图6-11所示[24]。

现场的试验过程与结果表明，防护涂层对多种工况环境下的碳钢具有较好的综合防护性能。涂层对钢坯表面具有良好的润湿能力和致密性，喷涂后的钢坯可以阴干也可以直接入炉，均表现出优良的附着力。该防护涂层体系的涂层在950～1250℃与少量氧化铁皮形成固相烧结，对钢呈化学惰性，能有效隔离炉气

图 6-11　入炉前钢坯表面喷涂防护涂料的照片

与金属基体，进而实现对钢坯的高温防护。钢坯出炉后由于铁皮较薄，基体颜色较亮，而无涂层样由于氧化铁皮厚，而且与基体热膨胀性能差异发生拱起，颜色较深。由于普碳钢氧化铁皮脱除本来就相对容易，防护涂层作用的钢坯表面氧化皮清除效果与无涂层样品氧化皮脱除都非常干净。在首钢热轧现场，出炉后再回炉的涂层防护试验钢坯表面效果照片如图 6-12 所示。通过对回炉坯左右两侧涂层防护与否的氧化铁皮厚度取样分析得出：涂层防护后氧化铁皮厚度平均在 0.7mm，无涂层防护部分的氧化铁皮厚度 1.99mm，氧化铁皮厚度的降低超过 64.83%。在唐山、天津等地区多家中小型轧钢企业现场进行的系列钢坯防护涂层试验也表明，防护涂料降低氧化铁皮厚度 50% ~60%，防护涂料提高成材率约 0.40% ~0.50%。

图 6-12　高温钢坯防护试验样品出炉后表面和铁皮照片

a—试验回炉坯；b—氧化铁皮（左，空白样；右，涂层防护样）

2010 ~2011 年，中国科学院过程工程研究所在华北地区建立了两条钢坯防护技术应用示范线（如图6-13所示），连续运转以来，钢坯防护喷涂设备实现了涂料对钢坯表面的自动喷涂（图6-14）。现场统计的涂层防护结果表明，炉内高温钢坯氧化烧损平均降低50%以上，吨钢成材率提高0.45%（合吨钢节约4.5千克钢）以上，这充分验证了MgO-Al_2O_3-SiO_2-CaO体系防护涂料具有显著的防氧化效果。出炉后涂层防护的钢坯依次经过除鳞、粗轧、精轧等正常工序，高温钢坯防护涂料未对钢坯及其轧制工序产生不良影响，成材表面性能正常无缺陷。

图6-13 钢坯高温防护涂层技术应用示范工程喷涂设备照片

图6-14 钢坯防护涂料自动喷涂后的钢坯表面照片

降低普碳钢钢坯高温氧化烧损的MgO-Al_2O_3-SiO_2-CaO防护涂层系列及集成技术，经过约40余家企业近60次的现场试验、试应用和产业化应用，已逐步完善为成熟的技术体系[23]。无论从产品性能的稳定性和应用效果，还是从应用喷涂系统的完整性和便捷可控性方面都得到了考验和验证。因此，以钢坯高温防护涂层为基础的集成技术已经开始逐步在热轧企业现场展现出其独特的技术优势和特色。

6.6　品种钢方面的应用

我国品种钢产量已占钢总产量的 50% 左右，大型钢铁企业的品种钢生产比例都在 80% 以上。品种钢具有高的物理化学性能、高附加值、用途广等特点，在钢产量中所占的比率越来越大。高附加值的品种钢的开发和生产，以其优异的性能和为企业带来更高的经济效益而得到了长足的发展。目前，国内钢铁企业推进品牌战略，初步形成了以汽车板、船板、管线钢、冷镦钢、耐腐蚀板、高强度机械用板、高层建筑用板等系列品牌集群。越来越多的特殊高端产品如低镍钢、管线钢、耐磨钢、耐候钢、高强汽车板等的产量和质量不断升级，大大提高了市场占有率。但是，同时也暴露了许多亟待解决的问题。如加热过程氧化烧损严重[6]、非金属夹杂物超标、粗除鳞难度较大[16]的问题直接影响了热轧产品的成材率和质量合格率，相应的工艺装备仍然有待改进。随着市场对热轧产品的质量要求的不断提升，企业生产过程对节能降耗的压力日趋增大。目前，热轧加热过程的氧化烧损成了企业关注的焦点。热轧过程还存在不同程度的局部氧化皮脱除不净问题[43]，造成应用过程和耐候过程中经常出现的点锈、红锈及凹坑缺陷[44]对产品应用性能带来了巨大的影响。同样，许多钢种在加热氧化的同时还表现出如脱碳和元素贫化等问题，造成了产品表面氧化皮压痕、点缺陷及后期酸洗表面差、耐候性差等质量缺陷[45,46]，直接影响到产品的应用性能。受生产工艺技术、设备装备水平等的限制，轧材表面质量的提高仍是当前热轧行业面临的一个主要难题。

中国科学院过程工程研究所在多年针对普碳钢高温防护涂层的技术研究的基础之上，结合国内大型钢铁企业品种钢钢坯加热炉内氧化烧损严重、部分钢种除鳞难度大、下游表面质量缺陷严重等难题，研发了针对品种钢高温加热过程的 TiO_2-Al_2O_3-SiO_2-MgO 体系防护涂层系列（发明专利：一种用于碳钢的高温防护涂料．中国发明专利，申请号：200910077125.3），以降低钢坯在加热炉内表面氧化铁皮生成速度，改善氧化铁皮致密化结构，抑制品种钢由于合金元素迁移带来的除鳞困难、裂纹、红锈等一系列质量问题，进而提升产品成材率、合格率，改善下游轧材表面质量。在钢铁企业进行了在品种钢防护领域的应用，并跟踪考察涂层对轧钢加热过程品种钢表面烧损、除鳞效果及下游表面质量和酸洗过程的影响。结果表明，TiO_2-Al_2O_3-SiO_2-MgO 体系的防护涂层对品种钢的防护效果明显。

6.6.1　降低氧化烧损的应用

钢坯氧化烧损率是热轧板厂的一项重要指标之一。品种钢的氧化烧损不但造成大量的金属浪费，而且影响了钢坯加热质量。钢坯氧化严重，影响氧化铁皮的去除，除鳞不净造成轧制过程中氧化铁皮压入，影响轧制状态和板卷的表面质量。因此，企业在改进加热工艺方面通过改进板坯在炉时间、调整钢坯出炉温度、改善加热炉气氛控制等手段，使钢坯加热更趋合理。即便如此，目前品种钢的加热炉氧化烧损仍然在1%左右，热轧现场为了保证轧线生产顺行和保护轧机，板坯出炉温度都控制得较高，平均在1200~1230℃范围内，钢坯在炉内时间普遍在120~220分钟之间。因此，烧损尤其严重，平均氧化烧损率都在1.0%~1.4%左右。见表6-1。

表6-1 冷轧料出炉目标温度控制表[9]

钢 种	板坯规格/mm	成品厚度/mm	出炉目标温度/℃
08AL O8ALA/08ALB STW22（SPHC） STW23（SPHD） STW24（SPHE）	200×（750-949）	≤2.5	1200
	200×（950-1099）		1210
	200×（1100-1249）		1220
	200×（1250-1350）		1230
	200×（750-949）	>2.5	1190
	200×（950-1099）		1200
	200×（1100-1249）		1210
	200×（1250-1350）		1220
STW22（T-1） STW22（T-2） STW22Z STW23Z STW24Z STW25IF	200×（750-949）	≤2.5	1210
	200×（950-1099）		1220
	200×（1100-1249）		1230
	200×（1250-1350）		1240
	200×（750-949）	>2.5	1200
	200×（950-1099）		1210
	200×（1100-1249）		1220
	200×（1250-1350）		1230

板坯热轧企业关注高氧化烧损的大宗钢种主要包括冷轧料、搪瓷钢、含硅钢种等，冷轧料、搪瓷钢等加热温度高，含硅钢种自身氧化速度偏高且难以除鳞，合格品率相对较低。在多家钢铁企业现场，针对上述钢种进行了 TiO_2-Al_2O_3-SiO_2-MgO 体系高温钢坯防护涂料的中试试验。试验主要采用跟踪入炉前和出炉除鳞后板坯重量对比考察氧化烧损率变化，以及跟踪未除鳞回炉坯表面涂层防护与否的氧化铁皮厚度变化来评价涂层的高温防护效果[25~27]。

从现场的跟踪检测结果（如表6-2所示）来看，板坯出炉时的氧化铁皮厚度平均在1.7~2.6mm，通过涂层防护能够将氧化铁皮厚度减薄44%~60%（直观效果见图6-15），部分现场直接检测的是炉内氧化烧损降低量，平均炉内氧化烧损在0.8%以上的现场，通过涂层防护可以降低氧化烧损率0.3%以上，直接的反映到成材率可以提高0.3%，效果明显。但也不难看出，个别现场尤其是工艺装备先进、管理规范的企业现场，炉内平均氧化烧损率已经降低到0.6%左右，有效的涂层防护能够为现场提高成材率0.2%~0.3%左右。

表6-2 热轧企业现场品种钢钢坯高温防护涂层试验效果表

试验钢种	正常氧化铁皮厚度/mm	涂层防护后氧化铁皮厚度/mm	正常氧化烧损率/%	涂层防护后氧化烧损率/%	涂层防护效果	
					铁皮厚度减薄率/%	氧化烧损降低量/%
SPHC*	—	—	0.56	0.33	—	0.23
	2.35	0.95	—	—	59.57	—
X80*	—	—	0.84	0.50	—	0.34
	1.80	1.00	—	—	44.44	—
	2.40	1.20	—	—	50.00	—
BTC330R	2.60	1.43	0.99	0.65	45.00	0.34
SS400	2.60	1.25	—	—	51.92	—
J55	1.699	0.937	—	—	44.85	—

注：*标记的数据每行为在不同钢铁企业现场所取得的试验数据；—标记为现场试验没有采集该类数据。

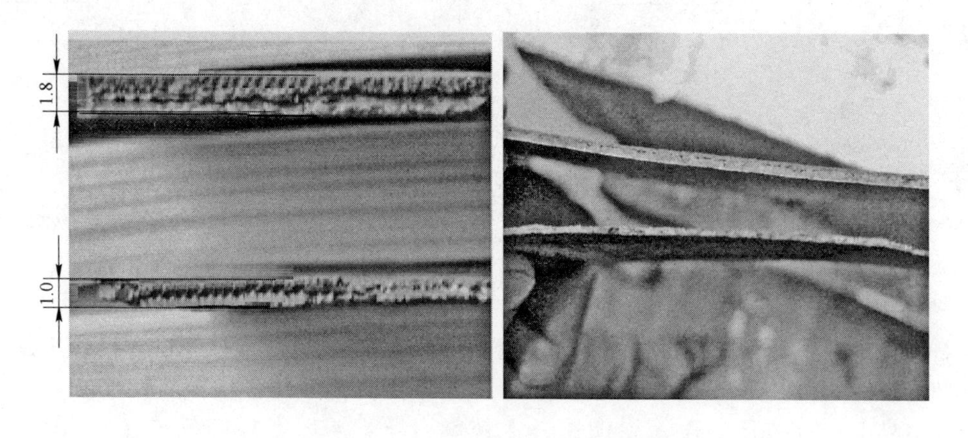

图6-15 板坯喷涂与未喷涂防护涂层的氧化铁皮厚度比较
（两图中，上：空白样氧化铁皮，下：涂层防护后的氧化铁皮）

按照相同的板坯区域分别对氧化铁皮进行了取样，并作了扫描电镜微观分析。从微观图片（图6-16）的厚度测量结果看，高温防护涂层减薄氧化铁皮的厚度和之前的宏观测量基本保持一致。从表面形貌图片看，高温防护涂层抑制了表面氧化铁皮晶粒的生长，空白样的晶粒尺寸直径约为100μm，而涂覆样的晶粒

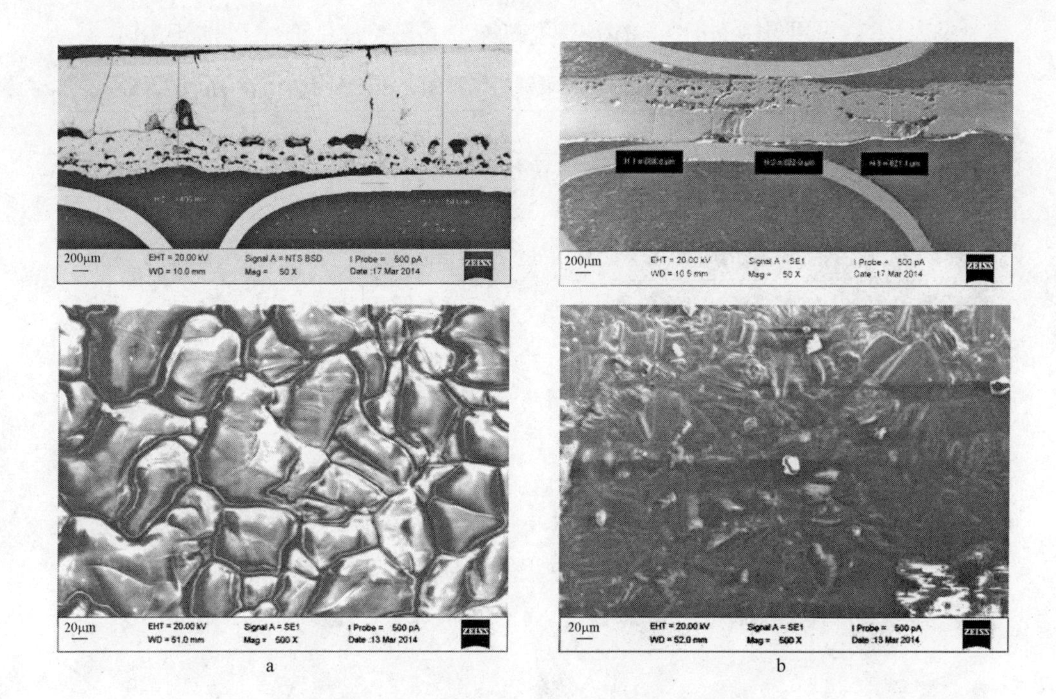

图 6-16　现场氧化铁皮取样对比微观照片分析
（两图中，上：铁皮断面；下：铁皮表面）
a—无涂层防护的氧化铁皮；b—涂层防护后的氧化铁皮

直径只有 30～40μm。抑制晶粒的长大是降低氧化铁皮生成速度的一种有效途径。

6.6.2　提高除鳞效果的应用

品种钢中，有相当一部分含硅、含镍钢种都存在高温氧化铁皮难以脱除的问题。随着汽车工业的发展，要求生产更高强度钢板的需求日益迫切，而强度的提高往往要增加含硅量，含硅量的增加导致铁橄榄石氧相的形成而难以去除；弹簧钢、管线钢系列也因为高硅含量而导致铁皮除鳞困难[44,47,48]；含镍钢种也因 Ni 元素的存在造成氧化铁皮难去除[49]。难除鳞的主要原因是铁橄榄石或界面层处氧化残留的镍富集层连同氧化铁皮像树根一样互相交织在一起形成咬合层[47～49]。要想去除咬合层中的氧化铁皮，必须同时去除氧化铁皮中的基体。而基体是由金属和氧化物组成，强韧性好，不像氧化铁皮很脆，易去除。因此，不采用打磨方法，即使采用多道次高压水除鳞也是很难清除干净的。由于咬合层中的一次氧化铁皮没有除净，在轧制时，氧化铁皮轧入钢板基体，使其表面形成压痕、红锈等问题，严重影响钢板表面质量。

对多家企业的 X80 管线钢板坯、高硅汽车板钢坯、高强度焊接结构钢等（化学成分见表 6-3）采用自制的 TiO_2-Al_2O_3-SiO_2-MgO 体系防护涂层进行了现场应用[27]。

表 6-3　试验用几种难除鳞钢种的化学成分表　　　（%）

钢种成分	C	Si	Mn	P	S	Ni	Cr	Mo
X80	0.07	0.30	1.77	0.02	0.005	0.22	0.25	0.21
84AA1*	—	1.2	—	—	—	—	—	—
Q690D	≤0.18	≤0.60	≤2.0	≤0.030	≤0.025	≤0.80	≤1.00	≤0.30
60Si2Mn	0.56～0.64	1.5～2.0	0.6～0.9	≤0.035	≤0.035	≤0.35	≤0.35	—

注：* 钢种为用户提供的新研发钢种。

一般情况下，现场预先准备试验钢坯，其中完整喷涂一块以上钢坯，进入加热炉，另有不喷涂涂料的钢坯作为对比样。试验钢坯出炉并高压水除鳞后，在线观察表面除鳞情况——在粗轧前拍摄粗除鳞后板坯的表面照片，以此评价除鳞效果；热轧后将钢坯切样检测表观除鳞效果以及除鳞后防护效果来评价防护涂层对热轧产品表面质量的影响。一般喷涂过程照片如图 6-17 所示。

图 6-17　高温防护涂料喷涂过程照片

高压水除鳞后热钢坯表面照片（图 6-18～图 6-20）可以看出，所试验钢种钢坯经高温防护涂层保护后，钢坯加热后表面除鳞效果均有明显的改善；而没防护涂层保护的钢坯的除鳞效果参差不齐，既与钢种实际所含硅、镍含量不同有关，又与现场的高压水除鳞系统实际状况有关，但整体除鳞效果都非常差，这也是这几类钢种合格品率一直难以提高的主要原因。表面光洁的钢坯进入粗轧及后续轧制工序，对下游无论是轧辊还是终端产品表面质量都有决定性贡献。因此，涂层防护方法的实施，为难除鳞品种钢提升轧材质量有举足轻重的作用。也正因为如此，国内外轧钢企业在提升除鳞效果的高温防护涂层方面已有不少实际应用的案例，同时随着新品种开发的不断推进，会有越来越多的钢材生产会选择防护涂层来实现提高品种钢除鳞效果。

a

b

图 6-18 X80 管线钢除鳞效果照片

a—无涂层除鳞后；b—有涂层除鳞后

a

b

图 6-19 60Si2Mn 弹簧钢除鳞效果照片

a—无涂层除鳞后；b—有涂层除鳞后

a

b

图 6-20 Q690D 高强钢除鳞效果照片

a—无涂层除鳞后；b—有涂层除鳞后

跟踪钢坯表面的氧化铁皮状况发现，涂层样出炉后表面爆皮现象明显，这充分说明在其冷环境下氧化皮受涂层作用线膨胀系数发生了较大改变，自动脱落性能改善。这也从除鳞后照片得以验证，防护钢坯表面氧化皮通过高压水除鳞系统清除效果明显比无涂层样品脱除容易。通过对回炉坯涂层防护与未防护两部分的氧化铁皮厚度取样分析得出，氧化铁皮厚度减薄基本在50%左右。

在生产实践中，我们发现相同钢种有时除鳞效果好，有时却不太理想，这与氧化铁皮的组成结构有直接的关系。有资料显示[50]，除鳞效果的好与坏，与氧化铁皮的厚薄没有关系，而取决于氧化铁皮致密层厚度与总厚度的比值。

以 X80 管线钢为例，我们研究[38]了涂层防护提升除鳞效果的根本原因。在试验过程中发现，X80 钢自身的氧化皮脱落性能很差，尤其是与基体相连的最内层氧化铁皮需要借助外力才能剥离下来，而防护涂层保护过的样品底层铁皮脱落性能相对得到了改善。从图 6-21 可以看出，a 为未加防护涂层的样本，铁皮经过机械除鳞之后基体表面仍然非常粗糙；而 b 加防护涂层保护后的基体表面则光滑很多，露出金属基体。

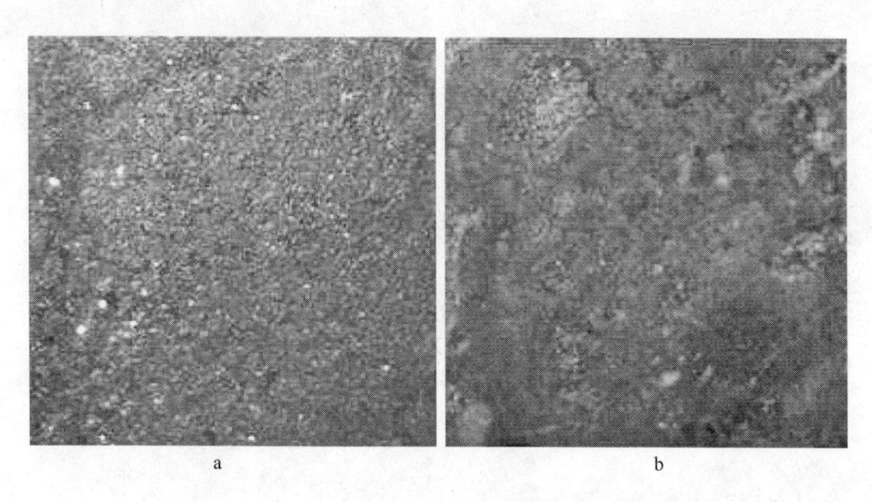

图 6-21 涂层保护与否加热后基体表面的粗糙程度比较
a—无涂层防护；b—涂层防护

针对高强含硅汽车板钢的除鳞效果试验评价，现场主要采用了跟踪钢坯轧制成钢板后表面红锈面积的百分比变化。资料显示[47,48]，高强含硅汽车板热轧材表面的红锈问题日益为汽车行业所关注，作为一种表面质量缺陷反馈给钢铁热轧企业。红锈的生成主要是由于钢坯中硅含量的提高，从而提升了铁橄榄石的生成量，造成高压水除鳞不能完全清除干净加热生成的氧化铁皮。因此，相应的涂层防护方法被企业所关注。表面检测高速摄像照片显示（图 6-22），未喷涂防护涂料的热轧板表面平均红锈面积所占比例均 在85%以上，涂层防护后轧材表面红锈面积明显减少，检测照片中显示红锈面积所占比例低于40%，且绝大部分表面红锈面积比都在10%以下，甚至没有红锈。由于只是通过试验定性地分析涂层对红锈问题的改善影响，更合理的检测和统计方法还有待于进一步论证。

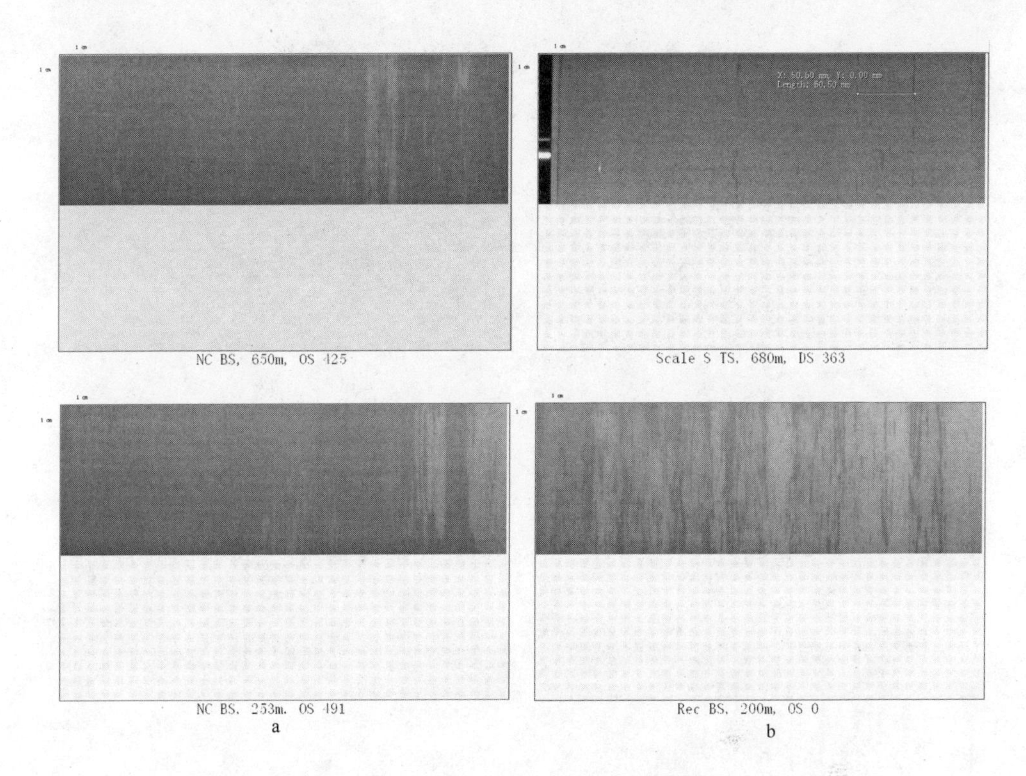

图 6-22 高强含硅汽车板钢表面涂层保护与否轧后板材表面的红锈比较

a—无涂层防护；b—涂层防护

为了进一步剖析防护涂层对氧化铁皮形成过程的影响，对 X80 管线钢小样品加热处理后的断面进行了微观结构和组成分析。图 6-23 为 X80 管线钢加热处理后的断面扫描电镜照片。从测试结果可以看出，X80 高温氧化基本形成三层：致密层、疏松层和底层致密层。外层为致密层较窄，约 0.12mm；疏松层较宽，约 0.75mm；与基体相连的为底层致密层，厚度约为 0.20mm。这与文献报道[50]的其他钢种的氧化铁皮仅分为外层致密层和与基体相连的疏松层结构有本质的区别，X80 管线钢氧化铁皮的疏松层在铁皮总厚度中所占比例很高，超过了 50%。由于松散层有较多的气孔，当喷水除鳞时，氧化铁皮迅速冷却由热应力产生的裂纹被松散层的气孔所缓解，使裂纹不能到达钢的基体表面，在高压水的冲击下不

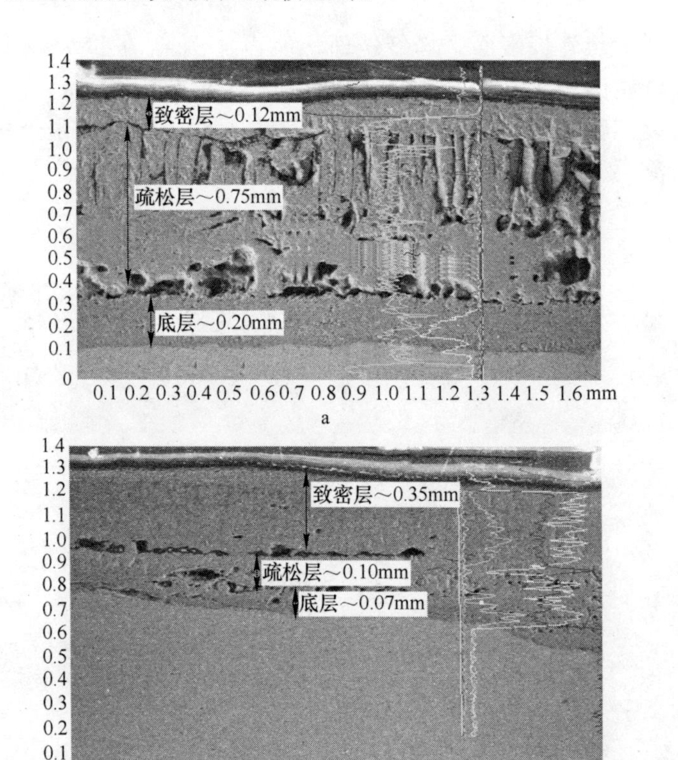

图 6-23　X80 管线钢加热处理后（1250℃）的断面扫描电镜照片（含元素线扫描）

a—空白样品；b—涂层防护样品

能完全去除板坯表面的氧化铁皮。

相比空白样品，涂层防护的样品氧化铁皮结构发生了显著的变化，外面致密层厚度大大增加，达到了约 0.35mm，疏松层厚度减少到约 0.10mm，与基体相连的底层致密层厚度降到 0.07mm，单氧化铁皮外层致密层厚度就占铁皮总厚度近 70%。而由文献报道的统计，除鳞率随着氧化铁皮致密层厚度的增加而上升，致密层增加，这是由于热应力在除鳞过程中充分发挥了应有的作用，使板坯表面一次氧化铁皮的除鳞条件得到明显改善，因而能够提高除鳞率。当致密层厚度占氧化铁皮总厚度的 50% 以上时，一次氧化铁皮除鳞率就能达 100%。

由此可见，我们所研制的 TiO_2-Al_2O_3-SiO_2-MgO 防护涂层体系改变了氧化铁皮的生成结构，提高了品种钢的除鳞效果。

图 6-24 是 X80 管线钢氧化断面的元素面扫描（EDX）照片。从 Fe 分布照片中可以看出，氧化铁皮外层致密层和疏松层中 Fe 原子数量百分比差异并不明显，平均都在 60% 以上。空白样断面中底层致密层 Fe 原子数量相对仅有约 50%，该

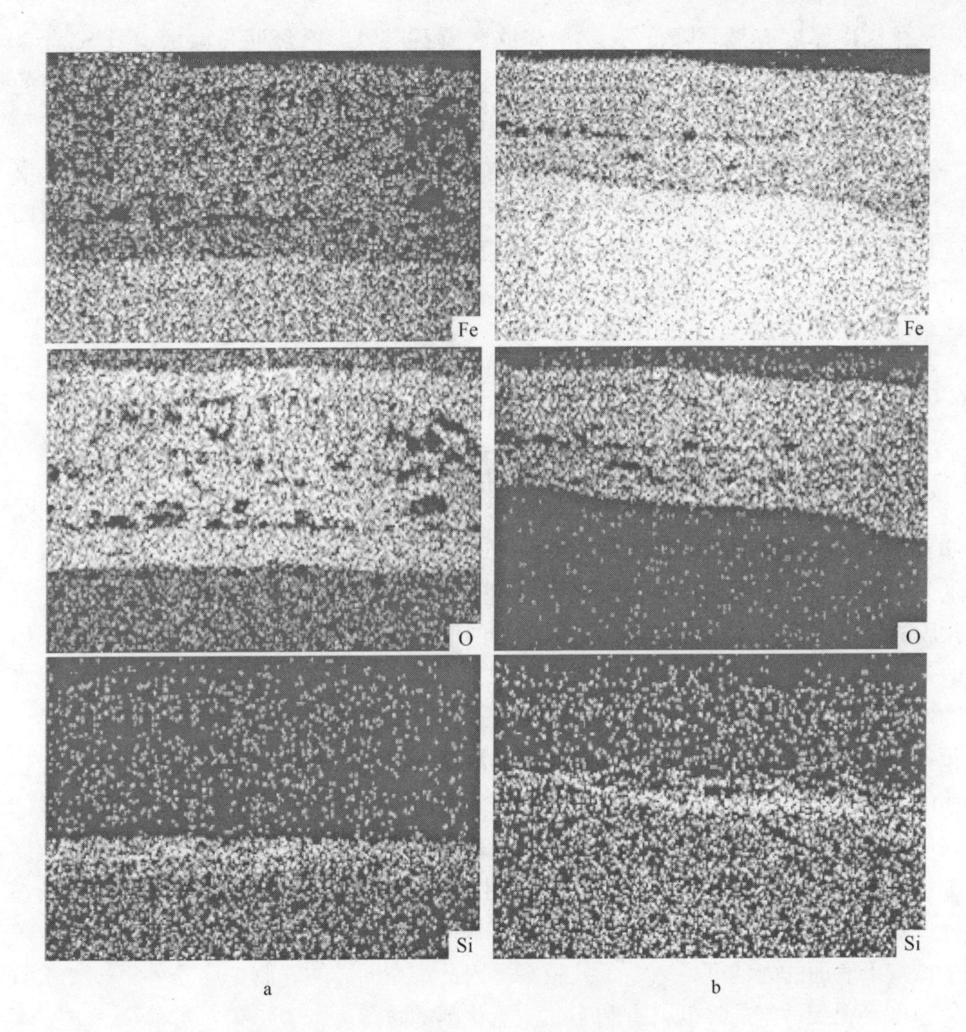

图 6-24 X80 管线钢氧化断面元素面扫描照片

a—空白样；b —涂层样

区域 O 原子数量相对提高，较其他层的 30% 左右，提高到 40% 左右。同时，从 Si 分布照片可以发现，该层中 Si 含量有明显的提高，大约为其他层中 Si 含量的 5 ~ 10 倍。由此可以推测，基体表面在氧化过程中，微量元素 Si 在基体表面发生富集，形成与 FeO 共存的复合体。Si 同 Fe 易生成铁橄榄石（Fe_2SiO_4），嵌入钢的基体表面晶界处，使氧化铁皮同钢基体表面牢牢结合在一起，这层 Fe_2SiO_4 熔点为 1173℃，要除掉这层氧化铁皮，需 30 ~ 40 MPa 的压力，目前一般除鳞设备难以达到。X80 管线钢基体表面的 Si 富集现象直接决定了该处铁橄榄石含量升高。因此，该富集层具有很强的高温黏性导致该层与基体的结合力显著提高，这也是 X80 管线钢除鳞困难的一个主要原因。相比空白样，涂层防护后的样品断面除氧化铁皮厚度有显著降低外，富 Si 铁橄榄石层厚度已经明显减薄，且 Si 含量也有所降低，这种结构和组成的显著变化导致该品种钢钢坯整体除鳞效率的提高。

不难发现，高温防护涂层改变了氧化铁皮生成的结构，提高了外部铁皮 Fe_3O_4 的致密性，游离氧化性气体向基体表面渗透的难度提高后，首先影响到的就是基体与氧反应生成 FeO 的速度和程度，间接上提高了铁皮致密层的厚度与总厚度的比值，这就是难除鳞品种钢通过高温防护涂层保护后，提高了后续钢坯除鳞率的主要原因。

6.6.3　改善表面质量的应用

6.6.3.1　高温防护涂层对热轧材表面二次氧化膜厚度和结构的影响

两个热轧现场两种钢高温防护涂层保护后的轧材表面的二次氧化膜厚度变化，如表 6-4 所示。由于涂层的作用，两种钢的二次氧化膜厚度均有降低，平均降低厚度为 2μm 以上，降低幅度超过 20%，这说明涂层防护有利于降低热轧过程二次氧化膜的厚度。该效果可以理解为是加热炉内钢坯表面防护涂层对基体有效防护作用的延续。从加热炉内的高温防护机理上看，涂层防护作用有利于缓解钢坯表面元素的选择性氧化，直接改善了钢坯表面质量。在正常钢坯加热过程中，虽然基体的氧化主要以铁的氧化为主，部分合金元素的活性较铁强，选择性氧化和铁元素高温快速的氧化加剧了基体表面的恶化，尤其是表面疏松的氧化铁皮增长过程导致了基体表面的粗糙不平和疏松多孔，直接提高了基体的比表面积，导致热轧过程氧化速度加快，而此氧化膜达到了表中的 8μm 以上。而涂层防护对基体的表面贡献是，在降低氧化烧损的同时，最大限度地维持了基体表面成分的失衡，烧损量降低也改善了铁皮下表面的光洁度，减少了孔隙率。因此，在同样的轧制工序条件下，二次氧化速度会得到一定的降低，有利于二次氧化膜的减薄。

表 6-4　涂层防护对轧材表面二次氧化膜厚度变化比较

钢　种	样　品	氧化膜厚度/μm			平均减薄/μm
SPHC	未防护	9. 167	8. 519	8. 620	2. 105
	防护后	6. 645	6. 644	6. 703	
J55	未防护	8. 453	8. 659	8. 740	2. 304
	防护后	6. 852	6. 310	5. 867	

采用 SEM 检测分析了 SPHC 钢板取样断面的二次氧化铁皮的形貌和结构（如图 6-25、表 6-5 所示）。从图 6-25 可以看出，涂覆样较无涂层防护的二次氧化膜厚度明显减薄。微观厚度分析表明，涂层防护后的样品二次氧化膜均值为 6. 005μm，无防护的样品二次氧化膜厚度均值为 8. 080μm，涂覆样的氧化膜厚度

降低约为25.7%。从表6-5的结构比例分析可以看出，由于受涂层防护影响，在二次氧化膜总厚度降低的前提下，表层 Fe_2O_3 层占总氧化层厚度比例有所提升，相应的内层混合层厚度得到减薄，酸洗效果一定程度上受内层混合氧化层酸洗难度大的影响。因此，从数据分析中可以推测厚度减薄有利于提高下游冷轧酸洗的效率和质量。

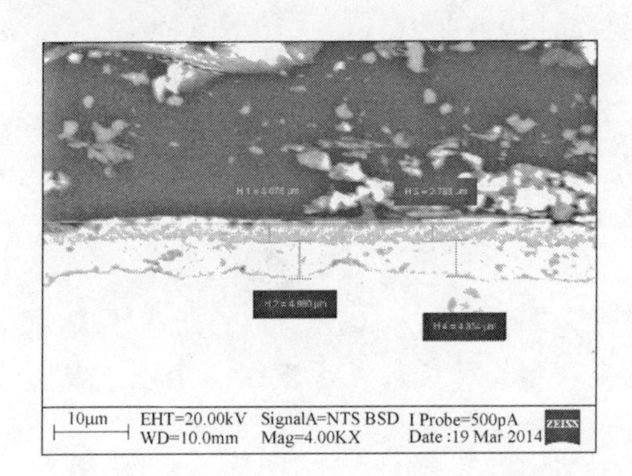

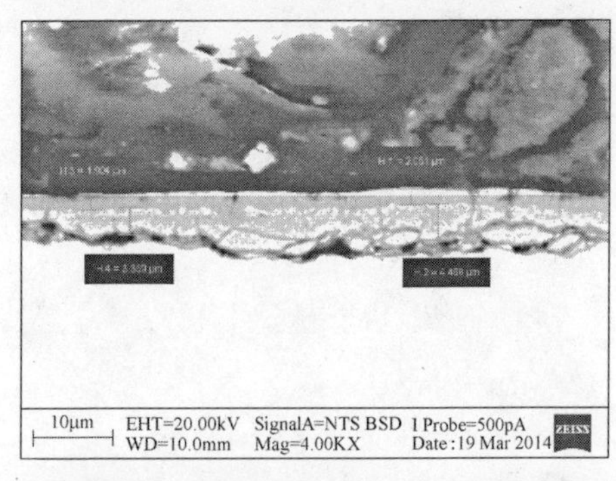

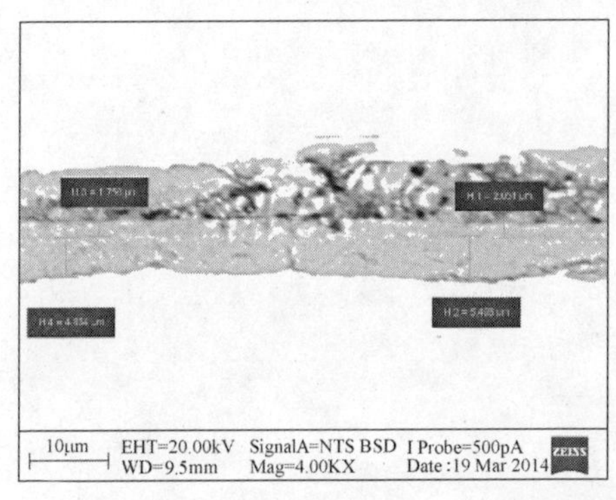

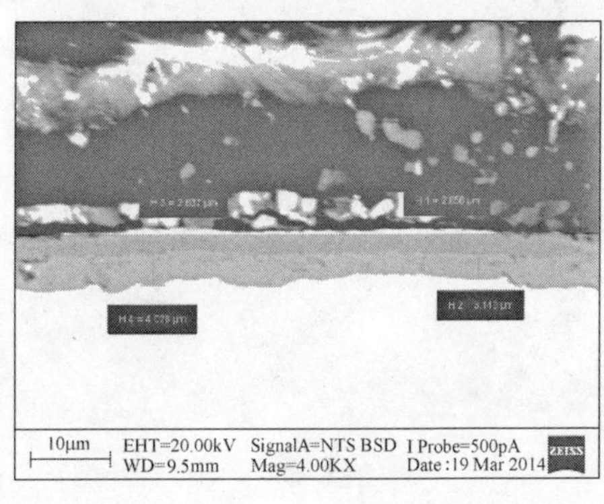

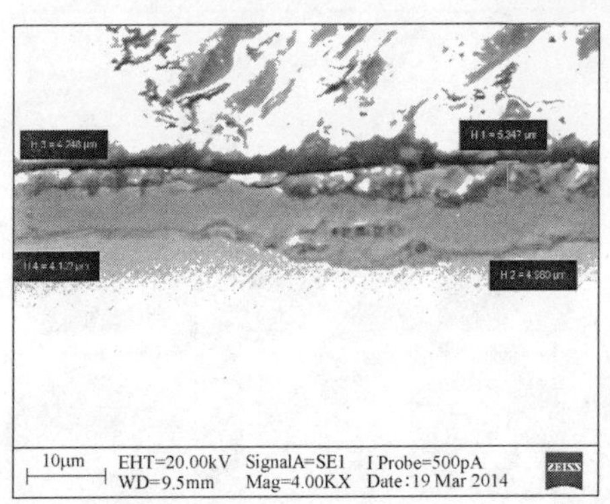

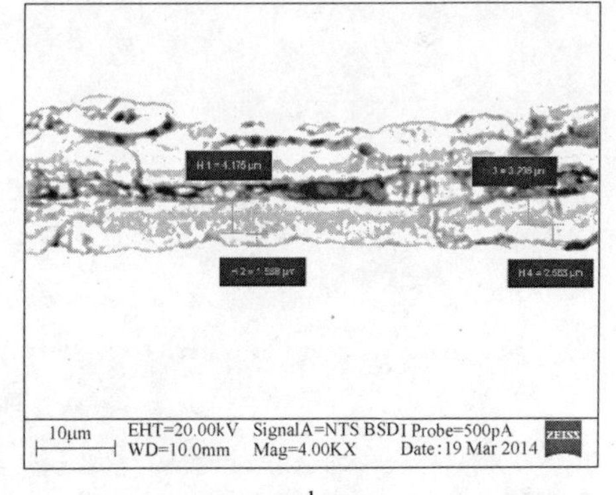

a　　　　b

图6-25　SPHC钢涂层防护热轧取样板断面结构扫描照片

a—无涂层样；b—涂层防护样

表 6-5　SPHC 钢涂层防护热轧取样板断面二次氧化膜厚度结构分析表

样　品	氧化铁皮总厚度/μm	外层 Fe_2O_3 层厚度/μm	内层混合层厚度/μm	Fe_2O_3 层占比例/%
未防护	7.836	2.929	4.907	37.4
	7.067	1.904	5.163	26.9
	9.338	4.797	4.541	51.4
防护后	5.895	1.977	3.918	33.5
	6.334	2.746	3.588	43.3
	5.785	3.735	2.050	64.5

6.6.3.2　高温防护涂层对热轧材表面耐蚀性的影响

(1) 抗盐雾腐蚀能力。

SPHC 钢涂层防护试验板取样盐雾试验结果，如表 6-6 所示。在 5% NaCl 水溶液盐雾环境下，试验 1 小时，在无涂层防护的 SPHC 热轧板表面即出现了腐蚀点红锈，涂层防护后的卷板对比样则几乎无腐蚀点出现。跟踪盐雾试验 2 ~ 5 小时的条件下，一直是无涂层防护的样品上腐蚀点面积要大于涂层防护过的样品。从试验结果看，涂层防护后的样品表面抗盐雾腐蚀能力强。结合表 6-5 的结果分析不难得出，更高比例的致密外层，如果不经过平整工序，能够提高耐腐蚀性。这同时也可以推测，涂层防护后的钢坯表面由于氧化烧损和元素贫化等问题的缓解导致相对平整，致使生成的氧化膜相对完整致密，能够提高轧材表面对腐蚀性气氛的抵抗力。而无涂层保护的样品，轧制过程中表面平整度、铁皮缺陷等相对较多，即使生成了较厚的二次氧化膜，但该膜的完整性、致密性受钢坯表面炉内恶化的影响变得较差，影响了轧材表面的耐蚀性。

表 6-6　SPHC 钢涂层防护试验板取样盐雾试验结果统计

盐雾时间/h	涂层防护样			无涂层样		
	1	2	3	1	2	3
0						
1						
2						

续表 6-6

盐雾时间/h	涂层防护样			无涂层样		
	1	2	3	1	2	3
3						
4						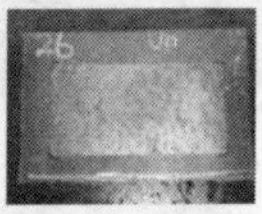
5						
6	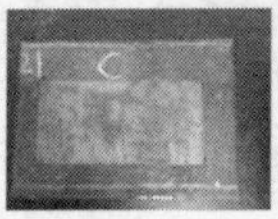					

(2) 防护涂层对热轧材酸洗的影响 。

涂层防护与否对 SPHC 热轧板酸洗过程表面状况的影响，如图 6-26 所示。从图 6-26 中可以看出，同样的酸洗条件下，涂层防护后样品酸洗后表面相对光洁，不存在无涂层防护样表面的少量山水画斑纹。这主要是由于上述的涂层防护后样品表面二次氧化膜厚度减薄的缘故。同时，SPHC 冷轧板表面存在的“山水画”问题一直是该类产品表面缺陷中一个重要的质量问题，而涂层防护无疑能够提升冷轧酸洗产品的表面质量。

在南京某企业针对 SPHC 冷轧料进行了高温防护涂层试验[18]，并在现场热轧板取样，进行了实验室冷酸酸洗试验。酸洗时间差异显示（如表 6-7 所示），涂层防护样酸洗时间要比无涂层防护样平均缩短约 6. 2 秒，缩减率达到 15. 34%。现场酸洗时间缩短大大提高了酸洗效率，同时降低了酸洗耗酸量，在增产增效的同时降低了废酸产量。

表 6-7 涂层防护与否热轧板酸洗时间比较

检测位置	边部 1/S	边部 2/S	1/4 处 1 /S	1/4 处 2/S	1/2 处 1/S
喷涂表面	40. 1	30. 9	33. 2	30. 5	35. 4
未喷涂表面	53. 9	33. 4	41. 8	34. 1	38. 9
比 较	−13. 8	−2. 5	−8. 6	−3. 6	−3. 5

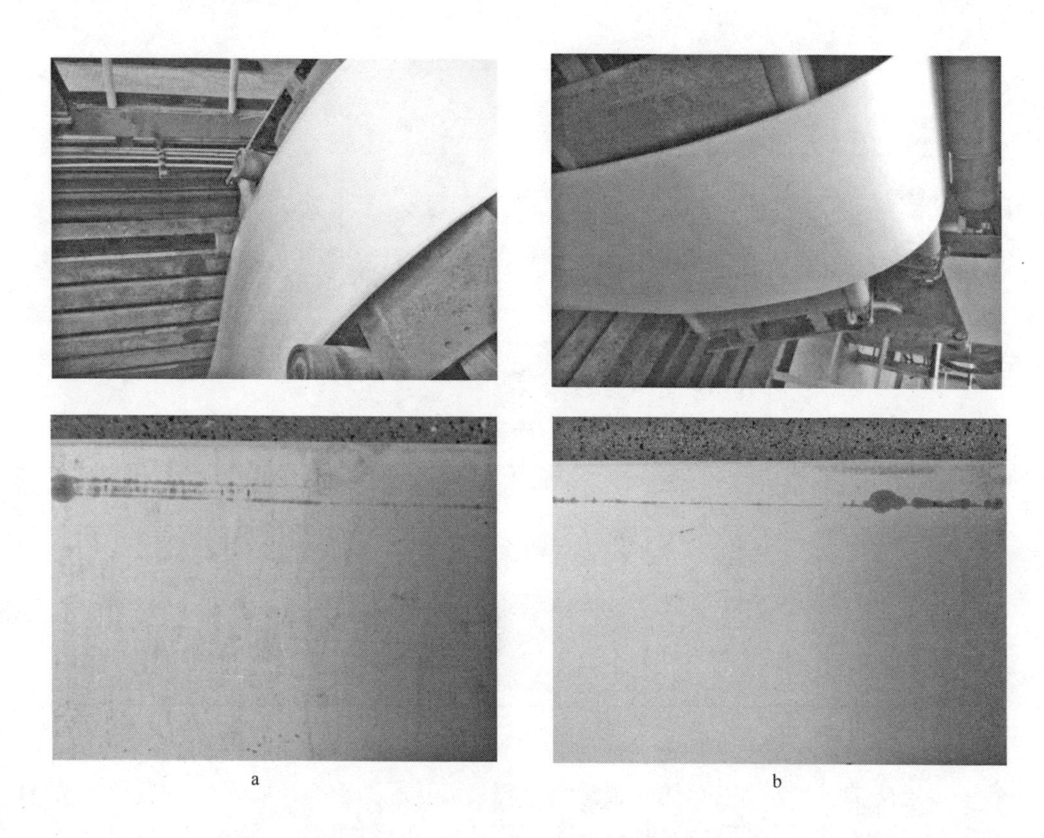

图 6-26　涂层防护与否对 SPHC 热轧板酸洗过程表面状况的影响
a—无涂层防护表面；b—涂层防护后表面

6.7　中高碳钢防脱碳方面的应用

对于大多数中高碳钢来说，脱碳均被认为是钢的缺陷，特别是轴承钢、弹簧钢、帘线钢、高碳工具钢、模具钢等，脱碳造成的危害更为严重。钢的脱碳将使表层的机械性能降低，往往达不到要求的硬度。对于需要淬火的钢，表层脱碳后，淬火时可能出现裂纹、软点等缺陷。脱碳还使钢的疲劳强度显著降低，容易产生裂纹引起疲劳断裂。针对此问题，国内外从生产工艺角度作了深入的研究和改进优化，使得其高温脱碳问题得到了一定的缓解。此外，由于增加了除去脱碳层的生产工序和劳动量，也增加了生产成本。国内外一些国家的钢铁企业还开发了火焰扒皮工艺以保证轧材的表面脱碳降低到最少[51]。但是，工艺的改进优化与企业自身的技术水平、人员素质和装备投入是密不可分的，国内许多企业实施起来仍有很大的难度。钢材表面脱碳层厚度是衡量钢材质量优劣的一项重要指标。若脱碳层厚度超标，将直接影响着企业的产品质量和经济效益。事实上，除了在高速轧制和控制冷却条件外，脱碳超标主要是在加热炉内加热时发生。钢坯在加热炉内加热过程中，由于受加热温度、加热时间、炉气成分等的影响，导致钢坯脱碳。因此，必须研究钢坯在加热过程中如何控制钢坯的脱碳。采用高温防护涂层的方法，可以降低中高碳钢钢坯加热过程中的高温脱碳，从而提高轧材的合格品率、简化修磨工艺，提高轧材产品表面质量。

中国科学院过程工程研究所采用自行研制的 SiO_2-Al_2O_3 系列（发明专利：一种用于高碳铬轴承钢加热过程的防氧化脱碳涂料粉料．中国发明专利，申请号：201110117369.7；一种用于弹簧钢的高温防脱碳涂层材料．中国发明专利，申请号：201010528053.2）高温防脱碳涂层体系，在国内多家特钢企业针对轴承钢、帘线钢、工具钢、模具钢等进行了高温防脱碳涂层试验和应用。

表 6-8 是现场试验检测的几种钢种涂层防护后脱碳层深度变化统计数据。针对轴承钢种选取了两家企业，分为两种工序上的轴承钢加热防脱碳。一种是在轴承钢开坯车间针对 325mm×280mm 大方坯加热开坯表面的脱碳进行防护，该脱碳来源于一火开坯加热炉。由于钢坯较厚、加热时间长、温度高，因此开坯后得到的 160mm×160mm 方坯表面脱碳严重，正常工序需要下游进行表面修磨后再进入高线车间进行二火加热。修磨工序需要针对 160mm×160mm 方坯四周分别修磨掉约 3mm 深度以保证方坯表面原始脱碳层被清除干净，修磨过程钢损耗为 3.7%。因此，针对轴承钢开坯过程的防脱碳至关重要。从表6-8中可以看出，正常开坯工序的钢坯脱碳层深度为 1200μm，通过涂层防护后，脱碳层深度最大值为 150μm，较无涂层保护的钢坯脱碳层减薄了 87.5%。因此，就此效果而言，涂层的应用可以使下游修磨工序修磨量大幅降低甚至取消修磨。脱碳层减薄能保证在 75% 以上就可以考虑完全取消修磨，这不但降低了修磨工序的损耗，也提高了企业的生产效率。在另一企业小规格连铸坯一火轧制的高线车间，系统考察了不同轧制规格的轴承钢盘圆脱碳层深度与钢坯高温防脱碳涂层保护的关系。从表 6-8 中统计结果可以看出，喷涂高温防脱碳涂层的钢坯脱碳层深度最大值与线材直径的百分比均在 0.5% 以下，即小于 0.5% *D*（*D* 代表线材直径），较现场目前的正常的脱碳层深度约 0.8*D* 和国家行业标准的不大于 1% *D* 要小得多，这种效果对目前对轴承钢脱碳要求越来越高的市场需求来讲具有重要价值。

在轧制小规格高线的钢坯上的防脱碳是企业尤其关注的。这主要是因为，在行业标准中，高碳钢脱碳层深度的标准均以脱碳层深度与线材直径比值不大于 1% *D* 来判定。因此，直径越小，对脱碳层深度的绝对值要求就越高，而小规格线材的轧制往往比大规格产品钢坯出炉温度要高，这样才能保证多道轧制过程的温度。较大规格产品轧制工艺钢坯温度要求高，脱碳深度要求低，满足脱碳要求的难度就更大。帘线钢钢坯高温防脱碳涂层防护结果表明，防脱碳涂层作用下的轧材表面脱碳层深度最大值为 32μm，较正常的脱碳层深度 72μm 减少了 55.56%，即脱碳层深度减小到直径的 0.58%；模具钢脱碳层深度减小到直径的 0.64%。

表 6-8　现场试验检测的几种钢种涂层防护后脱碳层深度变化统计数据

试验钢种	轧制规格 /mm	正常脱碳深度 /μm	涂层防护后轧材脱碳层深度最大值 /μm	脱碳值与直径比 /%	脱碳层深度减薄率 /%
轴承钢（GCr15）	开坯	1200	150	—	87.5
	$\phi16$	—	50	0.31	—
	$\phi14$	—	60	0.43	—
	$\phi11$	—	40	0.36	—
	$\phi6.5$	—	20	0.31	—
帘线钢（NLX82C）	$\phi5.5$	72	32	0.58	55.56
工具钢（S2M）	$\phi10$	≥100	≤50	—	用户要求≤100
模具钢（M2）	$\phi5.5$	60	35	0.64	41.70

试验样品表面的金相（图 6-27～图 6-29）检测结果表明，现场试验的所有钢种所有规格产品的脱碳层中铁素体层即全脱碳层的产生基本得到了控制，脱碳层深度的差异主要体现在半脱碳过渡层上，而正常无防脱碳涂层的样品表面均有明显的铁素体层和很深的过渡层。

a

b

图 6-27　GCr15（开坯）测试涂层防脱碳效果金相照片（100×）

a—未喷涂；b—喷涂

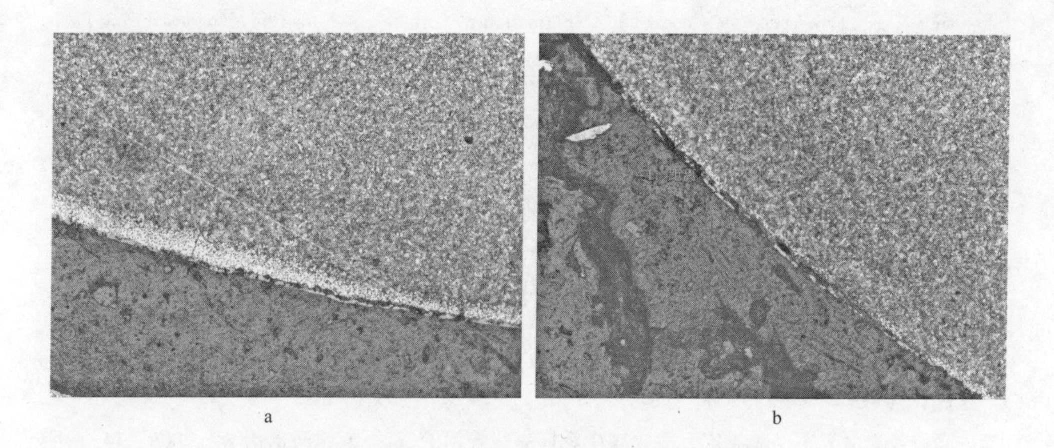

图 6-28 GCr15（高线）测试涂层防脱碳效果金相照片（200×）
a—未喷涂；b—喷涂

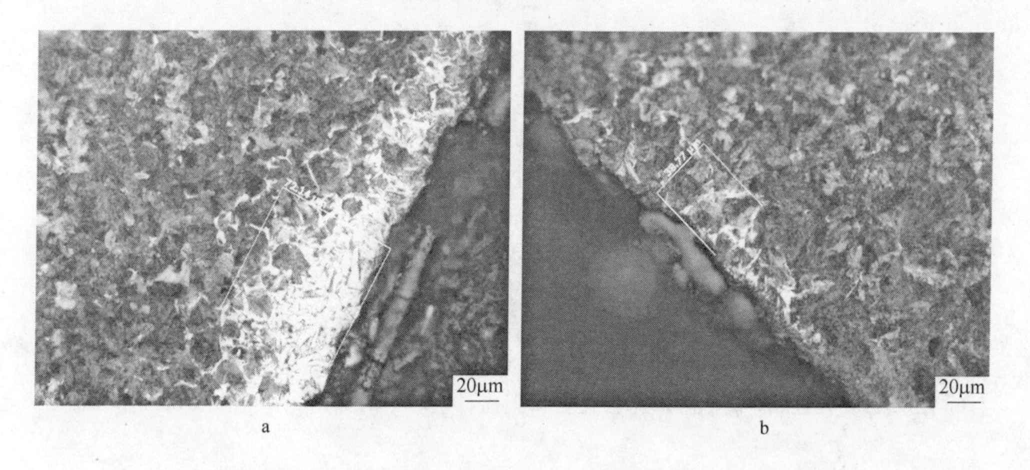

图 6-29 帘线钢涂层防脱碳测试防脱碳效果金相图（500×）
a—未喷涂；b—喷涂

图 6-29 为 500 倍下帘线钢涂层防脱碳测试防脱碳效果的金相图片，涂层样品脱碳深度减少。同时，脱碳比例也明显减少。在 100 倍显微镜下，没有发现脱碳，按国家标准在 100 倍下检测脱碳的部分样品可以判定为零脱碳。

应用试验效果表明，SiO_2-Al_2O_3 系列高温防脱碳涂料适应用于各种中高碳钢，如弹簧钢、轴承钢、工具钢、模具钢等的高温防脱碳。

参考文献

[1] Swisher J H，Turkdogan E. T. Solubility，Permeability，and Diffusivity of Oxygen in Solid Iron [J]. Transactions of the Metallurgical Society of AIME，1967，239：426～431.

[2] Gong Y F, Kim H S, De Cooman B. C. Formation of Surface and Subsurface Oxides during Ferritic, Intercritical and Austenitic Annealing of CMnSi TRIP Steel[J]. ISIJ International, 2008, 48(12): 1745 ~ 1751.
[3] 耿明山，王新华，张炯明，等. 低合金钢氧化过程残余元素的富集[J]. 宽厚板，2009, 15 (1): 21 ~ 25.
[4] 鞠新华，班丽丽，任群，等. 热轧板卷表面缺陷分析[M]. 理化检验-物理分册，2010, 46 (4): 238 ~ 242.
[5] 李婷婷，郭海荣，陈爱华，等. 无取向硅钢热轧边裂的形成原因[M]. 上海金属，2013, 35 (2): 51 ~ 54.
[6] 毛玉军. 浅谈轧钢加热炉节能及降低氧化烧损的途径[J]. 工业炉，2007, 29(3): 21 ~ 23.
[7] 高建舟，徐玉军，冀志宏，等. 减少钢坯氧化烧损的探讨[J]. 河南冶金，2006, 14(1): 25 ~ 26.
[8] 王占中，彭华. 降低连铸坯在加热过程中氧化烧损率的研究[J]. 本钢技术，2006, 4: 13 ~ 17.
[9] 罗宝军. 降低加热炉氧化烧损的研究[J]. 四川冶金，2006, 28 (6): 29 ~ 33.
[10] 杜永军. 降低钢坯氧化烧损的探索与实践[J]. 工业炉，29(4): 24 ~ 25.
[11] 杨果煜. 中板表面麻点产生的原因及预防措施[J]. 南钢科技与管理，2005, 1: 30 ~ 31.
[12] 田荣彬，狄丽华. 耐候钢带边裂问题及性能特性探讨[J]. 包钢科技，2004, 30 (2): 18 ~ 21.
[13] 索采夫 C C，图曼诺夫 A T. 金属加热用保护涂层[M]. 北京：机械工业出版社，1979.
[14] 熊星云. 硅钢板加热用防氧化涂料[P]. 中国发明专利，CN1036396A, 1989.
[15] 陈华圣，孙宜强，徐国涛，等. 不同高温防护涂层对重轨钢氧化脱碳性能的影响研究[C]. 第二届全国涂料科学与技术会议论文集. 上海，2010, 08.
[16] 苗趁意，杨进航. 高温防护涂料在含镍钢棒材生产中的应用[J]. 河北冶金，2013, 9: 60 ~ 62.
[17] 詹胜利，张炼，梁文，等. 一种高含镍钢抗高温氧化涂料[P]. 中国发明专利. 申请号: 200910273227.2.
[18] Xia X M, Sun M J, Wang W, et al. Industry Experiment & Effect of Oxidation Resistance Coating for Steel Slab[J]. Baosteel Technical Research, 2012, 6(4): 11 ~ 15.
[19] 王晓婧，叶树峰，徐海卫，等. 钢坯热轧高温防护功能涂层研究及应用进展[J]. 过程工程学报，2010 (5): 1030 ~ 1040.
[20] Wei L Q, Liu P, Ye S F, et al. Preparation and Properties of Anti-oxidation Inorganic Nano-coating for Low Carbon Steel at an Elevated Temperature[J]. Journal of Wuhan University of Technology, 2006, 21(4): 48 ~ 52.
[21] 魏连启，刘朋，王建昌，等. 动态过程钢坯抗氧化涂料的研究[J]. 涂料工业，2008, 38 (7): 7 ~ 11, 16.
[22] 魏连启，叶树峰，孙卫华，等. 动态过程钢坯高温防氧化技术[J]. 电镀与涂饰，2008, 27(3): 53 ~ 55.

[23] 周旬，魏连启，刘朋，等．普碳钢用陶瓷基高温暂时性防护涂层研究[J]．过程工程学报，2010，10（1）：167～172.
[24] 叶树峰，魏连启，刘瑞斌，等．一种高温普通低碳钢防氧化涂料及其应用[P]．中国发明专利，申请号：200610076257.0 授权公告号：CN 100532466 C.
[25] 叶树峰，魏连启，谢裕生，等．一种钢材防氧化涂料及钢材的防氧化方法．国际发明专利，美国授权号：US 7494692 B2 中国授权号：CN 101426938 B.
[26] 张赜，魏连启，叶树峰，等．耐高温无机复合黏结剂[P]．国际发明专利，国际申请号：PCT/CN2007/000568．国际公布号：WO 2008/098421 A1.
[27] 魏连启，周旬，叶树峰，等．一种用于碳钢的高温防护涂料[P]．中国发明专利，申请号：200910077125.3.
[28] Liu P，Wei L Q，Zhou X，et al. Preparation and Property of Ceramic Matrix Coating of Anti-oxidation for Stainless Steel at High Temperature by Slurry Method[J]． Advanced Materials Research，2010，105-106：448～450.
[29] 刘朋，魏连启，周旬，等．奥氏体不锈钢热处理用高温防氧化涂层研究[J]．材料热处理学报，2010，10：90～95.
[30] Liu P，Wei L Q，Ye S F，et al. Protecting Stainless Steel by Glass Coating during Slab Reheating[J]. Surface & Coatings Technology，2011，205：3582～3587.
[31] Liu P，Wei L Q，Zhou X，et al. F. A Glass-based Protective Coating on Stainless Steel for Slab Reheating Application [J]. Journal of Coatings and Technology Research，2011，8(1)：149～152.
[32] 叶树峰，刘朋，魏连启，等．一种降低不锈钢在加热炉内氧化烧损的高温防氧化涂料[P]．中国发明专利，申请号：200910077128.7.
[33] 叶树峰，刘朋，魏连启，等．一种不锈钢高温表面防护技术[P]．中国发明专利，申请号：200910238036.7.
[34] Wang X J，Wei L Q，Zhou X，et al. A Superficial Coating to Improve Oxidation and Decarburization Resistance of Bearing Steel at High Temperature[J]. Applied Surface Science，2012，258（11）：4977～4982.
[35] Wang X J，Wei L Q，Zhou X，et al. Protective Bauxite-based Coatings and Their Anti-decarburization Performance in Spring Steel at High Temperatures[J]. J. Mater. Eng. Perform，2011，688：238～244.
[36] 魏连启，王书华，叶树峰，等．一种用于高碳铬轴承钢加热过程的防氧化脱碳涂料粉料[P]．中国发明专利，申请号：201110117369.7.
[37] 叶树峰，王晓婧，魏连启，等．一种用于弹簧钢的高温防脱碳涂层材料 [P]．中国发明专利，申请号：201010528053.2.
[38] 周旬，魏连启，叶树峰，等．X80 管线钢多功能耐高温暂时性涂层防护研究[J]．电镀与涂饰，2010，29(1)：46～49.
[39] Zhou X，Ye S F，Xu H W，et al. Influence of Ceramic Coating of MgO on Oxidation Behavior and Descaling Ability of Low Carbon Steel[J]. Surface and Coatings Technology，2012，206(17)：3619～3625.

[40] 周旬，魏连启，徐海卫，等．混合气氛下 SO_2 对低碳钢高温氧化行为的影响[J]．材料热处理学报，2012，33(11)：100～106.

[41] 邱建萍，邹德军，魏治海，等．钢坯的防氧化喷涂方法及喷涂设备[P]．国际发明专利，国际申请号：PCT/CN2007/001475．中国申请号：200780017270.1.

[42] 李祖兴．陶瓷工业机械设备[M]．北京：中国轻工业出版社，1993.

[43] 陈应耀，夏晓明，李欣波．热轧除鳞中的问题及对策[J]．梅山科技，2003，增刊：1～3.

[44] 宋涛，闵宏刚．热轧钢板红色氧化铁皮形成原因分析[J]．甘肃冶金，2001，4：27～30.

[45] 张宦修，孙颖刚，汪峰．氧化铁皮类缺陷对酸洗板的影响及其控制措施[J]．梅山科技，2012，4：53～55.

[46] 程广萍，陈宇杰．热轧酸洗板表面氧化缺陷分析[J]．热处理，2013，28(6)：65～68.

[47] 左军，常军，刘勇，等．热轧钢板红锈氧化铁皮形成机制及改进措施[J]．钢铁，2010，45(10)：84～87.

[48] 左军，刘勇，张开华，等．热轧钢板红锈氧化铁皮形成机理及治理效果[J]．攀钢技术，2011，34(2)：10～13.

[49] 杨弋．921A 钢氧化铁皮形成机理及其控制研究[D]．东北大学，硕士学位论文，2006.

[50] 薛念福，李里，陈继林，等．热轧带钢除鳞技术研究[J]．钢铁钒钛，2003，24(3)：52～59.

[51] 聂爱诚，沈建军，张继宏，等．在线中间坯火焰清理改善大型棒材表面质量[J]．特殊钢，2009，30(2)：50～52.

7 钢坯高温防护涂层技术的前景展望

7.1 技术趋势展望

在钢铁企业面临前所未有的产能过剩、原料及产品价格倒挂、环保负荷加大、资源能源过度消耗等一系列问题的现状下，钢坯高温防护涂层技术越来越被钢铁企业所认识、接受和重视。随着系列高温防护涂层技术的完善和深入研究及推广应用，钢坯高温防护涂层技术的发展前景广阔，尤其在以下几方面有望取得长足进步。

（1）热态钢坯高温防护涂层技术的完善与优化。

钢坯高温防护涂层技术是钢铁领域降低氧化烧损，提高坯体表面质量的一种有效的途径。近年来，我国钢铁企业产能过剩，降低成本是大多数钢铁企业面临的巨大压力，高温防护涂层技术的应用将为钢铁企业带来可观的经济效益。据不完全统计，我国仅薄板坯连轧工艺生产线就有上百条，实施板坯高温防护涂层技术的热态喷涂具有很大的市场需求，加上其他规格及小型热轧企业，热态钢坯防护涂层技术和喷涂工艺装备的需求量巨大。因此，全面探索钢坯高温防护涂层技术应用过程中工艺问题，确定不同现场对应的解决方案，为高温防护涂层技术实施过程中提供实用、简易、经济和环境友好工艺的设计，不断将钢坯高温喷涂技术加以改进和完善，将是科技工作者研究的聚焦点之一。

（2）优特钢种功能化高温防护涂层的技术集成。

随着钢铁工业的发展，特钢品种的开发和高附加值钢种的转型已为大势所趋，越来越多的钢铁企业着眼于特钢生产，由此衍生出来的特钢产品表面质量的问题也日益突出。目前，国内钢铁企业推进品牌战略，初步形成了以船板、管线钢、冷镦钢、耐腐蚀板、高强度机械用板、高层建筑用板等系列品牌集群。越来越多的特殊高端产品，如低镍钢、管线钢、耐磨钢、高硅钢种等的产量和质量不断升级、大大提高了其市场占有率。但是，同时也暴露了许多亟待解决的问题。如夹杂物超标和粗除鳞难度较大的问题直接影响了含硅含镍钢种产品的质量合格率，必须强化全过程除鳞系统，实施在线多点除鳞，有效地去除一次、二次氧化铁皮，提高产品表面质量。目前，优特钢种合格率相比其他普通产品仍然很低；同时，目前的含硅含镍钢种产品由于还存在不同程度的局部氧化皮脱除不净问题，造成应用过程和耐候过程中经常出现的点锈、红锈及凹坑缺陷等问题，对产品应用性能带来了不利的影响。同样，许多优特钢种在加热氧化的同时，还表现出如脱碳和元素贫化等问题造成产品表面氧化皮压痕、点缺陷及后期酸洗困难、耐候性差等质量缺陷，直接影响到产品的质量。目前，特种低脱碳钢材的高温防护，高硅/低镍甚至高镍合金等钢种的表面铁鳞脱除，含低熔点相物质钢种轧制过程中造成的裂纹以及下游轧材表面压痕、红锈、氧斑（酸洗山水画）现象等都对高温防护涂层技术提出了迫切需求。这给特种高温防护涂层技术集成的研究开发和应用提供了良好契机，多功能化、高性价比的特种高温防护涂层技术及其实施集成装备亦将成为高温涂层技术研究的焦点之一。

（3）高合金钢种加热过程防护涂层的研究与应用。

高合金钢与纯金属高温化学过程存在显著差异，主要是因为合金中每种元素对应的氧化物热力学参数存在差异，与氧的亲和力不同，这就可能生成多种复合的金属氧化物。合金元素的增加导致各种金属离子在氧化物内迁移速度不同，同时各种金属离子在合金钢内迁移速度不同。一旦氧进入合金结构内部，可能导致较活泼的合金元素的氧化物在近表面析出（发生内氧化）。故此，针对加热过程部分合金元素选择性氧化导致的表面质量缺陷，直接制约着产品的合格品率和成材率等问题，高温防护涂层可起到显著防护作用，进而提升轧材产品的表面质量。这种方法有望在轧钢尤其是高合金钢领域优先推广应用。

（4）中高碳钢防护涂层技术的产业化应用。

许多中高碳钢钢材制品的使用寿命与上游加热及热处理过程钢材的表面脱碳程度有关。例如，钢丝绳的使用寿命主要取决于它的疲劳强度与耐磨性，如果钢丝绳表面脱碳超标，就会减少表层中作为强化相和耐磨相的碳化物，直接影响使用性能。此外，工具钢、轴承钢的表面脱碳层如不清除干净，将使工具钢、轴承钢表面层硬度和耐磨性降低，并且在淬火时，由于里外层体积变化不同而使工件表面形成裂纹。因此，如何防止钢制品的表面脱碳是生产工艺中的关键问题。国外进口盘条的脱碳层为0.02～0.04mm，日本神户的盘条表面可以做到无脱碳，而国内同类产品脱碳层平均深度超过0.05mm，需要采取措施来改变这种状况。解决表面脱碳问题，关键在热处理工序上。由于脱碳与钢材的氧化是同时进行的，所以，只要在热处理过程中尽量使钢材少与空气接触就可达到改善脱碳的目的。国内目前已有少量热处理工序采用了防护涂层的模式，取得了良好的效果，但面对种类繁多的钢种和热处理工艺，开发匹配钢企生产工艺的防护涂层技术，并进行产业化工艺集成仍然迫在眉睫。

（5）涂层多功能化及产品表面质量过程控制。

多合金元素参与的高温化学过程，往往会导致产品质量下降甚至残次品的出现。随着钢材品质的不断提升，产品表面质量过程控制对涂层防护提出了更高的要求，包括前述提到的多种合金钢加热过程对涂层技术的迫切需求，均对涂层的多功能化防护提出了具体要求。涂层防护要同时满足降低表面烧损、调控合金元素偏析及提升表面质量的综合工艺需求。涂层应用要根据工艺生产要求及产品技术参数，提出具有针对性的综合实施方案，包括配方设计、工艺实施及设备搭建等，形成匹配钢铁企业生产现场的实用工艺包，才能真正突破涂层多功能规模化应用的技术瓶颈。

7.2 应用前景展望

通过采用高温钢坯防护涂层技术提高产品质量，进而实现钢铁热处理过程节能减排增效已越来越被钢铁企业所认可。高温防护涂层技术作为一个学科交叉的研究方向，虽然20世纪五六十年代苏联、欧洲等科研人员曾经专注过涂层防护的研究，也有一些应用的实例，但技术应用过程中依然存在着工艺复杂、系列繁多等问题，导致高温防护涂层技术应用受到一定的局限，尤其是工艺装备的革新速度加快了钢铁企业前进的步伐，高温防护涂层技术的应用远未满足企业需求。致使高温防护涂层技术仅仅局限于一些特钢领域的应用，主要包括取向硅钢的涂层防护降耗、重轨钢的防脱碳涂层以及一些合金的高温防护涂层等。而针对普碳钢、广义低合金钢单纯的防氧化、提高表面质量的涂层防护应用进展有限。

2008年以后，钢铁行业面临产能过剩、铁矿石价格战、环保问题等一系列关乎企业生死的大挑战。热轧企业一度处在了微利润甚至负利润的边缘。许多热轧企业热切期望继续降低成本，但通过工艺改进来实现成本降低有很大困难，从而防护涂层技术降低氧化烧损逐渐引起了人们的关注。即使是再先进的热轧企业现场，加热过程的氧化烧损均在0.5%以上。产业化试验表明，应用高温防护涂层技术可以降低烧损率值0.2%以上。由于烧损率受钢种及加热工艺制度的影响很大，多数钢种加热过程烧损率都在0.6%~0.7%以上，稍微落后的企业烧损率也都突破了1%，这对钢坯高温防护涂层技术的推广应用提供了巨大空间。

直至21世纪初，随着钢铁生产步伐的加快，对于降低过程成本和提高产品表面质量的要求日益高涨，国内外科技工作者重新聚焦到防护涂层技术领域，先后出现了大量的功能性防护涂层技术的报道，但更多的技术成果还处于实验室阶段，转移到生产一线上的应用试验多以效果不佳或实施困难与技术不成熟而告终。2010年以后，涂层技术在高附加值钢种上的应用价值日益凸显，主要包括中高碳钢的防脱碳涂层和含硅、镍低合金钢的表面除鳞用防护涂层技术的研发和推广应用。以上两类防护涂层可以大幅提升产品的表面质量，使得产品品级得到跨越式的提升，产品合格率也可得到空前的提高，经济效益尤为显著。因此，市场上种类繁多的防脱碳涂料和低镍钢提高除鳞效果的防护涂料日趋显现。当然，防护涂料品种和质量还有待拓展和提高，高温防护涂层技术还有很大的提升空间，随着技术的不断成熟与完善，高温防护涂层技术将具有更为广阔的推广前景。

附录　作者研究团队的相关文章与专利清单

学位论文

1. 魏连启．动态过程钢坯高温防氧化涂层及其作用机理探索［D］．中国科学院大学博士学位论文，2007.
2. 刘朋．奥氏体不锈钢加热过程防氧化涂层制备与性能研究［D］．中国科学院大学博士学位论文，2011.
3. 周旬．难除鳞合金钢坯高温多功能防护涂层及其作用机制研究［D］．中国科学院大学博士学位论文，2012.
4. 王晓婧．中高碳合金钢高温防脱碳涂层制备及其机理研究［D］．中国科学院大学博士学位论文，2013.
5. 王书华．高温钢坯防氧化涂料用易熔玻璃粘结剂的制备及性能研究［D］．中国科学院大学硕士学位论文，2012.
6. 何影．含镍合金钢高温防护涂层制备与性能研究［D］．中国科学院大学硕士学位论文，2014.
7. 单欣．Fe-Cr-Mn-Ni 合金钢高温防护涂层制备与性能研究［D］．中国科学院大学硕士学位论文，2015.

学术论文

［1］Lianqi Wei，Peng Liu，Shufeng Ye，Yusheng Xie，Yunfa Chen. Preparation and properties of anti-oxidation inorganic nano-coating for low carbon steel at an elevated temperature［J］. Journal of Wuhan University of Technology，2006，21(4)：48～52.

［2］Lianqi Wei，Yajun Tian，Peng Liu，Shufeng Ye，Yusheng Xie，Yunfa Chen. Effects of ammonium citrate additive on crystal morphology of aluminum phosphate ammonium taranakite［J］. Journal of Crystal Growth，2009，311：3359～3363.

［3］Peng Liu，Lianqi Wei，Shufeng Ye，Xun Zhou，Yusheng Xie，Yunfa Chen. Preparation and property of ceramic matrix coating of anti-oxidation for stainless steel at high temperature by slurry method［J］. Advanced Materials Research，2010，105-106：448～450.

［4］Peng Liu，Lianqi Wei，Shufeng Ye，Haiwei Xu，Yunfa Chen. Protecting stainless steel by glass coating during slab reheating［J］. Surface & Coatings Technology，2011，205：3582～3587.

［5］Peng Liu，Lianqi Wei，Xun Zhou，Shufeng Ye，Yunfa Chen. A glass-based protective coating on stainless steel for slab reheating application［J］. Journal of Coatings and Technology Research，2011，8(1)：149～152.

［6］Xiaojing Wang，Shufeng Ye，Haiwei Xu，Lianqi Wei，Xun Zhou，Yunfa Chen. Preparation and characterization of the decarbonization preventing nano-coating applied in spring steel protection[J]. Material Science Forum，2011，688：238～244.

[7] Xun Zhou，Shufeng Ye，Haiwei Xu，Peng Liu，Xiaojing Wang，Lianqi Wei. Influence of ceramic coating of MgO on oxidation behavior and descaling ability of low carbon steel[J]. Surface & Coatings Technology，2012，206：3619～3625.

[8] Xiaojing Wang，Lianqi Wei，Xun Zhou，Xiaomeng Zhang，Shufeng Ye，Yunfa Chen. A superficial coating to improve oxidation and decarburization resistance of bearing steel at high temperature[J]. Applied Surface Science，2012，258：4977～4982.

[9] Xiaojing Wang，Lianqi Wei，Xun Zhou，Xiaomeng Zhang，Shufeng Ye，Yunfa Chen. Protective bauxite-based coatings and their anti-decarburization performance in spring steel at high temperatures[J]. Journal of Materials Engineering and Performance，2013，22(3)：753～758.

[10] Xiaomeng Zhang，Lianqi Wei，Shufeng Ye，Shuhua Wang，Xun Zhou，Xiaojing Wang，Yunfa Chen. Preparation and characterization of low-melting glasses used as binder for protective coating of steel slab[J]. Journal of Wuhan University of Technology，2013，28(2)：380～383.

[11] Xiaomeng Zhang，Lianqi Wei，Peng Liu，Shufeng Ye，Yunfa Chen. Influence of protective coating at high temperature on surface quality of stainless steel[J]. Journal of Iron and Steel Research，International，2014，21(2)：204～209.

[12] Ying He，Lianqi Wei，Xiaomeng Zhang，Xun Zhou，Shuhua Wang，Xin Shan，Shufeng Ye. Influence of a protective coating slurry on enhancing the descaling ability and oxidation resistance of 9% nickel steel[J]. Journal of Wuhan University of Technology，2014，29(6)：1252～1257.

[13] Xin Shan，Lianqi Wei，Peng Liu，Xiaomeng Zhang，Peng Qian，Wenxiang Tang，Ying He，Shufeng Ye. Influence of CoO glass-ceramic coating on the anti-oxidation behavior and thermal shock resistance of 200 stainless steel at elevated temperature[J]. Ceramics International，2014，40：12327～12335.

[14] Xin Shan，Lianqi Wei，Xiaomeng Zhang，Wenhui Li，Wenxiang Tang，Ya Liu，Ji Tong，ShufengYe，Yunfa Chen. A protective ceramic coating to improve oxidation and thermal shock resistance on CrMn alloy at elevated temperatures[J]. Ceramics International，2015，41(3)：4706～4713.

[15] 魏连启，刘朋，武晓峰，李东艳，叶树峰，谢裕生，陈运法．新型纳米磷酸铝致密陶瓷薄膜的制备与表征[J]．稀有金属材料与工程，2007，36(8)：516～519.

[16] 魏连启，刘朋，王建昌，叶树峰，谢裕生，陈运法．钢坯防氧化涂料中高温喷涂用无机复合粘结剂的研制[J]．涂料工业，2007，31(11)：4～6.

[17] 魏连启，刘朋，王建昌，叶树峰，谢裕生，陈运法．动态过程钢坯抗氧化涂料的研究[J]．涂料工业，2008，38(7)：7～11，16.

[18] 魏连启，叶树峰，孙卫华，刘瑞斌，陈运法．动态过程钢坯高温防氧化技术[J]．电镀与涂饰，2008，27(3)：53～55.

[19] 刘朋，魏连启，周旬，王晓婧，叶树峰，陈运法．不锈钢热处理用高温防氧化涂层制备

与性能表征[J]. 材料热处理学报，2010，10：90～95.

[20] 周旬，魏连启，刘朋，王晓婧，叶树峰，陈运法. 普碳钢用陶瓷基高温暂时性防护涂层研究[J]. 过程工程学报，2010，10(1)：167～172.

[21] 周旬，魏连启，叶树峰，刘朋，谢裕生. X80 管线钢多功能耐高温暂时性涂层防护研究[J]. 电镀与涂饰，2010，29(1)：46～49.

[22] 王晓婧，叶树峰，徐海卫，魏连启，周旬，陈运法. 钢坯热轧高温防护功能涂层研究及应用进展[J]. 过程工程学报，2010，5：1030～1040.

[23] 王书华，魏连启，仉小猛，周旬，王晓婧，叶树峰，陈运法. 高温钢坯防氧化涂料用易熔玻璃粘结剂的制备及改性[J]. 过程工程学报，2011，11(5)：863～868.

[24] 张娟娟，魏连启，仉小猛，周旬，王春苗，李晶，叶树峰. 高温防锈剂对螺纹钢耐腐蚀性能的影响研究[J]. 计算机与应用化学，2011，28(11)：111～115.

[25] 徐海卫，周旬，魏连启，晁伟，王晓婧，叶树峰，陈运法. 混合气氛下 SO_2 对低碳钢高温氧化行为的影响[J]. 材料热处理学报，2012，3(11)：98～104.

相关专利

1. 叶树峰，魏连启，谢裕生，陈运法，邱建萍，邹德军，张赜，邹莹坤. 一种钢材防氧化涂料及钢材的防氧化方法. 中国发明专利，申请号：200780010634.3. 国际发明专利，美国授权号：US 7494692 B2.
2. 邱建萍，邹德军，魏治海，朱明志，许萌，贾志前，叶树峰，魏连启. 钢坯的防氧化喷涂方法及喷涂设备. 中国发明专利，申请号：200780017270.1. 国际发明专利，国际申请号：PCT/CN2007/001475.
3. 张赜，魏连启，叶树峰，陈运法，刘朋，邹莹坤，邹欣洺，邱建萍. 耐高温无机复合粘结剂. 中国发明专利，申请号：200780010654.0. 国际发明专利，国际申请号：PCT/CN2007/000568.
4. 叶树峰，魏连启，刘瑞斌，蔡漳平，陈运法，谢裕生，孙卫华. 一种高温普通低碳钢防氧化涂料及其应用. 中国发明专利，申请号：200610076257.0.
5. 魏连启，叶树峰，刘朋，周旬，陈运法. 一种高温钢件标号无机涂料. 中国发明专利，申请号：200910077126.8.
6. 魏连启，周旬，叶树峰，刘朋，陈运法. 一种用于碳钢的高温防护涂料. 中国发明专利，申请号：200910077125.3.
7. 叶树峰，刘朋，魏连启，周旬，陈运法. 一种降低不锈钢在加热炉内氧化烧损的高温防氧化涂料. 中国发明专利，申请号：200910077128.7.
8. 叶树峰，刘朋，魏连启，周旬，陈运法. 一种不锈钢高温表面防护技术. 中国发明专利，申请号：200910238036.7.
9. 叶树峰，刘朋，魏连启，周旬，王晓婧，陈运法. 一种用于碳钢和低合金钢的抗高温氧化及热腐蚀的方法. 中国发明专利，申请号：201010622662.4.
10. 魏连启，叶树峰，谢裕生，陈运法. 一种高炉熔渣干式显热回收系统和生产工艺. 中国发明专利，申请号：200910086405.0.
11. 叶树峰，王晓婧，魏连启，周旬，刘朋，陈运法. 一种用于弹簧钢的高温防脱碳涂层材料. 中国发明专利，申请号 201010528053. 2.
12. 魏连启，王作福，叶树峰，王书华，仉小猛，陈运法. 一种涂层防护型预还原烧结矿的生产方法. 中国发明专利，申请号：201110117975. 9.
13. 魏连启，王作福，叶树峰，王书华，仉小猛，陈运法. 一种含金属镁渣的铁水预处理脱磷剂. 中国发明专利，申请号：201110117960. 2.
14. 叶树峰，仉小猛，魏连启，王书华，陈运法. 一种用于高温钢坯防护涂层的无机化合物复合酚醛树脂高温粘结剂的制备及其使用方法. 中国发明专利，申请号：201110116760. 5.
15. 魏连启，王书华，叶树峰，王晓婧，仉小猛，陈运法. 一种用于高碳铬轴承钢加热过程的防氧化脱碳涂料粉料. 中国发明专利，申请号：201110117369. 7.
16. 魏连启，王书华，叶树峰，仉小猛，陈运法. 粘结用低软化温度无铅玻璃粉及其制备方法与用途. 中国发明专利，申请号：201110117198. 8.
17. 魏连启，王书华，叶树峰，王晓婧，仉小猛，陈运法. 一种用于高碳铬轴承钢加热过程的防氧化脱碳涂料粉料. 中国发明专利，申请号：201110117369. 7.
18. 仉小猛，魏连启，叶树峰，单欣，陈运法. 一种可粘附高温钢坯的水基防护涂料及其制备方法. 中国发明专利，申请号：201410228496. 8.
19. 魏连启，单欣，仉小猛，叶树峰，陈运法. 一种用于不锈钢和耐热钢的高温抗热震及抗热腐蚀的涂层及其制备方法. 中国发明专利，申请号 201410198810. 2.
20. 魏连启，何影，仉小猛，单欣，叶树峰，陈运法. 一种用于镍基合金钢的高温保护涂料. 中国发明专利，申请号 201410229126. 6.

后　记

作者所在中国科学院过程工程研究所（原化工冶金研究所）的研究团队，自2004年开始，就针对普通低碳钢、碳素结构钢、低合金钢、不锈钢等多种钢材在轧制、锻造和模锻工序前的加热以及淬火、退火和正火等热处理过程，所涉及基体表面的氧化烧损和元素贫化、脱碳、表面除鳞性能差等难题开展了系统的研究，研发出了以下系列高温防护涂层体系及成套技术：

2004~2006年，针对Q235、Q195、Q345等低碳钢，研制的系列高温防护涂层体系可使钢坯的高温氧化烧损率降低50%以上。采用该防护涂料，先后在山东、河北、天津等多家钢铁企业，分别进行了试验和产业化应用。

2007~2009年，主要针对38CrMo、42CrMo、20MnSi、20CrNiMo、SPHC、20Cr2Ni4A、18Cr2Ni4WA等合金钢的氧化烧损、表面元素贫化及难除鳞等问题，开展了功能防护涂层体系的研究，涂层可减少氧化烧损50%以上，降低了表面元素贫化，提高了除鳞效果。应用领域也得到了延伸，既包括热轧前钢坯加热过程的高温防护，也包括锻造及热处理过程的加热防护。采用该功能涂层防护体系，先后在内蒙古、上海等多家大型企业现场做了应用试验，防氧化、除鳞效果显著，得到了钢铁企业的认可。

2006~2008年，还对300、400系列不锈钢加热过程的氧化烧损及表面元素贫化问题进行了高温防护涂层研究。实验室结果表明，可降低不锈钢基体氧化烧损80%以上，提高了产品收得率，并改善了钢坯表面质量。

2008～2013年，又针对低镍钢种突出的除鳞效果差、表面缺陷严重等问题开展了防护涂层研究。涂层可改变氧化铁皮微观结构，提高了除鳞效率；针对弹簧钢、轴承钢和一些工具钢等中高碳钢的表面脱碳、氧化烧损突出等问题进行了防护涂层研究。涂层可降低脱碳层深度30%～90%，氧化烧损率下降50%以上。研究的防护涂层已在江苏、河北等多家特种钢企业进行了现场试验和推广应用，效果明显。

作者的研究团队在进行钢坯高温防护涂层技术的研究过程中，先后得到了科技部“十一五”科技支撑计划项目、中国科学院知识创新重要方向性项目、国家自然科学基金和十多家钢铁企业委托项目的资助。在此对各方面的大力支持与资助表示衷心感谢。

本书编写的重点是钢坯高温涂层防护技术的研究和实际应用，主要汇集了作者所在的研究团队十余年培养的博士后仉小猛、徐海卫，博士研究生魏连启、刘朋、周旬、王晓婧和硕士研究生王书华、何影、单欣等人的学位论文及发表的学术论文所反映的主要研究成果，并由研究团队的主要成员陈运法、叶树峰、仉小猛、魏连启负责收集众多文献资料，加以归纳和总结。谢裕生研究员对全书进行了认真的审阅，并提出了很多宝贵意见，在此表示深深的感谢。

我们希望此书能为钢铁行业的技术工作者、设计和研究人员，以及研究生提供有益的参考。由于水平所限，书中不当之处，热切希望读者和专家给予批评指正。

作 者

2015年9月于北京